Dean Falk

Braindance oder Warum Schimpansen nicht steppen können

Die Evolution des menschlichen Gehirns

Aus dem Englischen von
Gerald Bosch

Birkhäuser Verlag
Basel · Boston · Berlin

Die Originalausgabe erschien 1992 unter dem Titel «Braindance» bei Henry Holt and Company, New York, USA.

Die Deutsche Bibliothek – CIP-Einheitsaufnahme

Falk, Dean:
Braindance oder warum Schimpansen nicht steppen können : die Evolution des menschlichen Gehirns / Dean Falk. Aus dem Engl. von Gerald Bosch. – Basel ; Boston ; Berlin : Birkhäuser, 1994
Einheitssacht.: Braindance <dt.>
ISBN 3-7643-2926-2

Umschlaggestaltung: Matlik und Schelenz, Essenheim
Gedruckt auf chlorfrei gebleichtem Papier
Printed in Germany
ISBN 3-7643-2926-2

9 8 7 6 5 4 3 2 1

Inhaltsverzeichnis

Danksagung

Mein Dank gilt vielen Menschen, die mir bei diesem Buch geholfen haben: Jim Neeley, der unzählige Stunden damit verbrachte, verschiedene Versionen zu lesen, um mir dann das entsprechende «Feedback» zu liefern, und Jack Macrae, der mir ein geduldiger und aufmunternder Lektor war. Besonders danken möchte ich auch Rebecca Holland, der Produktionsleiterin bei Harry Holt, die mir bei der Bewältigung des Manuskripts ebenfalls tatkräftig unter die Arme griff. Joyce Crocker erdachte und zeichnete die Abbildungen zu Beginn jedes Kapitels; zahlreiche andere Zeichnungen und Graphiken stellte Kathleen Addario zur Verfügung. Eine besondere Freude macht mir, daß dieses Buch einige außerordentlich schöne Fotos enthält, die John Reader von fossilen Hominiden aufgenommen hat. Curt Busse stellte freundlicherweise einige Aufnahmen von Schimpansen zur Verfügung.

Kathleen Gibson und Tim Ingold verdanke ich die Einladung zu einem Internationalen Symposium über die evolutionären Konsequenzen von Werkzeug, Sprache und Intelligenz, das im März 1990 in Cascais (Portugal) stattfand (die Sponsoren waren Wenner-Gren). Im Oktober 1990 nahm ich an einem weiteren Symposium in Memphis (Tennessee) über das Thema «Evolution und Mechanismen der Lateralität» teil, dessen Organisatorin Jeannette Ward war. Da beide Veranstaltungen meine Überlegungen über die Evolution des menschlichen Gehirns sehr beeinflußt haben, möchte ich den jeweiligen Leitern dafür danken. Das zweite Kapitel «Taung kommt nach St. Louis» hätte ich ohne die Hilfe meiner Mitarbeiter Michael Vannier, Jim Cheverud und Charles Hildebolt (alle von der Washington University) nie zustande gebracht. Außerdem danke ich der National Science Foundation und den National Institutes of Health für die finanzielle Unterstützung unserer Forschungsarbeit.

Folgende Personen steuerten nützliche Ratschläge, kritische Gedanken sowie einige Abbildungen bei: Este Armstrong, Bob Brain, Michel Cabanac, Glenn Conroy, Elisabeth Davis, Irwin Flashman, Lauren Gage, Gordon Gallup, Stanley Glick, Roland Guay, Terry Harrison, Melissa Hines, Harry Jerison, Adam Kendon, Roger Lewin, John Pfeiffer, Cynthea Riffle, Amy Robbins, Sue Savage-Rumbaugh, Denise Schmandt-Besserat, Judy Torel, Russell Tuttle, Alan Walker, Michael Zansky, Adrienne Zihlman und Betty Zimmerberg.

Während meines Studiums und meiner Promotion hatte ich das unwahrscheinliche Glück, drei Mentoren zu haben, die meine wissenschaftliche Ausbildung zur physischen Anthropologin und Paläoneurologin förderten. Obwohl man sie nicht für die Ansichten verantwortlich machen kann, die in diesem Buch vertreten werden, wäre es ohne die geistige Prägung und Unterstützung durch Charles A. Reed, C. Loring Brace und den verstorbenen Leonard Radinsky niemals zu diesem Buch gekommen.

Einführung

Vor schätzungsweise fünf Millionen Jahren trennte sich eine Gruppe Menschenaffen von ihren Verwandten und schlug einen separaten Evolutionspfad ein, auf dem eines Tages der moderne Mensch wandern sollte. Das denkwürdige Ereignis fand in Ostafrika statt, und schon bald begannen unsere Vorfahren, auf zwei Beinen zu laufen. Es war zu der Zeit, als die Kreaturen mit langen Armen, haariger Haut und langen Schneidezähnen zu den ersten Hominiden wurden, die in der Wissenschaft heute als *Australopithecinen* bekannt sind.

Als Charles Darwin 1859 «Die Entstehung der Arten» veröffentlichte, entzündete er damit eine erbitterte Auseinandersetzung zwischen Kreationisten (den Anhängern der Schöpfungsgeschichte) und den Evolutionisten bezüglich des menschlichen Ursprungs. Gut fünfzig Jahre später hatten viele Wissenschaftler und auch Teile der Öffentlichkeit den Begriff der natürlichen Selektion in ihr (religiös geprägtes) Weltbild integriert und zum Teil sogar begonnen, diese Theorie bei der Fragestellung nach der Entstehung der Menschheit einzusetzen. Allerdings konnten sich viele Zeitgenossen nur schwer mit der Idee von einem «missing link» (einem fehlenden Glied in der Evolutionskette) oder gar mit dem Gedanken anfreunden, der Mensch stamme von äffischen Vorfahren ab. In einer oft zitierten Diskussion über die menschliche Evolution soll die Frau des Bischofs von Worcester 1860 gesagt haben: «Mein Gott, vom Affen sollen wir abstammen! Wollen wir hoffen, daß es nicht wahr ist, und wenn ja, dann laßt uns beten, daß es nicht überall bekannt wird.» Diese Haltung hat sich in den USA immerhin noch bis 1925 gehalten: In diesem Jahr wurde der Lehrer John Scopes vor ein Gericht gestellt und verurteilt, weil er Schüler einer High School in Dayton (Tennessee) in der Evolutionstheorie unterrichtete.

In einer mittlerweile klassischen Publikation aus demselben Jahr berichtet der südafrikanische Anatom Raymond Dart über die erste Entdeckung eines Australopithecinen, den fossilen Knochen eines Hominidenkindes, die bei Taung (Südafrika) gefunden wurden. Darts Exemplar besaß offenbar sowohl menschenaffenähnliche als auch menschliche Züge. Angesichts des damaligen Zeitgeistes verwundert es kaum, daß Dart die menschlichen Eigenschaften bei seiner Interpretation überbewertete und die äffischen herabspielte. Zu jener Zeit war die Öffentlichkeit vermutlich eher darauf vorbereitet, einen mehr menschlichen Vorfahren zu akzeptieren, als einen, der wie ein Menschenaffe aussah. Sehr wahrscheinlich spielte dieser Umstand auch im Unterbewußtsein vieler Wissenschaftler eine Rolle, die die Skelettfunde jener frühen Hominiden interpretierten.

Dart und seine Kollegen legten damals den Grundstein für eine lange Tradition, in der die menschlichen Eigenschaften der Australopithecinen extrem betont wurden. Selbst heute gibt es noch Paläoanthropologen der Alten Schule, die an einer stärkeren Menschenähnlichkeit der Australopithecinen festhalten – insbesondere, was die Entwicklung des zweibeinigen Ganges (Bipedie), die Zahnentwicklung und das Aussehen des Gehirns betrifft. Heutige Forscher (u.a. auch die Autorin) arbeiten mit modernen, teilweise ganz neuen Meßtechniken und Methoden, um die Fossilien von Australopithecinen zu untersuchen. Dabei zeigt sich, daß Darts Australopithecinen größere Ähnlichkeiten mit Menschenaffen besaßen, als bisher angenommen wurde.

Das bedeutet allerdings nicht, daß die Wissenschaft nun einhellig diese Methoden unterstützt, bzw. daß in der Paläoanthropologie nicht mehr geschulmeistert wird. Ganz im Gegenteil! Es entbrennen unter den Wissenschaftlern hitzige Debatten über technische Details – beispielsweise, ob im Rahmen einer entwicklungsgeschichtlichen Studie die Direktuntersuchungen an Fossilien oder Vergleichsstudien an Molekülen lebender Arten aussagefähiger sind. Ein ähnliches Dilemma herrscht bei den Kriterien für evolutive Verwandschaft: Sollte man, wie es die Kladistik vorschlägt, verschiedene Gruppen aufgrund spezieller (abgeleiteter) Merkmale unterscheiden, die möglicherweise unbekannt sind? Oder sollte man aufgrund kompletter physiologischer Systeme trennen (d.h. entsprechend der funktionellen Morphologie)? Obgleich die Evolutionsbiologen heftig über die methodischen Details aneinandergeraten, bewegen sie sich doch generell innerhalb eines Konsens, der auf der darwinistischen Lehre fußt. Letztendlich können ihre theoretischen Meinungsverschiedenheiten auf wissenschaftlichem Wege beigelegt werden – ungeachtet des Jubelgeschreis einiger ignoranter Kreationisten, die in diesen Streitgesprächen schon erste Symptome eines beginnenden Zusammenbruchs der Evolutionstheorie sehen.

Sicherlich kommt es bei der theoretischen Interpretation frühmenschlicher Fossilien zu häufigen Disputen. So glauben die Paläoanthropologen zwar, daß Bipedie die Hauptantriebskraft für den Ursprung der Menschheit gewesen sei, doch stößt man bei der genauen Beschreibung ihrer Ursachen auf eines der wohl größten Geheimnisse der Hominidenforschung. In jüngster Zeit geriet auch die Hypothese, Männer seien von der Selektion in bezug auf besonders edle menschliche Eigenschaften bevorzugt worden, unter Beschuß. Wie die anhaltende Debatte, welcher Theorie, «Sammlerin Frau» (engl. *woman the gatherer*) oder «Ernährer Mann» (engl. *man the hunter*), mehr Bedeutung zugemessen werden soll, ebenfalls deutlich macht, beeinflußt die jüngste Annäherung von Sexualpolitik und Paläoanthropologie die wissenschaftliche Deutung des menschlichen Ursprungs. Diese Kontroversen verblassen jedoch angesichts der Starrköpfigkeit, mit der manche Forscher «ihre» Fossilien unter Verschluß halten oder «ihre» Familienstammbäume verteidigen – ganz gleich, welche Gegenbeweise vorliegen. Tatsächlich passiert momentan genau das mit dem bekannten Australopithecinenfossil Lucy.

Teilweise beruht die Zänkigkeit, mit der die Hominidenpaläontologie betrieben wird, auf dem Umstand, daß sie einer verschworenen Männerclique gleicht. Man muß nun mal «dazu» gehören, um Zutritt zu den Fossilien zu bekommen. Doch die Mitgliederzahl ist begrenzt, und jeden will «mann» ja auch nicht haben. So kontrolliert weltweit nur eine Handvoll Menschen wie ein Zerberus die Fossilien, die man notwendigerweise untersuchen muß, um den Ursprung der Menschheit zu verstehen. Für unabhängige Forscher, deren wissenschaftliche Beiträge geflissentlich mißachtet werden (und ich spreche nicht nur von meiner Person), ist es daher schon äußerst schwer, wenn ihre oder seine Ideen mit denen der Lehrkapazitäten kollidieren. Und falls es einem Außenseiter tatsächlich gelingen sollte, neue Thesen zu veröffentlichen oder zu diskutieren, sollte sie oder er möglichst rasch ein sicheres Versteck aufsuchen.

Um nicht von vornherein allzu überreizt zu klingen, möchte ich betonen, daß dieses Buch erfreulicherweise weniger von der Politik innerhalb der Paläoanthropologie, sondern in erster Linie von der Evolution des menschlichen Gehirns handeln soll. Es versteht sich auch als Anregung, daß die Ausnahme wieder einmal die Regel bestätigt. Persönlich hatte ich das Glück, in Südafrika in das Allerheiligste eines Museums zu gelangen, wo ich Abdrücke von der Innenseite fossiler Schädel (sogenannte Endokranialausgüsse oder Endocasts) untersuchen durfte, an denen man die Anatomie des Gehirns ablesen kann. Zu meinem Erstaunen zeigten diese Endocasts eindeutig, daß die Hirnrinde (Cortex) der Australopithecinen nicht – wie in Darts erster Veröffentlichung über das Kind von Taung steht – dem Cortex eines Menschen glich, sondern mehr wie die eines Menschenaffen aussah. Obgleich ich meine Beobachtungen sofort – also vollkommen unvoreingenommen – dokumentiert hatte, sah ich mich plötzlich in eine erbitterte Fehde verwickelt, die mittlerweile über zehn Jahre dauert.

Da die Australopithecinengehirne affenartig erschienen, sah ich mich gezwungen, andere frühe Hominiden zu untersuchen, um etwas über die Evolution des menschlichen Gehirns zu erfahren. Daher untersuchte ich zahlreiche Fossilien der Gattung *Homo*, die etwa bis vor zwei Millionen Jahren zurückreichen. Die Ausbeute war in der Tat beachtlich: Ich fand nicht nur bereits bei ganz frühen *Homo*-Schädeln eine menschenähnliche Hirnrinde, sondern stellte auch fest, daß die Hirngröße insgesamt rapide zugenommen hatte – bis zum Aufkommen von *Homo sapiens* bereits um das Doppelte. Doch was waren die Gründe für dieses explosionsartige Wachstum bei *Homo*, das man bei Australopithecinen nicht antrifft? Und in welcher Beziehung stehen Bipedie und Evolution des Gehirns zueinander? Bisher hatte man angenommen, beide seien miteinander gekoppelt. Allerdings bewies Mary Leakeys aufsehenerregende Entdeckung fossiler Fußabdrücke von Frühmenschen, die vor 3,5 Millionen Jahren lebten, das genaue Gegenteil. Denn schon lange, bevor bei *Homo* ein rapides Hirnwachstum einsetzte, waren diese Hominiden aufrecht gegangen. War die Bipedie also der Evolution des Gehirns vorausgegangen? Mit der sogenannten «Kühlertheorie» der Gehirnevolution, die in diesem Buch vorgestellt wird, möchte ich eine mögliche Antwort geben.

Die Gehirnevolution zu verfolgen, bedeutet aber mehr, als lediglich fossile Schädel oder Endokranialausgüsse zu untersuchen. Viele Informationen erhält man, wenn man Gehirne und kognitive Fähigkeiten des Menschen mit denen von Schimpansen (seinen nächsten lebenden Primatenverwandten) vergleicht. Wie die vergleichende Psychologie erkannt hat, sind diese Menschenaffen intelligente Wesen, und einige wurden sogar in einer nonverbalen Sprache unterrichtet. Im Gegensatz zu einem Menschenkind würde jedoch kein Schimpanse auf die Idee kommen, seinem Pfleger die Frage zu stellen:

«Woher komme ich eigentlich?» Schimpansen sind zwar intelligent, doch fehlt ihrem Gehirn die Fähigkeit, abstrakt zu denken.

Obwohl die Hirnrinde beim Menschen größer und stärker gefurcht ist als bei einem Schimpansen, scheinen beide Gehirne – rein äußerlich betrachtet – aus den gleichen Teilen zu bestehen. Demnach finden sich die entscheidenden feinen Unterschiede wohl eher im Nervensystem des Menschen bzw. des Schimpansen. Insbesondere scheinen hier die Vernetzung, der Transport der Neurotransmitter zwischen Stirnlappen (Frontallappen) und anliegenden Cortexabschnitten sowie die Organisation in eine rechte und linke Hirnhemisphäre (die sogenannte Lateralität) eine wichtige Rolle zu spielen.

Die Evolution dieser Lateralität während der vergangenen zwei Millionen Jahre muß von besonderer Bedeutung gewesen sein, da der moderne Mensch auf beide Gehirnhälften unterschiedlich angewiesen ist: In der linken Hemisphäre sind beispielsweise Rechtshändigkeit und Sprachvermögen lokalisiert, während rechts andere Fähigkeiten sitzen, die beispielsweise zum Lesen von Landkarten oder zum Komponieren benötigt werden. Da dies ausschließlich menschliche Eigenschaften sind, nahm man bis vor kurzem an, daß Menschen die einzigen Wesen mit einem funktionell zweigeteilten Gehirn seien. Nachdem aber mehrere Forscher die Nervensysteme von Nagern, Vögeln und Affen intensiv untersucht haben, stellte sich heraus, daß die Lateralität des Gehirns bei zahlreichen Tierarten eher die Regel als die Ausnahme ist. Demnach sind offenbar so hochentwickelte Fähigkeiten, wie optisch-räumliches Vorstellungsvermögen, Schreiben oder Komponieren, aus einfach organisierten, asymmetrischen Gehirnen der Primatenvorfahren hervorgegangen. Die Gehirnlateralität stellt demnach – trotz ihres gewaltigen Ausmaßes – die Endstufe eines evolutiven Kontinuums und nicht etwa einen drastischen Evolutionssprung dar. Ein weiterer Irrglauben behauptet, daß das Gehirn von Männern und Frauen exakt dasselbe sei. Infolge bahnbrechender Forschungsarbeiten über die Wirkung von Sexualhormonen auf das Gehirn wird mit dieser falschen Auffassung ebenfalls aufgeräumt. In dem vorliegenden Buch soll daher ein Evolutionsmodell vorgestellt werden, das die fortschreitende Evolution der Gehirnlateralität zu erklären versucht, gleichzeitig aber auch geschlechtsspezifische Unterschiede im Nervensystem berücksichtigt.

Während der vergangenen zwei Millionen Jahre war der gewaltige Zuwachs des Gehirns bei *Homo* nicht nur von geringfügigen Veränderungen in der neuronalen Vernetzung und bei Neurotransmittern begleitet; sondern parallel erfolgte auch eine gleichermaßen dramatische Evolution in der Kultur und Intelligenz. Am Anfang dieser Entwicklungslinie findet man ein paar einfache Steinwerkzeuge, am Ende sieht man Entwicklungen wie Wolkenkratzer, Computer und Biotechnologie. Andere Ableger des weiterentwickelten menschlichen Gehirns sind u.a. Sprache und Schrift, Kunst und Religionen. Einfach ausgedrückt, bewirkten diese neurologischen Veränderungen bei *Homo* ein «Evolutionspaket», das mit keiner Entwicklungsgeschichte anderer Säugetiere (nicht einmal derjenigen früherer Hominiden) zu vergleichen wäre.

Vor einigen Jahren sah ich Rudolph Nurejew tanzen. Zwar waren im Prinzip alle seine Schritte jedem professionellen Ballettänzer bekannt, doch war die Art seines Tanzstils außergewöhnlich. Das Timing war perfekt, und die Choreographie war voll und ganz durch seine Persönlichkeit geprägt. Es war einfach atemberaubend. Genau wie beim Tanzen ist auch die Choreographie des *Braindance*, d.h. der Evolution des Gehirns, in ihrer Gesamtheit einzigartig – nicht aber die einzelnen Parts oder Schritte. Aus diesem Grund hat das menschliche Gehirn auch keine grundsätzlich neuen, abweichenden Strukturen im Vergleich zum Schimpansenhirn entwickelt.

Wenn bei Standardtänzen (z.B. auch beim Steppen) innerhalb einer bestimmten Schrittkombination die Betonung anders gesetzt wird, kann der gesamte Ablauf als völlig neu empfunden werden. Möglicherweise ist dann die Reihenfolge der Schritte für zwei Kombinationen identisch, die unterschiedliche Zählweise läßt jedoch zwei verschiedene Tänze entstehen. Mit fortschreitender Evolution veränderte sich auch die zeitliche Koordinierung bestimmter Ereignisse innerhalb der einzelnen Gehirnabschnitte. Wie beim Tanzen bewirken auch hier Veränderungen in der zeitlichen Abfolge, daß ein völlig neues Gehirn entsteht. So ist beispielsweise die neuronale Verzweigung im Broca-Zentrum (dem Sprachzentrum), das im linken Frontallappen des menschlichen Gehirns liegt, wesentlich komplexer als die Nerven an der entsprechenden Stelle der rechten Hälfte. Diese Asymmetrie kommt deshalb zustande, weil sich die linke Region postnatal (d.h. nach der Geburt) langsamer entwickelt als ihr rechtes Pendant. Vermutlich ist diese unterschiedliche Reifung der beiden Hemisphären eine Antwort auf den Selektionsdruck zur Bildung von Sprache.

Aber auch schon vor der Geburt wächst die rechte Hälfte schneller als die linke. Schon die geringste Veränderung der relativen Wachstumsrate beider Hemisphären kann das Gleichgewicht zerstören, das vor der Geburt zwischen dem spezifischen hormonellen Umfeld und dem relativen Entwicklungsstadium jeder einzelnen Hälfte herrscht. Da der hormonelle Einfluß stadienspezifisch unterschiedlich groß ist, könnten minimale Veränderungen in der jeweiligen Wachstumsrate einer Hemisphäre grundsätzlich eine verstärkte Lateralität des menschlichen Gehirns ausgelöst haben. Derartige pränatale Veränderungen bei Entwicklungsprozessen können gelegentlich eine äußerst feine Demarkationslinie zwischen Genie und Schwachsinn ziehen. Aus diesen erwähnten Gründen, aber auch, weil das menschliche Gehirn unzählige ästhetische Leistungen zustande gebracht hat (wie z.B. die unvergeßlichen Soli Rudolph Nurejews), möchte ich die Zielrichtung der Evolution unseres Gehirns während der letzten zwei Millionen Jahre als «*Braindance*» bezeichnen.

Meiner Meinung nach beruhen die Einsteinsche Relativitätstheorie, Mozarts Hörnerkonzerte und das verhältnismäßig große Gehirn des *Homo sapiens* auf einer Verkettung glücklicher Zufälle, die letztlich diese «cerebrale Choreographie» ausmachen. Wie bei der Erläuterung der «Kühlertheorie» noch genauer beschrieben wird, bestand einer dieser Zufälle darin, daß einige Prähominiden, die bereits die ersten Voraussetzungen für eine bipede Fortbewegung besaßen, zufällig in einem günstigen Klima lebten, das die vollständige Bipedie wie auch die Ausbildung eines großen Gehirns ermöglichte. Außerdem konnten diese Hominiden auch noch ihre bipede Lauffähigkeit verbessern, da sie oft weite Strecken zur Nahrungs- und Trinkwasserbeschaffung zurücklegen mußten. Durch Verbesserung der Bewegungsabläufe, Sprachfertigkeit und Intelligenz schuf die natürliche Selektion auf diese Weise schließlich ein minutiös vernetztes, neu organisiertes menschliches Gehirn, das seinem Besitzer ein Überleben in der rauhen Savanne ermöglichte.

Doch auch der *Braindance* hat seine Schattenseiten. Wie beim Schimpansenhirn bewirkt das sogenannte limbische System, das im menschlichen Gehirn die Emotionen steuert, beim Menschen, daß dieser seine Umwelt in Freund und Feind einteilt. Dementsprechend können Menschen genauso grausame Gewalttaten gegen ihre Artgenossen verüben wie Schimpansen. Dasselbe fortschrittliche Hirn, das für großartige menschliche Leistungen wie Dichtung und Kompositionen verantwortlich ist, begeistert sich weiterhin für globale militärische Aktionen, die den *Braindance* abrupt beenden könnten. Obgleich die im Cortex lokalisierten Mechanismen, die das aggressive Verhalten steuern, zum Teil von unseren Hominidenvorfahren geerbt wurden, muß der moderne *Homo sapiens* den Umgang mit diesen Kontrollmechanismen immer wieder trainieren. Ansonsten könnte sein natürlicher Primatentrieb, sich auf aggressive Weise durchzusetzen, in einer potentiellen Katastrophe münden. Welche Form die Oberhand gewinnen wird, der «Brain-Dance» oder der «Brain-War», eine Choreographie des Krieges, bleibt letztlich uns allein überlassen.

Gelegentlich werde ich gefragt, warum ich mich auch angesichts meines schweren Standes in der Paläoanthropologie weiterhin mit der Evolution des menschlichen Gehirns befasse. Dem entgegne ich, daß die Tradition der selektiven Interpretation innerhalb der Hominidenforschung wie auch das einseitige Festhalten an bestimmten Thesen peu á peu durch den neuen Geist wissenschaftlicher Objektivität ersetzt werden. Dieses Buch soll daher vor allem die Arbeit jener Forscher und Forscherinnen honorieren, die unsere Ansichten über die menschliche Evolution verändert haben.

Kapitel 1

Im Innern der Red Cave

Häufig sind es gerade die kleinen, unbedeutenden Ereignisse, die ganze Forschungsbereiche beeinflussen können. Wenn beispielsweise nicht im Jahre 1924 eine junge Biologiestudentin der Johannesburger University of Witwatersrand im Hause des Direktors der Northern Lime Company zum Abendessen eingeladen gewesen wäre, hätten Fortschritt und Grundhaltung innerhalb der Paläoanthropologie einen völlig anderen Verlauf genommen. Doch da Josephine Salmons an jenem Diner teilnahm, brachte sie diese Wissenschaft unwissentlich auf einen nicht mehr zu korrigierenden Kurs.

Im Hause ihres Gastgebers bewunderte Josephine den Schädel einer ausgestorbenen Pavianart, der auf dem Kaminsims lag. Dieses Fossil war nach einer Sprengung in einem Kalksteinbruch bei Taungs (dem heutigen Taung) gefunden worden. Die Studentin wußte, daß ihr Anatomieprofessor Dr. Raymond Dart sich sehr für Fossilien interessierte und bat daher um die Erlaubnis, ihm diesen kleinen Schädel zeigen zu dürfen. Mit ihrem Instinkt lag sie goldrichtig; denn als Dart das Fossil zu Gesicht bekam, war er so begeistert, daß er alle Hebel in Bewegung setzte, damit alle weiteren Fossilien aus Taung auf jeden Fall bei ihm landeten. Dart beschreibt selbst, wie er am Ankunftstag der Fossilien von seinem Fenster aus beobachtete, wie zwei Männer in der Uniform der South African Railway mühsam zwei große Holzkisten ins Haus schleppten:

> «Nachdem ich den Deckel abgenommen hatte, durchfloß mich eine Welle der Erregung. Ganz oben auf den Felsbrokken lag ein Stein, der eindeutig ein Endokranialausguß (Abdruck von der Innenseite eines Schädels) war. Selbst wenn es nur der fossile Hirnabdruck irgendeines Men-

> schenaffen gewesen wäre, würde es sich um einen großartigen Fund handeln, da man dergleichen zuvor nicht kannte. Doch mit einem einzigen Blick war mir klar, daß das, was ich in meinen Händen hielt, kein gewöhnliches Anthropoidenhirn war ... Während ich noch dastand wie ein Geizhals, der gierig sein Gold liebkost, schoß mir ein Gedanke von enormer Tragweite durch den Kopf. Ich war mir absolut sicher, einen der bedeutendsten Funde in der Geschichte der Anthropologie gemacht zu haben [1].»

Dart bemerkte, daß dieser Endokranialausguß haargenau in einen anderen, separaten Kalksteinbrocken paßte. Weiterhin lugten Teile fossiler Schädel-, Gesichts- und Kieferknochen aus dem Gestein hervor. Vorsichtig meißelte Dart die zementartige Matrix weg, die das gesamte Fossil umhüllte – eine mühsame Arbeit, die mehr als zwei Monate dauerte. Am 23. Dezember 1924 war es schließlich soweit: «Der Stein brach auseinander», und das Fossil von Taung war von seiner Kalksteinkruste befreit. Dart schrieb weiter: «Hervor kam das Gesicht eines Kleinkindes, das bereits sein vollständiges Milchgebiß besaß und dessen adulte Backenzähne (Molaren) bereits im Durchbruch begriffen waren. Ich glaube, kaum ein Vater war je so stolz auf seinen Sprößling, wie ich es an jenem Weihnachtsabend auf mein ‹Taung-Baby› war [2].»

Darts Fossil, das später als «Kind von Taung» bekannt wurde (und in diesem Buch nur kurz «Taung» genannt werden soll), kombiniert menschenähnliche und menschenaffenähnliche Züge, wie man sie in dieser Verbindung noch nie bei einer lebenden oder fossilen Art beobachtet hat. Zu den menschlichen Eigenschaften zählen nach Darts Worten die gewölbte Stirn, das Windungsmuster des Gehirns, einige Zahnmerkmale sowie die zentrale Wirbelsäulenposition (die eine morphologische Anpassung an den Gang auf zwei Beinen darstellt). Affenartig waren hingegen der vorspringende Kiefer und das insgesamt relativ kleine Gehirn.

Die genannten Eigenschaften dieses «missing link» (d.h. einer Art, die eine zeitlich-morphologische Übergangsform zwischen einer ursprünglichen und einer daraus resultierenden Spezies darstellt) betonte Dart auch in seinem berühmten Artikel, der am 7. Februar 1925 in *Nature* erschien. Darin vergab er einen neuen Gattungs- und Artnamen, die seinem Fund gerecht wurden. Taung wurde demnach nicht etwa dem *Homo sapiens* zugerechnet, sondern erhielt einen eigenen Namen: *Australopithecus africanus* («der aus Afrika stammende

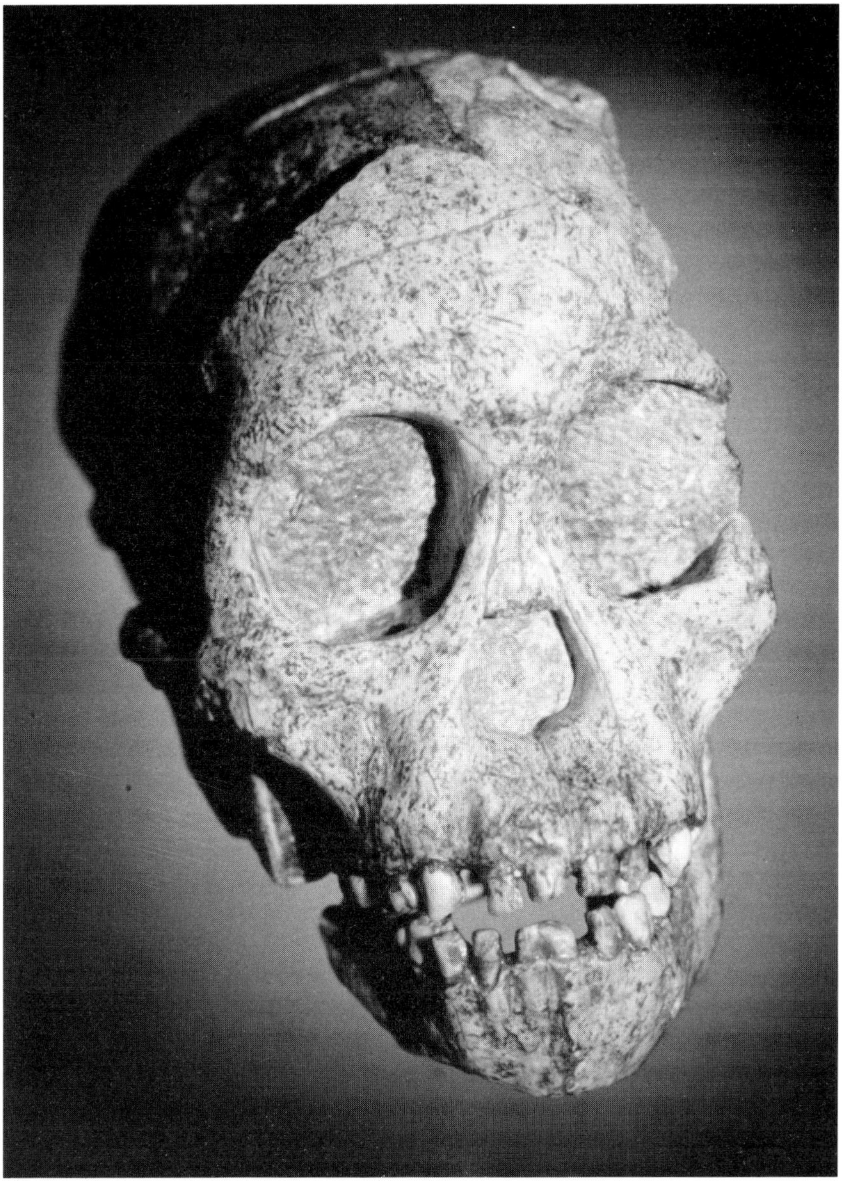

Abb. 1.1
Der erste Australopithecine wurde 1924 in Taung (Südafrika) gefunden. Dieses Fossil, das als «Kind von Taung» bekannt wurde, zeigt eine einmalige Kombination mehrerer menschlicher und (insbesondere) menschenaffenähnlicher Eigenschaften (Foto: John Reader; Copyright © 1992/Science Photo Library).

südliche Affe»). Darts Terminologie wurde bis auf den heutigen Tag beibehalten, so daß Taung und andere frühe Verwandte des Menschen als Australopithecinen bezeichnet werden.

Vom ersten Moment an neigten Dart und seine Kollegen dazu, den menschenähnlichen Eigenschaften Taungs und anderer Australopithecinen viel zu viel Bedeutung beizumessen. Diese Voreingenommenheit Darts schlägt sich bereits im Titel seiner Veröffentlichung von 1925 [3] nieder, in der er Taung als «affenartigen Menschen (*man-ape*)» und nicht etwa als «menschenähnlichen Affen (*ape-man*)» bezeichnet. Im nachhinein kann man zwei Gründe für diese übertriebene Vermenschlichung vermuten. Der erste ist ein historischer und sollte mit etwas Nachsicht betrachtet werden. Obwohl Dart wußte, daß Taung einer der bedeutendsten Funde in der Anthropologie war und ziemlich sicher sogar ein «missing link» darstellte, stand er doch vor einem Dilemma: Wie sollte er dies einer Welt klarmachen, die zu jener Zeit von einem antiintellektuellen Klima geprägt war? Darts Zwickmühle wird an einem Beispiel besonders deutlich: Am 21. July 1925 – also fünf Monate nach Erscheinen des *Nature*-Artikels – wurde der Lehrer John Scopes in Dayton (Tennessee) von einem Gericht wegen Verletzung der christlichen Lehre verurteilt, weil er sich in seinem Unterricht mit der Evolutionstheorie befaßt hatte. Die Vorstellung, die Vorfahren des Menschen seien Affenmenschen gewesen, wurde von der damaligen Öffentlichkeit also nicht sehr freundlich aufgenommen. Verständlicherweise würde Taung umso eher als frühe Form des Menschen akzeptiert werden, je mehr menschliche Eigenschaften er aufwies. Deshalb könnte dieser Gedanke Dart bei seiner Interpretation von Taung geleitet haben.

Der zweite Grund für die übermäßige Vermenschlichung lag vermutlich darin, daß das Fossil ein Kinderschädel war. Wie der Mensch durchlaufen auch alle übrigen Primaten verschiedene Wachstumsphasen. Bei jungen Menschenaffen sind allein schon aus Altersgründen keine derartigen Schädelmerkmale ausgeprägt (z.B. dicke Augenbrauenwülste oder Ansatzstellen für die kräftige Nackenmuskulatur), die das adulte Tier vom Menschen unterscheiden. Offensichtlich war sich Dart bei seiner Analyse nicht voll darüber im klaren, daß Taungs gewölbte Stirn oder die angedeutete Lage der Wirbelsäule Jugendmerkmale eines Affen und nicht etwa typisch menschliche Kennzeichen waren.

Aus heutiger Sicht muß man trotzdem anerkennen, daß Dart einen bedeutenden Beitrag für die Erforschung der Evolution des Menschen geleistet hat. Er wurde immerhin 95 Jahre alt und kam so in den Genuß, seine Ansichten im großen und ganzen bestätigt zu sehen. In der von schweren Kontroversen gekennzeichneten Paläoanthropologie ist man sich heute zumindest einig, daß Dart in folgenden Punkten Recht hatte: die Australopithecinen waren die ersten Vorfahren der Menschen, sie liefen auf zwei Beinen (wenn auch aus anderen Gründen, als Dart vermutet hatte) und sie kombinierten eindeutige menschliche und äffische Eigenschaften. Sogar Darts Namensbezeichnung *Australopithecus africanus* hat überleben können – was in einer Wissenschaft, die viele neugeprägte Namen bereits nach kurzem in der Versenkung verschwinden läßt, einiges bedeutet.

Dies alles kann man in der Einleitung eines beliebigen Anthropologielehrbuches nachlesen, doch ist die Geschichte von Taung eigentlich viel komplexer. Während der 30er und 40er Jahre fand man allein Fossilien von mindestens dreißig unterschiedlichen Australopithecinen. Erneut maßen Dart und seine Anhänger den menschlichen Zügen die größere Bedeutung bei, während sie gleichzeitig alle menschenaffenähnlichen Eigenschaften dieser Fossilien abwerteten. Vermutlich reagierten sie hierbei auf frühe Kritiker, die über die Bedeutung dieser Funde hinweggegangen waren. Als besonderes Ärgernis erschien es diesen Forschern, daß Taungs Gehirn etwa so groß wie das eines Schimpansen war. In seinem berühmten Artikel von 1925 hatte Dart behauptet, es handele sich um ein menschenähnliches Gehirn; später sollte sich herausstellen, daß er hierin irrte.

Darts Analyse des Kindes von Taung setzte den Startschuß für eine langanhaltende Tradition der selektiven Interpretation innerhalb der Paläoanthropologie. Selbst heute befürworten einige Forscher immer noch Darts Ansichten. Als Gründe gibt z.B. Owen Lovejoy von der Kent State University die Bipedie der Hominiden an, Alan Mann von der University of Pennsylvania beruft sich auf die Bezahnung, und Ralph Holloway von der Columbia University verweist auf die Gehirnstruktur. Diese antiquierten Schlußfolgerungen werden allerdings relativ rasch durch die Ergebnisse modernerer Forscher überholt, die mit neueren Methoden arbeiten. So wies beispielsweise Brigitte Scott, die derzeit am Musée Nationale d'Histoire Naturelle in Paris arbeitet, 1978 in ihrer Doktorarbeit mit morphologischen Methoden nach, man könne an den Armknochen bestimmter Australopithecinen erkennen, daß diese bipeden Wesen weiterhin überwiegend in den Bäumen gelebt hätten. Weiterhin konnte die Arbeitsgruppe um Bill Jungers (State University of New York in Stony Brook), die intensiv Arm- und Beinknochen sowie Gelenkoberflächen früher Hominiden untersucht hatte, überzeugend darlegen, daß die Bipedie bei diesen noch nicht so vollkommen wie beim modernen Menschen funktionierte. Ferner zeigen jüngste Untersuchungen an Gebissen durch Holly Smith (University of Michigan) und Tim Bromage (Hunter College), daß sich das Todesalter des Kindes von Taung besser ermitteln läßt, wenn man sich an der Zahnentwicklung eines Affen statt an der eines Menschen orientiert. Darüber hinaus nutzten Glenn Conroy und Michael Vannier (Washington University School of Medicine) das hochauflösende Computertomographie-Verfahren (CT), um bislang verborgene Strukturen im Schädelinneren von Taung zu betrachten. Heute scheint es nun so, daß Taung tatsächlich noch jünger war, als bisher angenommen – zwischen drei und vier Jahren, statt der fünf bis sechs, wie Dart vermutet hatte.

Laut Holly Smith geht aus den eher menschenaffenähnlichen Fossilien der frühen Australopithecinen hervor, daß sie ähnlich schnell wie heutige Schimpansen und Gorillas erwachsen wurden. Aufgrund des Musters des Zahnzuwachses schließen die Engländer A.D. Beynon von der Dental School in Newcastle-upon-Tyne und Christopher Dean vom University College London, daß die Australopithecinen nicht wie *Homo sapiens* eine ausgedehnte Kindheit mit intensiver Erziehung und sozialer Integration besaßen. Es ist schon erstaunlich, daß man gut 65 Jahre brauchte, um diese und andere wichtige Fakten über das wohl berühmteste Fossil der Welt zu erkennen. Diese verspätete Erkenntnis liegt meines Erachtens an den Eigenarten eines Fachbereichs, der manchmal seine etablierten Koryphäen höher schätzt als wissenschaftliche Objektivität. Manchmal muß ich mich fragen, ob wir nicht früher an diesen Punkt gelangt wären, wenn beispielsweise Josephine Salmons in einem späteren Jahrzehnt zum Diner eingeladen oder der erste beschriebene *Australopithecus* ein Erwachsener gewesen wäre.

Zwei unterschiedliche frühe Hominiden: *Australopithecus robustus* und *Australopithecus gracilis*

Im Nachhinein klingt es schon komisch, daß die Wissenschaftler über zehn Jahre benötigten, bis sie Taungs Eltern, also erwachsene Australopithecinen, gefunden hatten. Diese Aufgabe fiel hauptsächlich dem schottischen Arzt Robert Broom zu, der sich außerordentlich für Fossilien interessierte. Zudem war er einer der ersten, die Darts These, Taung sei ein «missing link», anerkannten. Heute taucht Brooms Bild verdientermaßen in vielen Lehrbüchern auf, da er schließlich herausfand, daß es zwei verschiedene Australopithecinentypen gibt.

Brooms erste Entdeckung stammte aus dem Jahre 1936, als ihm der Leiter eines Kalksteinbruchs in Sterkfontein den Endokranialabguß eines adulten (erwachsenen) Hominiden zeigte. Kurz darauf entdeckte Broom Schädelfragmente, die von demselben Hominiden , einem jungen Mann, stammten. Broom neigte generell dazu, jedem neuen Fossil einen eigenen, neuen Namen zu geben, was er auch in diesem Fall tat. Heute wird seine erste Entdeckung als *Australopithecus africanus* bezeichnet, deren Artnamen Dart 1925 geprägt hatte. Da diese Schädel generell etwas feiner aussehen als beim anderen Australopithecus-Typus (den Broom erst zwei Jahre später finden sollte), spricht man von grazilen Australopithecinen. (Terminologisch gilt die Bezeichnung Hominiden für Mitglieder der beiden Gattungen *Homo* und *Australopithecus*).

Die Frühgeschichte der Hominidenforschung klingt oft sehr prosaisch. In seinem Buch «Finding the missing link» beschreibt Broom, wie der Schüler Gert Terblanche an einem Tag des Jahres 1938 «vier der wunderbarsten Zähne aus seiner Hosentasche zog, die man je auf der Welt gesehen hat.» Später dann führte der Junge Broom an einen Platz namens Kromdraai. Dort stießen sie auf weitere Fossilfragmente, die sie schließlich zu einem kompletten Schädel zusammensetzten. Broom erkannte, daß dieser von einem männlichen Australopithecinen stammte, der sich jedoch von dem vor zwei Jahren in Sterkfontein entdeckten Schädel stark unterschied: Er war wesentlich kräftiger gebaut und besaß eine breitere Gesichtsfläche. Broom nannte das Fossil aufgrund seines robusten Habitus *Paranthropus robustus*. Dieses und andere, ähnlich gebaute Fossilien sind heute unter der Bezeichnung robuste Australopithecinen bekannt.

In den folgenden zwanzig Jahren wurden zahlreiche Australopithecus-Fossilien in Südafrika entdeckt, viele durch Broom, der ihnen unbeschwert immer wieder neue Namen gab. Erst in den 50er Jahren durchforstete ein anderer Forscher, John Robinson, dieses Wirrwarr aus zahlreichen hypothetischen Arten. Dabei entdeckte er, daß man die Australopithecinen aufgrund bestimmter Merkmale morphologisch in zwei Gruppen aufteilen kann – in den Gracilis-Typ (wie *Australopithecus africanus*) und den Robustus-Typ (wie *Paranthropus robustus*). Für die letztere Form waren kräftige Mahlzähne und ein großer, abgeflachter Gesichtsschädel, an dem außerordentlich starke Kau- und Kiefermuskeln ansetzten, typisch. Weitere Kaumuskeln setzten an einem sogenannten Sagittalkamm an, einer Knochenleiste,

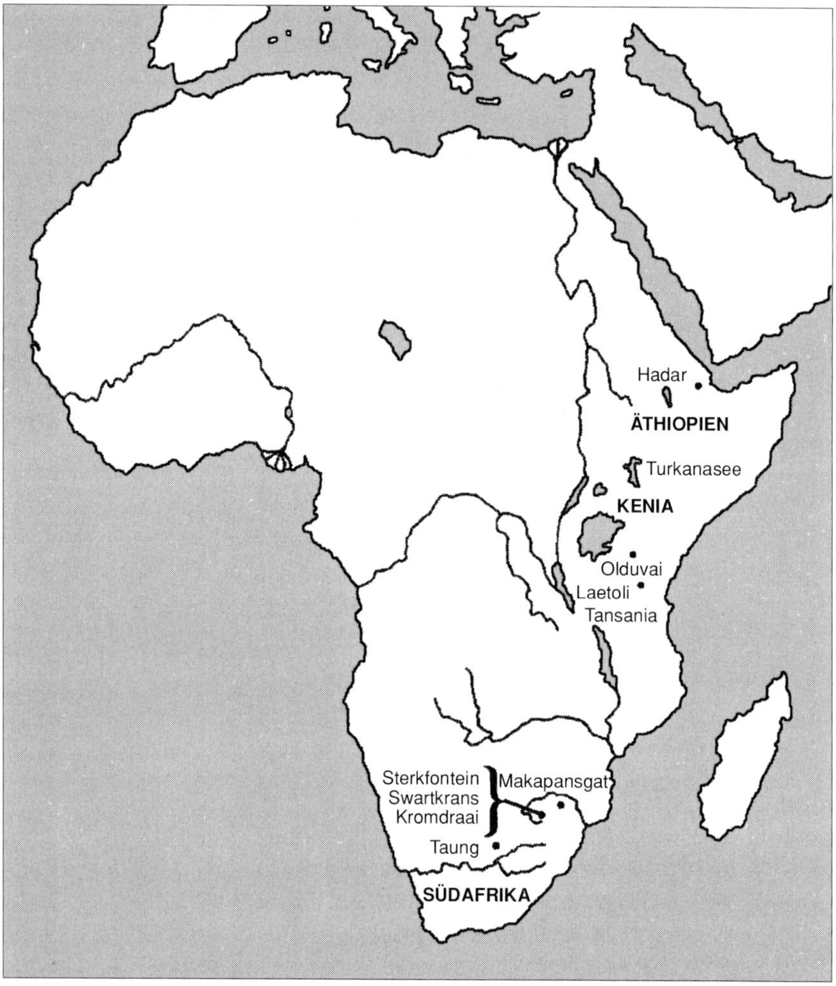

Abb. 1.2
Karte von Afrika mit den Fundstellen bedeutender Hominidenfossilien.

die in der Schädelmitte von vorne nach hinten lief. (Ähnlich wie bei den heutigen Gorillas war der Sagittalkamm bei männlichen Tieren stärker ausgebildet als bei weiblichen.) Obgleich die robusten Australopithecinen hinsichtlich dieser Merkmale an Menschenaffen erinnerten, folgerte Robinson aus den Ansatzstellen ihrer Nackenmuskeln, daß sie eine aufrechte Haltung besaßen – sie liefen also auf zwei

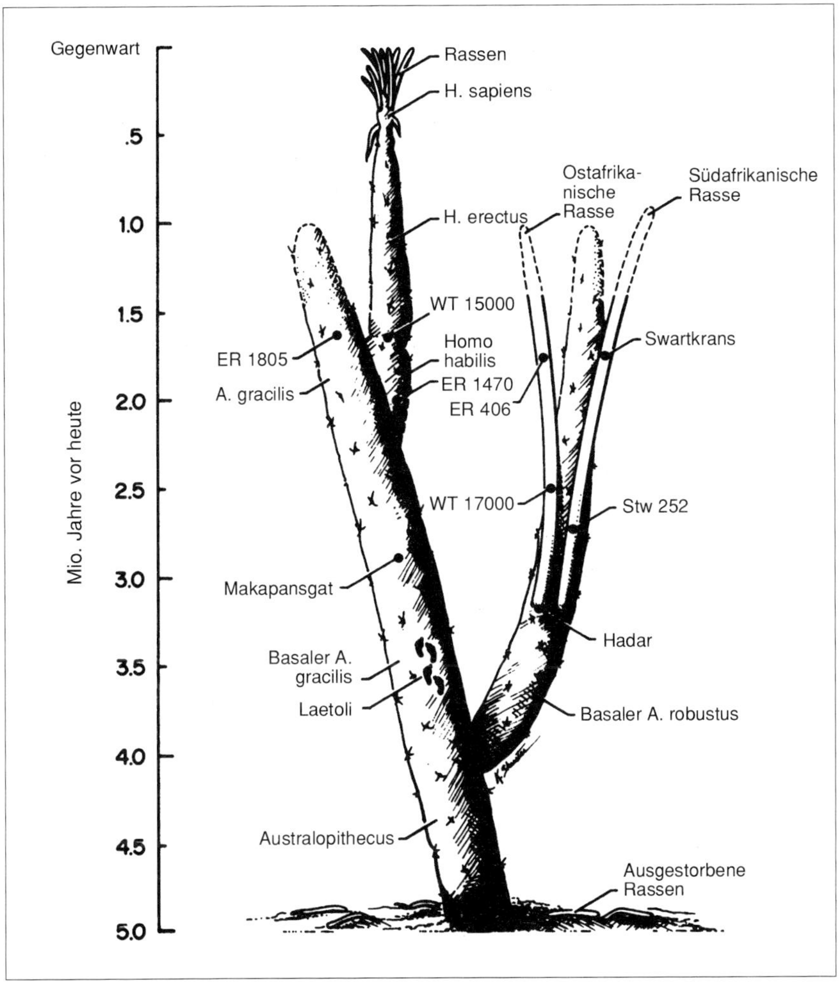

Abb. 1.3
Der menschliche Stammbaum hat nach Auffassung der Autorin die Gestalt eines Feigenkaktus. Der größere rechte Ast enthält die Frühmenschen aus Hadar sowie die robusten Australopithecinen, der Hauptstamm (links) steht für die grazilen Australopithecinen. An seiner Rückseite entspringt vor gut zwei Millionen Jahren der Homo-Zweig. Einige Fundstätten und bedeutende Fossilexemplare sind auf dem Stamm vermerkt.

Beinen. Salopp gesagt, könnte man *Paranthropus robustus* durchaus als «bipede Kaumaschine» bezeichnen.

Grazile Australopithecinen sahen anders aus, denn sie besaßen größere Schneidezähne und kleinere Mahlzähne als die Robustus-Formen. Daher stand ihre untere Gesichtshälfte weiter vor. Außerdem waren ihre oberen Schädelknochen und Jochbeinbögen weniger kräftig. Diese Merkmalskombination führte dazu, daß ihr Gesicht nicht flach, sondern eher schalenförmig und insgesamt weniger zerklüftet als bei *Paranthropus* aussah. Der Schädel der grazilen Art besaß offenbar auch eine höhere und gewölbtere Stirn als bei der robusten Form; dies beruht teilweise darauf, daß ihr der Sagittalkamm der robusten Art fehlte.

Robinson versuchte nun, die physischen Unterschiede beider Typen auf funktionelle Weise zu erklären. Da die meisten Unterschiede zwischen beiden Australopithecus-Typen mit dem Gebiß oder den Kaumuskeln zu tun haben, schlug Robinson seine mittlerweile berühmt gewordene Ernährungshypothese vor: Mit ihren kräftigen Mahlzähnen zermalmten robuste Australopithecinen Wurzeln, Knollen und andere hartschalige Pflanzenteile. Da sie strenge Vegetarier waren, hatten sie die großen Schneide- und Reißzähne verloren, die man zum Zerkleinern von Fleisch und anderer nichtpflanzlicher Nahrung benötigt. Die grazilen Australopithecinen lebten vermutlich in offenerem, trockenerem Terrain, in dementsprechend weniger pflanzliche Nahrung vorkam als in den feuchten Waldregionen, die *Paranthropus* bevorzugte. Sie behielten die großen Vorderzähne ihrer Vorfahren, mit denen sie Nahrung aller Art (u.a. auch Fleisch) zerkleinern konnten. Somit wurden die robusten Formen zu eingeschränkten Nahrungsspezialisten, während die grazilen Australopithecinen alles fraßen, das sie ergattern konnten.

Und das war beileibe nicht einfach, denn laut Robinson waren grazile Australopithecinen «den Belastungen einer recht unwirtlichen Umwelt ausgesetzt» [4]. Trotzdem, so Robinson weiter, »konnten sie vermutlich mit Grabwerkzeugen ... mehr und häufiger Knollen finden, ... während Hilfsmittel, mit denen sie werfen und schlagen konnten, wahrscheinlich die Jagd auf Kleintiere erleichterten und die Jagdausbeute erhöhten. Der verbesserte Werkzeuggebrauch wird wohl [von der Evolution] begünstigt worden sein ...» Robinson ging davon aus, daß *Australopithecus* mit einem Stock in der Hand auf zwei Beinen durch die Savanne zog, und daß der Fleischverzehr von enormer Bedeutung für die Evolution dieses frühen Hominiden war. Obgleich *Paranthropus* vermutlich ebenfalls Werkzeug benutzte, war diese Anlage nach Robinsons Worten «bei diesem Vegetarier wesentlich schwächer entwickelt.» Bei grazilen Australopithecinen war aber nicht nur die Werkzeugherstellung, sondern auch eine gesteigerte Intelligenz besonders gefragt, so daß sie vermutlich weniger primitiv und viel intelligenter als die Robustus-Arten waren. Sie allein kommen daher als Vorfahren der Gattung *Homo* in Frage.

In der Hominiden-Abteilung des Transvaal Museum in Pretoria steht eine schmale Kiste, in der sich scheinbar ganz gewöhnliche Steine befinden. Bei genauerem Hinsehen erkennt man jedoch, daß es sich um Steine handelt, die von Frühmenschen bearbeitet wurden. Sie sind unter dem Namen Geröllwerkzeuge (engl. *pebble tools*) oder Olduwan-Werkzeuge bekannt (nach jener Olduwaischlucht, in der diese Artefakte erstmalig entdeckt wurden). Das älteste entdeckte Geröllwerkzeug ist etwa 2,5 Millionen Jahre alt. Leider konnte man bis heute noch kein Steinwerkzeug finden, das direkt neben dem Skelett seines Erzeugers lag. Deshalb kann man heute auch nicht mit Sicherheit sagen, ob die ersten Geröllwerkzeuge von grazilen oder robusten Australopithecinen oder gar von beiden hergestellt wurden.

Seit der Entdeckung der robusten Australopithecinen sind mittlerweile 50 Jahre vergangen, und im Vergleich zu vielen modernen Theorien erscheinen Robinsons erste Gedanken über die verwandtschaftlichen Bezüge zwischen beiden Australopithecus-Typen weiterhin brillant. Leider hat der vor kurzem in Kenia gefundene Schädel eines robusten Australopithecinen (WT 17000, der sogenannte «Schwarze Schädel») wieder dafür gesorgt, daß man heute erneut für die Existenz mehrerer statt weniger Hominidenarten plädiert. Allerdings schafft eine solche unnötige Aufspaltung nicht etwa mehr Klarheit, sondern läßt den heutigen Wissensstand nur verworrener erscheinen. Alternativ existiert Robinsons Aufteilung der frühen Hominiden in zwei Gruppen, die aufgrund rein funktioneller Unterschiede erfolgte. Robinsons Methode, die sich hinreichend selbst erklärt, ist ein Beispiel für hervorragende wissenschaftliche Arbeit.

Es ist schon reichlich spannend, wenn man über z.B. Darts Entdeckung des Kindes von Taung nachdenkt (nach dessen eigenen Worten kaum ein Diamantenschleifer je soviel Liebe und Sorgfalt bei einem hochkarätigen Stein aufgebracht hat), oder sich anhand der Biographie Robert Brooms den begeisterten Artensammler lebhaft vor Augen führt, wie folgende Anekdote zeigt:

> Während einer Exkursion mußte Mary Broom, die eine sehr zurückhaltende Frau war, auf dem Rücksitz Platz nehmen, direkt neben einem vor kurzem gefangenen Streifeniltis, ... während Broom vorne im Auto saß. Plötzlich rief Mary Broom: «Robert, das kleine Tierchen riecht unangenehm,» worauf Broom entgegnete: «Unmöglich! Es lebt ja noch [5].»

Robinsons Ideen über grazile und robuste Australopithecinen waren jedoch mehr als fesselnd, sie waren nahezu visionär.

Die gesamte Geschichte entbehrt aber auch nicht einer gewissen Ironie, da Dart Taung als Typusexemplar (Holotypus) verwendete, um *Australopithecus africanus* als Art zu beschreiben. (Das Typusexemplar ist ein ideales Einzelexemplar, mit dem alle übrigen Exemplare verglichen werden, die für ein bestimmtes Taxon [d.h. eine systematische Einheit] in Frage kommen.) Wie schon oben erwähnt, durchlaufen junge Menschen und Menschenaffen unterschiedliche Wachstumsphasen. Im allgemeinen lassen sich Evolutionstrends adulter Hominiden nur schwer anhand der wenigen Knochen- und Zahnfragmente ablesen; jedoch kann man aus denselben Fossilien fast nichts über das kindliche Wachstum der frühen Vorfahren des Menschen erfahren. Da Taung ein Kind, vermutlich sogar noch ein sehr junges war, kann man nicht mit Sicherheit sagen, ob es zu den grazilen oder den robusten Australopithecinen zählte.

1976 klassifizierte Phillip Tobias Taung als einen jungen Robustus-Typ, stieß jedoch mit dieser These auf taube Ohren. Seitdem hat man bei diesem Fossil verschiedene Robustus-Merkmale beschrieben – u.a. der Aufbau der Gesichtssinus (Stirn- und Nebenhöhlen) und der charakteristische Verlauf der Blutgefäße, die das Hirn versorgen. Wäre es nicht eine Ironie des Schicksals, wenn quasi das Typusexemplar eines grazilen Australopithecinen sich in Wirklichkeit als Standardtyp eines robusten Vertreters erweisen sollte?

Das antiintellektuelle Klima der 20er Jahre und die Tatsache, daß Taung zufällig ein Kind war, verleiteten Dart sicherlich dazu, die ersten Australopithecinen wesentlich menschlicher zu zeichnen, als sie es in Wirklichkeit waren. Unglücklicherweise führte seine voreingenommene Interpretation dazu, daß fossile Hominiden jahrzehntelang einseitig ausgelegt wurden. Sogar bei der Entdeckung neuerer Fossilien tendieren einige Paläoanthropologen auch heute noch dazu, ihren überholten Stammbäumen ein paar zusätzliche Verästelungen hinzuzufügen, anstatt einfacheren und logischeren Modellen zu folgen. Bezüglich der Australopithecinen scheinen sich die Hominidenforscher nur in einem Punkt einig zu sein: Prinzipiell gibt es zwei Gruppen, die robusten und die grazilen Formen.

Ein Fossil wird reanimiert: Die Lebensweise der Australopithecinen

Aufgrund der fossilen Zähne und Knochen weiß man, daß es verschiedene Australopithecinen gab – doch wie sah ihre Lebensweise aus? Welche Verwandtschaftsverhältnisse bestanden untereinander, welche zum modernen Menschen? Die derzeitigen Hypothesen über die Lebensweise der Frühmenschen bedurften aber nicht nur einer ordentlichen Portion Vorstellungskraft, sondern beruhen auch auf Beobachtungen moderner Primaten, so daß die Paläontologen möglichst viele und exakte Ansatzpunkte darüber erhalten, wie sich die ersten Menschen wohl verhalten haben.

Schimpansen und Gorillas, die großen Menschenaffen des heutigen Afrikas, sind genetisch so eng mit dem Menschen verwandt, daß das Studium ihrer jeweiligen Lebensweisen sehr lehrreich sein kann, um das Verhalten der frühen Hominiden zu rekonstruieren. Tatsächlich besitzen Schimpansen und Menschen sogar einen entwicklungsgeschichtlich jungen gemeinsamen Vorfahren (GV oder *common ancestor*), der sich erst nach dem Abspalten der Gorillas in diese beiden Linien verzweigte; demnach ist der Schimpanse unser nächster (wenn auch nicht-menschlicher) «Vetter». Ähnlich wie robuste und grazile Australopithecinen bewohnen Schimpansen und Gorillas völlig verschiedene Lebensräume (ökologische Nischen) und haben dementsprechend unterschiedliche Lebensweisen entwickelt.

Nehmen wir beispielsweise den größten aller lebenden Primaten, den Berggorilla, dem Hollywood ein ziemlich schlechtes Image verpaßte: In alten Filmen wird er als wildes, angriffslustiges Ungetüm dargestellt, das sich permanent auf die Brust trommelt. Dieses Bild ist gewaltig übertrieben, da Gorillas in der Regel friedfertige Wesen sind. Sie leben in einem Harem, also einer Gruppe aus mehreren Weibchen, die von einem einzigen dominanten Männchen, dem sogenannten Silberrücken (dieser Name rührt von der weißen, sattelförmigen Rückenzeichnung her), geführt wird. Zwar gehören auch jüngere Männchen, die noch ein schwarzes Rückenfell besitzen, dieser Gruppe an. Jedoch paart sich nur der Silberrücken mit den adulten Weibchen und wird dadurch automatisch zum Vater aller Nachkommen.

Seine Autorität wird nur selten in Frage gestellt. Die jungen Männchen verlassen die Gruppe irgendwann und schließen sich anderen Junggesellen-Rudeln an. Eines Tages werden sie dann versuchen, Weibchen einer fremden Gruppe wegzulocken (in diesen Fällen wird auch mal ein bißchen auf dem Brustkorb getrommelt), um einen eigenen Harem zu begründen. Meistens zeigen die Gruppen untereinander so gut wie keine Feindseligkeiten, und es besteht auch keinerlei Konkurrenzverhalten in Bezug auf Weibchen oder Nahrung.

Das Leben innerhalb einer Gorillagruppe ist nicht halbwegs so aufregend, wie der Begriff «Harem» vermuten läßt. Tatsächlich ist es im Vergleich zu den wesentlich agileren und viel promiskuitiver lebenden Schimpansen sogar ziemlich langweilig. In Freilandbeobachtungen an Gorillaverbänden wird der Harem als eine relativ stabile soziale Einheit beschrieben, in der es zu seltenen und vorhersagbaren, trägen Geschlechtsakten kommt. Dabei schwellen die Geschlechtsorgane der Weibchen, die eine Paarungsbereitschaft signalisieren, nicht so stark an wie bei den sexuell aktiveren Schimpansen. Außerdem sieht man nur selten, daß sich die ruhigen Gorillas gegenseitig lausen oder berühren. (Schimpansen haben in dieser Hinsicht kaum Berührungsängste.)

Der Tagesablauf eines Gorillas scheint hauptsächlich von Gemütlichkeit geprägt zu sein; man nimmt gerne Sonnenbäder und kann täglich bis zu acht Stunden mit Fressen verbringen: Bambus, Weinranken, Stengel, Baumrinde, Wurzeln und andere hartfaserige, zellulosereiche Pflanzenkost. Diese stark vegetarische Ernährunsgweise schlägt sich auch in der Größe ihres Schädels und Gebisses nieder: Sie besitzen kräftige Zähne, um Pflanzen abzureißen, und mächtige Kaumuskeln, die an dem gewaltigen Gesichtsschädel und dem Sagittalkamm ansetzen, welcher in der Schädelmitte verläuft. Interessanterweise liefert gerade die vegetarische Lebensweise der Gorillas einen denkbaren Anhaltspunkt, warum sie in Harems leben.

Unter den bodenbewohnenden Altweltaffen findet man nur selten Arten, die im Harem organisiert leben, wie beispielsweise Blutbrustpaviane, Husarenaffen und Mantelpaviane. Im Gegensatz zu einem größeren Verband, der gemischt ist oder nur aus Männchen besteht, ist in all diesen Fällen ein kleiner Harem offenbar die ideale Lösung, um mit einem Nahrungsangebot fertig zu werden, das infolge einer schwankenden oder extremen Umwelt nur begrenzt ist. Gorillas sind strenge Vegetarier, die in kleinen tropischen Urwaldgebieten leben. Folglich ist auch ihre Nahrung lokal begrenzt, so daß generell keine großen Gruppen ernährt werden können.

Aufgrund ihrer gewaltigen Größe verbringen Gorillas einen großen Teil ihrer Zeit auf allen Vieren auf dem Boden. Wie die Schimpansen haben sie eine bestimmte Bewegungsart entwickelt, den sogenannten Knöchelgang (*knuckle walking*), wobei sie die Hände so geballt haben, daß ihr Körpergewicht von den Fingerknöcheln getragen wird. Der Schultergürtel der Gorillas ist jedoch so gebaut, daß sie in die Bäume klettern und sich von Ast zu Ast hangeln können – eine Tätigkeit, die man bei Jungtieren und den leichteren Weibchen auch häufig beobachten kann. Die Männchen sind wesentlich größer und schwerer als die Weibchen. Dieser sogenannte Sexualdimorphismus (d.h. deutliche morphologische Unterschiede zwischen den Geschlechtern einer Art) ist durch das defensive Verhalten der Männchen bedingt (in der Not wird also auch ein Gorillamännchen seinen Harem erbittert verteidigen) und entspricht unter den bodenbewohnenden Primaten im allgemeinen der Norm.

Im Vergleich zu den Gorillas spielt sich bei Schimpansen alles etwas schneller ab. Sie leben in der abwechslungsreicheren und gefährlicheren Savanne, gelegentlich aber auch in Waldgebieten. Ihre Nahrungspalette ist deshalb breiter, denn als Allesfresser (omnivor) ernähren sie sich von Obst, Früchten, Nüssen, Insekten und sogar von Fleisch. Da diese Nahrungsquellen relativ häufig vorkommen bzw. nicht lokal begrenzt sind, haben Schimpansen den Harem zugunsten eines eher lockeren Gruppenlebens aufgegeben. Ihre Gesellschaftsform ist völlig offen, und adulte Männchen wie Weibchen können sich je nach Wunsch der Gruppe anschließen oder diese verlassen.

Das Sexualverhalten der Schimpansen ist normalerweise durch Promiskuität geprägt. Wenn ein Weibchen sexuell empfangsbereit ist, stellt sich sein Hormonhaushalt um, und es gelangt in den sogenannten Östrus. Die Genitalien dieser Weibchen sind stark angeschwollen (viel deutlicher als bei den Gorillaweibchen), und durch diesen Zustand werden beide Geschlechter außerordentlich stark zur Paarung stimuliert. Ein Weibchen kann beispielsweise den ganzen Tag lang mit verschiedenen Männchen kopulieren und sich anschließend mit einem einzigen Schimpansenmann zurückziehen. Unter Schimpansen läßt sich daher nur schwer ein leiblicher Vater ermitteln.

Obwohl die Männchen etwas größer als die Weibchen sind, herrscht hier kein so ausgeprägter Sexualdimorphismus wie bei den Primaten, die im Harem leben. Bei den omnivoren Schimpansen sind außerdem das außerordentlich große Gesicht und der Sagittalkamm (mit der entsprechend kräftigen Kaumuskulatur), Merkmale der rein

Abb. 1.4
Im Vergleich zu den Berggorillas (oben) verläuft das Leben der Schimpansen von Gombe (unten) in einem schnelleren Tempo. Ungeschützt durch Berge oder Urwald bewohnen sie die abwechslungsreicheren und gefährlicheren Savannen- und Waldgebiete. (Oberes Foto: © Jörg Hess, Basel; Unteres Foto: Curt Busse).

vegetarisch lebenden Gorillas, größtenteils reduziert oder fehlen ganz. Insgesamt sind Schimpansen kleiner als Gorillas.

Weil Schimpansen dem Menschen so ähnlich sehen, erfreuen sie sich besonderer Beliebtheit. Im sozialen Umgang miteinander sind sie offen und sehr ausdrucksvoll, und sie begrüßen sich gegenseitig mit Umarmungen, Küssen und munterem «Geschnatter». Schimpansen lieben es, ihre Artgenossen zu berühren oder ihr Fell zu lausen. Auch im Umgang mit Menschen sind sie sehr liebevoll und ahmen ihn gerne nach, und sie besitzen eine ähnliche Körpersprache wie der Mensch.

Wie Jane Goodall mit ihrer Arbeit im Gombe National Park in Tansania zeigen konnte, sind Schimpansen auch intelligente Tiere. In der freien Wildnis fertigen sie Werkzeuge an, um nach Insekten zu angeln, Trinkwasser zu schöpfen oder (wie z.B. im Regenwald der Elfenbeinküste) Nüsse zu knacken. Schimpansen können auch ihr Spiegelbild erkennen, wie Gordon Gallup, einer meiner Kollegen von der State University of New York, nachgewiesen hat. Zudem glaubt er, daß sich Schimpansen ihrer selbst bewußt sind und wie der Mensch eine Art Ich-Bewußtsein besitzen. Schließlich können unsere nächsten Verwandten allein schon durch ihr Aussehen (große «Menschenohren» und eine Art vorzeitige Glatzenbildung) weitere Sympathiepunkte einheimsen.

Jane Goodalls monumentaler Arbeit verdanken wir unser Wissen, daß die Natur des Schimpansen auch ihre Schattenseiten hat. Meines Erachtens ist es wichtig, das Böse im Schimpansen zu verstehen, um die Ursprünge des Menschen begreifen zu können. Im Gegensatz zu den Gorillas bilden Schimpansen «Männerbanden», die entlang der Grenzen eines Territoriums auf Patrouille gehen. Diese Rudel machen zudem Jagd auf kleine Säuger, aber auch auf andere Affen. Dabei gehen die Tiere mit einer Blutrünstigkeit vor, wie man sie selten bei anderen Primaten beobachtet – außer bei *Homo sapiens*. (Doch darüber später mehr.)

Vom Menschenaffen zum Affenmenschen

Die Freilandstudien an einigen Gruppen von Schimpansen und Gorillas liefern wichtige Hinweise, wie die beiden Australopithecinengruppen vermutlich gelebt haben: Möglicherweise besetzten die robusten Formen eine ökologische Nische, die teilweise derjenigen der heutigen Berggorillas ähnelte. Andererseits werden grazile Australopithecinen wohl so ähnlich wie die Schimpansen der Savannen und Waldgebiete von Gombe gelebt haben. Diese Parallelen zwischen Menschenaffen und Affenmenschen sind höchstwahrscheinlich durch Umweltparameter (z.B. Vorhandensein einer bestimmten Nahrungsquelle) gesteuert worden und hingen nicht etwa von der Existenz unterschiedlicher affenähnlicher Vorfahren der beiden Hominidengruppen ab. Heute glauben die Paläontologen aufgrund der molekularen Befunde wie auch der existierenden Fossilien, daß beide Australopithecusformen auf einen gemeinsamen affenähnlichen Vorfahren zurückzuführen sind.

Wodurch wird dies nun belegt? Wie wir uns erinnern, unterscheiden sich beide Formen im Aufbau ihres Gebisses und in der Schädelanatomie, weil sie verschiedene Ernährungsweisen hatten. Die Paläontologen stimmen darin überein, daß sich die robusten Australopithecinen ausschließlich vegetarisch ernährten und dabei auf hartschalige Pflanzenkost spezialisiert waren, was wiederum für grazile Australopithecinen nicht zutraf. Schließlich besetzten beide Formen unterschiedliche ökologische Nischen. Doch wie will man beweisen, daß sich die robusten Australopithecinen wie heutige Gorillas bzw. grazile Hominiden eher wie die Gombe-Schimpansen verhielten?

Robuste Australopithecinen bewohnten vermutlich ein kühleres Waldhabitat, was auch eher bei rezenten (jetztzeitigen) Gorillas als bei den o.a. Schimpansen der Fall ist. Insgesamt besaß das Gehirn dieser Hominidenform ein Blutgefäßsystem, das eher für ein Leben in kühleren als in heißeren Lebensräumen geeignet ist. Außerdem waren die Finger- und Fußknochen beim mutmaßlichen Vorfahren der Robustus-Form gekrümmt. Demzufolge hätten jene Hominiden weiterhin wie andere Affen auf Bäume klettern (und somit den Lebensraum Baum beibehalten) können, obwohl sie physisch gesehen bipede Wesen waren. Wie die Gorillas waren auch die robusten Australopithecinen durch einen ausgeprägten Sexualdimorphismus gekennzeichnet, und außerdem waren sie – ebenfalls wie die Gorillas – hochspezialisierte und ausschließliche Pflanzenfresser. (Allerdings unterschieden sich die Zähne der Australopithecinen mehrfach von denjenigen der Menschenaffen.)

Sehr wahrscheinlich können wir aufgrund dieser Merkmalskombination (streng vegetarische Ernährungsweise, ausgeprägter Sexualdimorphismus und eine prinzipielle Lebensweise als Bodenbewohner) davon ausgehen, daß der Robustus-Typ im Haremsverband lebte [6]. Ähnlich wie bei rezenten haremsbildenden Primaten verteidigten wohl auch damals die männlichen Hominiden im Notfall ihre «Weibchen». Höchstwahrscheinlich verliefen die Beziehungen zwischen einzelnen Gruppen friedlich, und vielleicht schlossen sich sogar mehrere zu großen Schutzverbänden zusammen – je nachdem, wie die Nahrungssituation oder die allgemeinen Umstände es erlaubten.

Dennoch darf man die robusten Australopithecinen im Verhalten nicht exakt mit Gorillas gleichsetzen. Obgleich die Robustus-Männchen deutlich größer als ihre Weibchen waren, gelten beide Geschlechter dieser Hominidengruppe heute – nach neueren Funden – gar nicht mehr als so «robust», wie man angenommen hatte [7]. Die kräftigen Merkmale bezogen sich vermutlich nur auf die Kauwerkzeuge und Körperteile, die mit Beißen und Kauen im Zusammenhang standen (z.B. Ansatzstellen für Kiefermuskeln), während der übrige Körper weniger robust gebaut war. Dies trifft für Gorillas nicht zu. Außerdem sind diese Affen nicht intelligent und benutzen auch keine Werkzeuge. Letztendlich können bestimmte Fragestellungen zum Robustus-Typ (Intelligenz, Verwendung von Werkzeugen) auch in naher Zukunft nicht beantwortet werden – so leid es auch tut [8].

Für die grazilen Australopithecinen wiederum gibt es tatsächlich einige Hinweise, die eine schimpansenähnliche Lebensweise in Savannen und lichten Wäldern vermuten lassen. Erst vor kurzem haben einige Forscher Robinsons Auffassung unterstützt, der Gracilis-Typus sei ein Savannenbewohner und dementsprechend einer stärkeren Sonnenstrahlung ausgesetzt gewesen als Hominidenformen, die in den Wäldern lebten. Diese Idee wird durch etwa 3,5 Millionen Jahre alte Fossilfragmente graziler Australopithecinen unterstützt, die aus Laetoli und Tansania stammen. An einem dieser Fossilien, einem Schädelfragment, wird deutlich, daß diese frühen Hominiden nicht jenes Hirngefäßnetz besaßen, das man bei Tieren in kühleren Lebensräumen findet und das bei allen robusten Australopithecinen vorkommt. Außerdem wurden jene berühmten Fußspuren, die Mary Leakey bei Laetoli entdeckt hat, offenbar von Füßen hinterlassen, denen die gekrümmten Zehen der robusten Australopithecinen fehlten. Alles deutet demnach darauf hin, daß die grazilen Australopithecus-Formen tatsächlich auf freiem Terrain lebten – und dort auch einem intensiveren Sonnenlicht ausgesetzt waren. Im folgenden wird gezeigt, wie wichtig es ist, auf welche Weise die Hirntemperatur geregelt wird.

Sehr wahrscheinlich differierten die Geschlechter bei den grazilen Australopithecinen nicht so dramatisch in ihrer Körpergröße wie bei Robustus-Formen. Auch aus ihrer Zahnanatomie geht hervor, daß sie weichere Früchte und Blätter bevorzugten als ihre «Vettern». Diese

Merkmalskombination – wie auch die Lebensweise in Savannen und lichten Wäldern – findet sich ebenfalls bei heutigen Schimpansen, und beides scheint auf eine Sozialordnung zu deuten, die von mehreren Männchen geprägt ist. Grazile Australopithecinen lebten wohl auch promiskuitiv und in offenen Gruppen. Möglicherweise fraßen sie auch Fleisch, das sie auf sehr unterschiedliche Weise «ergatterten», u.a. als Aasfresser. Ich vermute auch, daß sie gerne Salz mochten.

Viel interessanter als das Alltagsleben der beiden Australopithecinenformen sind jedoch ihre kognitiven Fähigkeiten (d.h. ihr tatsächlicher Intelligenzgrad). Zunächst mag dies wie eine schier unerfüllbare Aufgabe klingen. Glücklicherweise fand man jedoch in Afrika eine verwirrende Vielzahl natürlicher Endokranialausgüsse von Australopithecinen, die viele detaillierte Informationen über die Großhirnrinde der ersten menschlichen Vorfahren lieferten. Dank eines weiteren Zufalls konnte ich an der Erforschung dieser und anderer Hominidenfossilien teilhaben. Diese teilweise recht stürmisch verlaufende Phase meiner wissenschaftlichen Arbeit begann vor 14 Jahren in einem Raum, der als Red Cave bekannt ist.

Die Red Cave

Im Keller des Transvaal Museum in Pretoria (Südafrika) gibt es eine extrem dicke Stahltür, hinter der sich die sogenannte Red Cave («Rote Höhle») befindet – ein kleiner Raum, der eine besonders wertvolle Sammlung von Fossilien der ältesten menschlichen Vorfahren birgt. Im Sommer 1978 kam ich erstmals hierher, um wesentlich unbedeutendere Affenfossilien zu untersuchen. Immer wenn ich damals an der Stahltür vorbeiging, sehnte ich mich danach, in die Red Cave zu gelangen. Allerdings war mir als Neuankömmling in diesem Museum schon klar, daß mein Wunsch, diese Hominidenfossilien zu begutachten, sich auf bloße Hoffnung beschränken würde. Aus meiner bisherigen akademischen Erfahrung wußte ich schließlich, daß die Hominidenforschung die Domäne einer Handvoll privilegierter Paläontologen und ihrem engsten Kreis darstellte, zu dem man bekanntermaßen nur schwer Zutritt fand [9]. Also hielt ich mich an meine Affen, und die Stahltür zur Red Cave blieb mir (vorerst) verschlossen.

Gegen Ende meines Aufenthalts in Pretoria beschloß ich, einige bisher nicht identifizierte Fossilien zu untersuchen, die in Kästen in einem abgelegenen Lagerraum aufbewahrt wurden. In einem staubbedeckten, offenbar vergessenen Kasten mit der Aufschrift «Nicht identifizierte Affen» stieß ich auf ein kleines Fossil, das eindeutig nicht von einem Affen, sondern von einem Hominiden stammte. Doch könnte ich auch die Experten des Museums davon überzeugen? Zwei Tage lang wälzte ich Fachbücher und betrachtete zahlreiche Affenfossilien, um meinen Fall vorzubereiten. Dann arrangierte ich mein Fundstück neben mehreren Abbildungen und einigen Affenfossilien auf einem Tisch, und nachdem ich mehrfach meine Argumentationskette geprobt hatte, war ich soweit. Ich suchte den Museumsdirektor Bob Brain auf und fragte ihn etwas aufgeregt: «Entschuldigen Sie, Dr. Brain, ich frage mich, ob ich Ihnen mal kurz etwas zeigen könnte?»

«Aber selbstverständlich, Dean», entgegnete er und begleitete mich zu meinem Tisch, auf dem ich meine kleine Ausstellung vorbereitet hatte. Während er den Schädel untersuchte, holte ich tief Luft, um mit meiner energischen Erklärungsrede anzusetzen. Bevor ich überhaupt ein Wort gesagt hatte, meinte Dr. Brain begeistert: «Da haben Sie ja wirklich einen Hominiden gefunden!» Später ermunterten mich sowohl Brain als auch Elisabeth Vrba, eine weitere Forscherin des Transvaal Museums, die nun in Yale ist, meinen Fund mit den anderen Hominiden zu vergleichen und die Ergebnisse zu veröffentlichen. Auf diese Weise wurde mir dann doch noch die Tür zur Red Cave geöffnet, und als ich sie das erste Mal durchschritt, hatte ich keinen blassen Schimmer, welche Geheimnisse dieser Raum preisgeben sollte.

Die Schatzkammer der Hominiden im Transvaal Museum ist der wohl erstaunlichste Raum, den ich je betreten habe. Er ist klein, rechteckig und in der Grundfarbe Blutrot getönt. (Vrba wählte die Farbe aus, wobei sie behauptete, es handele sich um Purpur.) An den Wänden ziehen sich altertümliche Vitrinen, in denen mit Samt ausgeschlagene Kästen stehen – den eigentlichen «Schmuckschatullen». Allein schon die Vorstellung, daß man diesen Raum betritt und sich Auge in Auge mit einer Reihe fossiler Schädel (z.B. der grazile Australopithecine mit dem Spitznamen «Mrs. Ples» oder der ursprüngliche *Paranthropus robustus*) befindet, die in fast allen Lehrbüchern der Paläoanthropologie abgebildet sind! Ferner sind die Wände mit Photographien von Paläontologen geschmückt, die auf dem Gebiet der Hominidenforschung Pionierarbeit geleistet haben, und außerdem gibt es einen kleinen Arbeitstisch. Ein Museumsangestellter stellt noch einen Heizlüfter auf (schließlich herscht hier im Juni Winter!), und dann kann man sich in aller Ruhe mit den Fossilien beschäftigen. Die einzige Unterbrechung ist das Gebimmel einer Handglocke, mit der ein Museumsangestellter durch das Gebäude läuft und die übrigen Angestellten zum Tee ruft [10].

Seit den Tagen, als mich mein aufmunternder Lehrer Charles Reed aus dem üblichen anfänglichen Studentenfrust erlöste, interessiere ich mich für die Evolution des menschlichen Gehirns. Dem Zoologen Charles (einem der seltenen Wissenschaftler mit didaktischen Qualitäten) verdanke ich mein anfängliches Interesse am Hirnvolumen des Schädels, das man auch als Schädelkapazität bezeichnet und in cm^3 angibt. Bei der Untersuchung der Hirnvolumina der menschlichen Vorfahren stieß man auf die etwas verwirrende Tatsache, daß das Gehirn des modernen Menschen etwa um das Vierfache größer ausfällt als bei seinen Hominidenverwandten, die über drei Millionen Jahre früher gelebt haben. Selbst wenn man berücksichtigt, daß auch die menschliche Körpergröße dramatisch zugenommen hat, ist dieser Zuwachs der Hirngröße unter Säugetieren einmalig und noch nie dagewesen. Warum ist das Gehirn unserer Vorfahren auf die heutige Größe angewachsen? Als ich zum ersten Mal die Red Cave betrat, hatte ich nicht den blassesten Schimmer; 14 Jahre später habe ich eine dunkle Ahnung, und die soll in diesem Buch vorgestellt werden.

Das kleine Fossil, das ich aus jener verstaubten Schublade herausgeklaubt hatte, war weder ein Schädelfragment noch irgendein anderer Knochen, sondern der natürliche Ausguß der inneren Schädeldecke eines Hominiden, der vor 2,5 bis 3 Millionen Jahren gelebt hatte. Wie der Endocast des Taung-Kindes enthielt auch dieser Endokranialausguß Einzelheiten des Gehirns, die auf der Innenseite der Schädeldecke abgedrückt waren. Obgleich diese Endokranialausgüsse künstlich (mit Hilfe von Latex) hergestellt werden können, kommen natürlich entstandene Ausgüsse äußerst selten und nur unter besonders günstigen geologischen Bedingungen vor. Zum Leid der Paläontologen treten derartige Bedingungen global ebenfalls nur an wenigen Orten auf, und Südafrika ist einer davon. Folglich findet man hier vergleichsweise viele natürliche Hirnabgüsse der damaligen Fauna, und glücklicherweise wurden die Frühmenschen – ohne es zu wissen – diesem besonderen geologischen Phänomen unterworfen. Mit typischem Anfängerinnenglück war ich beim Durchstöbern der Museumssammlung über einen dieser Endokranialausgüsse eines Hominiden gestolpert (von denen insgesamt bisher erst sieben Exemplare gefunden wurden).

Als ich damals zum ersten Mal die Red Cave betrat, trug ich quasi ein Stück der Großhirnrinde eines Australopithecinen mit mir, was

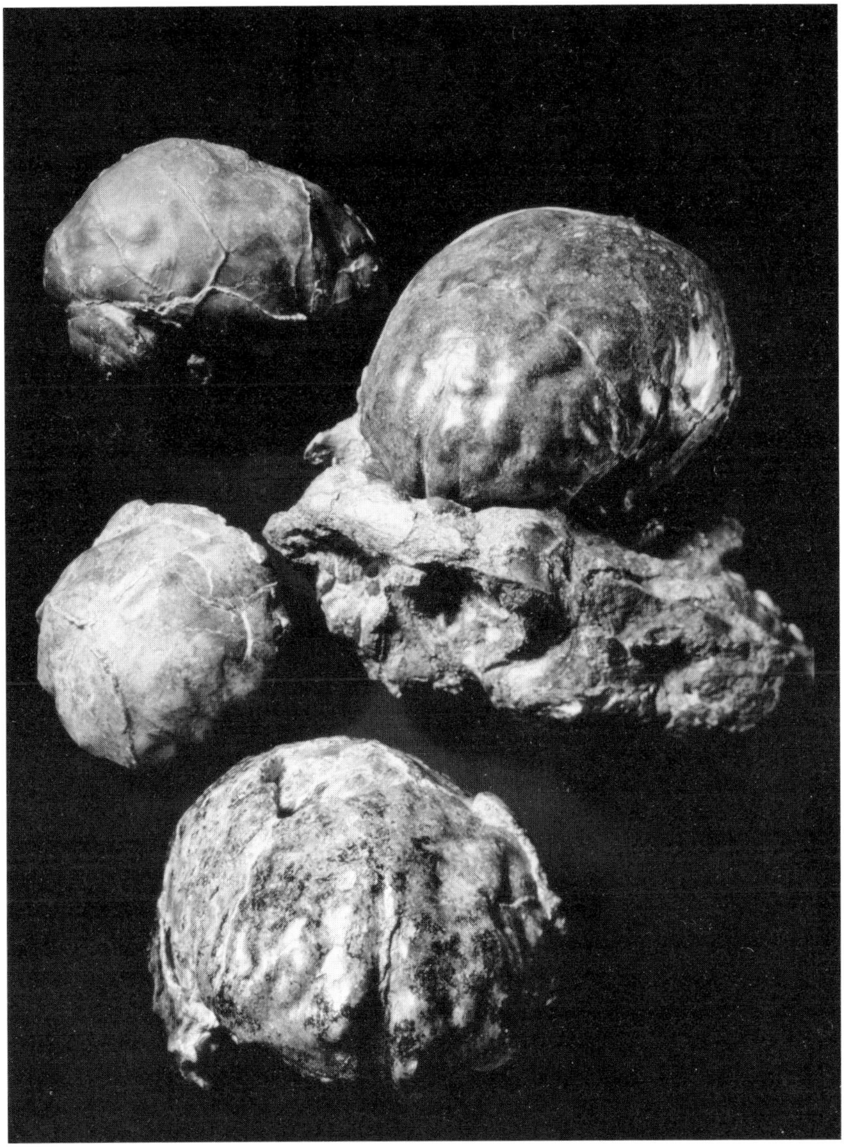

Abb. 1.5
Natürliche Endokranialausgüsse südafrikanischer Australopithecinen. Die Schädel der Frühmenschen wurden mit feinem, kalkreichen Sediment gefüllt und versteinerten dann. Jeder dieser Ausgüsse bewahrte als außerordentliche Details die Abdrücke der äußeren Gehirnwindungen und Blutgefäße am Innern der Schädeldecke (Foto: John Reader; Copyright © 1992/Science Photo Library).

für mich schon recht aufregend war. Es gab noch sechs weitere natürliche Hirnabdrücke dieser Art, die ebenfalls noch untersucht werden mußten, allerdings vollständiger als mein Fundstück waren. (Der Taung-Endocast, zweifelsfrei der bedeutendste Abdruck eines Hominidengehirns, wurde in der Anatomieabteilung der University of Witwatersrand in Johannesburg und nicht in der Red Cave aufbewahrt; freundlicherweise erlaubte mir Prof. Phillip Tobias, der Leiter jener Anatomie-Abteilung, den Taung-Endocast zu untersuchen.) Obgleich die Gehirngröße bei diesen frühen Hominiden etwa derjenigen von Schimpansen entspricht, galt Darts Idee, die Endokranialausgüsse der Australopithecinen ähnelten den Miniaturausgaben moderner menschlicher Gehirne, zur Zeit meines ersten Besuchs der Red Cave noch als unumstößliches wissenschaftliches Faktum – ja, in der damaligen Fachliteratur war erst gar keine andere Meinung vertreten. Aus diesem Grunde rechnete ich 1978 selbstverständlich damit, an den Hominiden-Endocasts den Abdruck eines Sulcus lunatus (einer Furche in der Gehirnrinde, die Parietal- und Occipitallappen trennt) zu finden, der stark demjenigen eines Menschen gleicht. Doch bei den folgenden Untersuchungen mußte ich zu meinem Erstaunen erkennen, daß dies nicht der Fall war: Der Rinnenverlauf im Großhirn war, wie aus dem Abdruck zu erkennen war, überhaupt nicht menschenähnlich, sondern glich – zumindest in meinen Augen – vielmehr dem eines Affenhirns.

Der Beginn des Zwistes

1979 veröffentlichte der kürzlich verstorbene Leonard Radinsky eigene Beobachtungen, in denen er die menschenähnlichen Züge des Taung-Endokranialausgusses anzweifelte. Dieser Auffassung schloß ich mich 1980 nahtlos an, indem ich meine Befunde veröffentlichte, wonach alle sieben natürlichen Hirnausgüsse von Hominiden (inklusive Taung) in ihren Merkmalen eher menschenaffenähnlich denn menschenähnlich erschienen. Schließlich besaßen alle südafrikanischen Frühhominiden nur Gehirne von etwa der Größe eines Schimpansenhirns. Demnach sollte es nicht überraschen, daß die Furchungsmuster auf den Hirnabdrücken, die von Endocasts aus der Red Cave stammten, auch an ein Schimpansenhirn erinnern. Richtig? Nein, falsch vermutet! Heute amüsiert mich die Erinnerung an meine naive Überzeugung köstlich, die Wissenschaft würde Ergebnisse, die auf die Lehrmeinung wie eine Ohrfeige wirken, widerstandlos akzeptieren, sofern man nur eine hieb- und stichfeste Beweisführung über den Zusammenhang zwischen dem Gehirn von Schimpansen, Gorilla und Menschen vorlegte und veröffentlichte.

Mit meinem Artikel aus dem Jahre 1980 entfachte ich unwissentlich einen Zwist, der beinahe 55 Jahre geruht hatte. In meinen Ausführungen stellte ich nämlich heraus, daß Dart bei seiner Erstbeschreibung des Taung-Abdrucks die sogenannte Lambdanaht der Schädelknochen versehentlich für den Sulcus lunatus des Gehirns gehalten hatte. Die unregelmäßig geformte Lambdanaht oder Dreiecksnaht (Sutura lambdoidalis) entsteht durch Verschmelzung des Hinterhauptbeins und des Scheitelbeins, während der Sulcus lunatus eine halbmondförmige Rinne ist, die am Vorderende des Occipitallappens (im Hinterhauptbereich) liegt, wo bei Menschen, Menschenaffen und Affen die Verarbeitung visueller Reize stattfindet. (Ein Sulcus [Mehrzahl: Sulci] ist generell eine schmale Rinne, die einzelne Hirnabschnitte trennt, und *lunatus* stammt von lateinisch *luna* = Mond.) Vergleicht man grundsätzlich die Gehirnformen dieser drei Primatengruppen, so stellt man fest, daß der Sulcus lunatus beim Menschen viel weiter hinten im Hirn liegt als bei beiden anderen Gruppen. Da Dart die Lambdanaht als Sulcus lunatus deutete, behauptete er, diese Trennrinne läge bei Taung viel weiter hinten, was auf ein eher menschliches Gehirn deute. Anders ausgedrückt verdanken die Australopithecinen ihre «Menschlichkeit» einem unglücklichen Versehen Raymond Darts bei der Interpretation ihrer Gehirne [11]. Im Prinzip liegt hier der entscheidende Fehler, der die Diskussion um die Evolution des menschlichen Gehirns von Anfang an in die falsche Richtung gelenkt hatte.

Falls es sich also nicht um einen Sulcus lunatus handelte, wie Dart behauptet hatte, wo befand sich dieser dann? Alternativ hatte ich vorgeschlagen, ein Grübchen auf der Oberseite des Taung-Abgusses als das eine Ende dieser Rinne anzusehen. (Der gesamte Sulcus lunatus ist weder bei Taung noch bei den übrigen sechs Australopithecinenabgüssen zu sehen.) Das Grübchen befand sich in einer relativ nach vorn gelagerten Position, was wiederum mit einer affenähnlichen Lage des Sulcus übereinstimmt; diese Interpretation schien mir einleuchtend, da der Sulcusverlauf dieser Fossilien insgesamt affenähnlich aussah. (Sollte es sich bei dem Grübchen nicht um das Sulcusende handeln, so wäre auf allen Endokranialausgüssen der südafrikanischen Hominiden auch nicht die Spur eines Sulcus lunatus vorhanden, und weitere Aussagen zu diesem Thema wären reine Zeitverschwendung.)

Ralph Holloway von der Columbia University hat lange Zeit die Ansichten der «Alten Garde» vertreten, das Gehirn der ersten Hominiden sei eindeutig menschenähnlicher gewesen. Vorsichtig ausgedrückt könnte man sagen, daß ihn meine Aussagen nicht sehr glücklich stimmten. Seit 1980 (als mein besagter Artikel erschien) haben Holloway und ich im Wechsel insgesamt 15 Publikationen verfaßt, die – freundlich formuliert – vom Tenor durchaus als lebhaft zu bezeichnen wären. Beachtlich ist allerdings schon die Tatsache, daß ich in dieser gespannten Atmosphäre meinen Standpunkt überhaupt veröffentlichen konnte; dies verdanke ich größtenteils der Fürsorge meines damaligen Mentors Len Radinsky, der sich für mich auch bei den Herausgebern der Zeitschrift verwendete.

Der Kaiser ohne Kleider

Wenn man von den fachinternen Streitigkeiten innerhalb der Paläontologie mal absieht, bleibt die Frage offen, worüber Holloway und ich uns auseinandergesetzt haben. Im Prinzip zweifelt Holloway an, daß jenes von mir entdeckte Grübchen am Taung-Endocast tatsächlich als Markierung des Sulcus lunatus in Frage kommt. Wie eine Hofschranze aus «Des Kaisers neue Kleider» schwang sich Holloway zum Advocatus Dei auf, der ein wissenschaftliches Greenhorn, das die Stirn besitzt, Darts Autorität anzuzweifeln, in die richtigen Schranken verweist [12]. Hierzu Holloway im Wortlaut:

> «Vernünftigerweise sollte der Leser dieses Artikels ... an einige wichtige historische Fakten erinnert werden: ... Raymond Dart wuchs unter den geistigen Fittichen von G.E. Smith auf, der einen beträchtlichen Anteil seiner wissenschaftlichen Laufbahn mit Untersuchungen am Sulcus lunatus verbrachte. Darts erste Publikationen waren auf dem Gebiet der vergleichenden Neuroanatomie. Diese Punkte sollen auch nur erwähnt werden, um zu zeigen, daß diejenigen, die tatsächlich die Originalfossilien untersuchten, in vergleichender Neuroanatomie – insbesondere, was den Sulcus lunatus betrifft – gut geschult waren [13].»

Selbstverständlich hatte die Tatsache, daß Smith und Dart anerkannte Wissenschaftler waren, nichts mit der tatsächlichen Position des Sulcus lunatus am Endokranialausguß von Taung zu tun. Dart hat die Lambdanaht für den Sulcus lunatus gehalten – fertig, aus! Zudem hatte sich Holloway 1981 in seiner Antwort auf meinen Artikel stillschweigend von seiner Behauptung aus dem Jahre 1975 zurückgezogen, in der es hieß: «Nur bei ganz wenigen Endokranialausgüssen von Hominiden – insbesondere bei dem Originalabguß von Taung im Jahre 1924 – ist der Sulcus lunatus deutlich zu erkennen [14].» In Wirklichkeit schien Holloway 1981 in puncto Sulcus lunatus bei Taung nun folgende Ansichten zu haben: «Wir können nicht beweisen, wo genau sich der Sulcus lunatus befindet, sondern nur zeigen, wo er sich nicht befindet [15].»

In der Folgezeit sah es ganz und gar nicht danach aus, daß das Thema Sulcus lunatus beigelegt würde. In einer Reihe von Veröffentlichungen stürzte sich Holloway immer wieder auf das besagte Grübchen. In seinen Augen war meine Identifizierung unkorrekt, weil es für einen Sulcus lunatus (selbst bei einem Affen) viel zu weit vorne lag. Manchmal wollte ich die ganze Geschichte am liebsten fallen lassen, doch dank der Schützenhilfe meiner Kollegen parierte ich jede Attacke mit statistischen oder theoretischen Argumenten. So ging es Runde und Runde. Methodische Ansatzpunkte wuchsen zum Zankapfel aus. Beispielsweise diskutierten wir einmal, welche Methoden besser für die Untersuchung solcher Endokranialausgüsse geeignet seien: Sollte man die Projektions- und Profilindizes aufgrund von Fotos bestimmen oder besser die Einzelheiten des Furchungsmusters mit Hilfe eines Stereoplotters abmessen? Auf diese Weise arbeiteten wir uns langsam, aber sicher ins Nichts vor (und ödeten dabei sicherlich mehr als einen Leser mit diesem Thema an).

1985 schrieb ich dann folgenden Aufruf:

> «Ich hoffe, daß ich nicht heute in einem Jahr den siebten Artikel in dieser Reihe schreiben werde. Wie es aussieht, werden weder Holloway noch meine Person unsere Meinung über die Morphologie des Cortex bei Australopithecinen ändern ... Deshalb wird es Zeit, daß andere Wissenschaftler die Beweise untersuchen und ihre Beiträge zur gegenwärtigen Diskussion liefern. Daher stelle ich jedem anderen Forscher (oder einem seiner Kandidaten), der sich für dieses Problem interessiert, sowohl mein Labor wie auch meine Endocast-Sammlung zur Verfügung [16].»

Leider sprang niemand auf das Angebot an, und so sah ich mich 1989 (also vier Jahre später) an der Veröffentlichung des dreizehnten Artikels zum Thema Sulcus lunatus sitzen. (Ursprünglich wollte ich ihn als «Sulcus-lunatus-Paper Nr. 13» betiteln, doch wollte der Herausgeber dies nicht zulassen.) Und worüber ging es in diesem Artikel? Klar, über das vielzitierte Grübchen. Allmählich drängten sich solche Fragen auf, ob der Streit jemals behoben werden könne, oder ob kein anderer Wissenschaftler sich je aufraffen würde, um eine klare Stellung zu beziehen. Wie die Zeit zeigen sollte, würden beide Fragen positiv beantwortet werden.

Das Hauptproblem bestand wohl darin, daß die Messungen des Sulcus lunatus an den Hirnausgüssen der südafrikanischen Hominiden schlichtweg nicht eindeutig reproduziert werden können. Wäre der Sulcus lunatus bei Taung oder anderen Endokranialausgüssen klar zu erkennen gewesen, so hätte dies als guter Indikator gedient, in welchem Umfang das Gehirn der frühen Hominiden bereits menschliche Züge entwickelt hätte. Eine mehr im vorderen Bereich liegende Rinne hätte demnach auf ein eher «äffisches» Gehirn hingedeutet, während es andererseits durch einen weiter hinten liegenden Sulcus «menschlicher» gewesen wäre. Das besagte Grübchen, das ich bei Taung als potentiellen Sulcus lunatus interpretiert hatte, lag an der für Menschenaffen typischen Stelle – doch Ralph Holloway wollte dies nicht gelten lassen. Da es bei den bekannten Endokranialausgüssen keine weiteren Stellen für einen potentiellen Sulcus lunatus gab, konnten hier nur noch weitere Hirnabdrücke von frühen Hominiden Klarheit verschaffen.

1985 hatte ich Gelegenheit, den Sulcusverlauf an einem anderen Australopithecinen zu untersuchen, der in diesem Fall aus der äthiopischen Hadar Formation (der Heimat von Lucy) stammt [17]. Mit einem geschätzten Alter von 3,2 Millionen Jahren war dieser unter der Bezeichnung AL 162-28 bekannte Hirnausguß noch älter als die südafrikanischen Pendants, und aufgrund seiner Schädelkapazität von 350 bis 400 cm^3 fiel er um 10 bis 20 Prozent kleiner aus. Das bedeutendste an AL 162-28 war jedoch, daß er neben verschiedenen anderen Sulci einen wunderschönen, vollständigen Sulcus lunatus besaß. Wie bei den südafrikanischen Exemplaren war der Sulcusverlauf auch bei diesem aus Hadar stammenden Ausguß eindeutig menschenaffenähnlich. Besonders frustrierend war, daß Holloway selbst einen eindeutig vorhandenen Sulcus lunatus nicht akzeptieren wollte. Statt dessen behauptete er, AL 162-28 «besitze keine entscheidenden Merkmale, die auf den typischen Sulcus lunatus eines Pongiden hindeuten

[18].» (Holloway betrachtet die betreffende Furche als Artefakt am unmittelbaren Rand der Knochenkante.) Voller Verzweiflung schrieb ich folgendes Gedicht:

Ode an den Sulcus lunatus
Oh, halbmondförmige Grube am hinteren Hirn,
vordere Grenze des Sehvermögens.
So oft mißverstanden und fälschlich benannt
beim Versuch, die Evolution des Menschenhirns zu ergründen.
1925 hielt Dart die Lambdanaht
versehentlich für Dich!
Auch andere glaubten, es läge weit hinten,
und riefen sogleich: «Ein Mensch, ein Mensch!»
Obwohl Du im Abguß kaum Spuren hinterläßt,
hält dies sie nicht ab, Dich zu finden,
und wieder heißt's: «Ein Mensch, ein Mensch!»
Und wenn Du dann wirklich zu sehen bist
wunderbar und zweifelsfrei auf AL 162-28,
wenn auch dort, wo bei Affen Du sonst liegst,
heißt es so gleich: «Ein Artefakt!»
Und weder Greifzirkel, Stereoplot noch Projektionsindizes
können nun Dein grausames Schicksal abwenden.
Armer Sulcus!

Obwohl tatsächlich weder Greifzirkel, Stereoplotting noch Projektionsindizes den Sulcus lunatus vor dem Untergang bewahrten, konnte Michael Vannier heute modernere Projektionsgeräte entwikkeln. (Vannier ist derzeit Direktor der Radiologischen Forschungsabteilung am Mallinckrodt Institute of Radiology in St. Louis.) Diese neuen «Sichtgeräte» sollten Taungs Los dramatisch verändern helfen.

Kapitel 2

Taung kommt nach St. Louis

Als ich 1984 Michael Vannier vorgestellt wurde, kannte ich ihn bereits als einen der weltweit besten Experten für dreidimensionale, medizinisch-technische Darstellung komplizierter biologischer Strukturen. Damals hatte ich gerade an der Washington University in St. Louis einen Vortrag über Endokranialausgüsse von Rhesusaffen gehalten. Während des Vortrags hatte ich die Bemerkung geäußert, die Anthropologen benutzen immer noch verhältnismäßig primitives Gerät (wie zum Beispiel Greifzirkel und Zahnseide), um an Endocasts bestimmte Gehirnmerkmale zu messen. Während der anschließenden Diskussion meinte Vannier, er habe neue Methoden entwickelt, um komplexe Strukturen zu vermessen und darzustellen, und diese dürften eigentlich auch bei Endocasts durchzuführen sein. Deshalb lud er mich zu einem Besuch seines Labors am Mallinckrodt Institute ein, das zum Medical Center der Washington University gehört. Ich griff natürlich die Gelegenheit beim Schopf und nahm an.

Mikes Labor überwältigte mich vollkommen. Abgesehen vom Abschuß einiger NASA-Raketen im Fernsehen hatte ich noch nie soviel hochtechnologisches Gerät auf so engem Raum gesehen. Ein Hinterzimmer beherbergte mehrere Computer, die Mikes Labor versorgten und mit anderen Computern auf der ganzen Welt in Verbindung standen. Dieser Computerraum besaß eine ganz besondere Atmosphäre: Er war groß, kalt und von einem permanenten Summen erfüllt (vermutlich weil der Raum vibrierte). In den vorderen, wärmeren Gefilden traf ich einige Mitarbeiter des Labors: Carolyn Offut, eine lebhafte, hochintelligente Frau, Bob Knapp, der nicht nur ein Händchen für Computer, sondern auch für Musik besitzt, und Charles Hildebolt, der einer meiner engsten Mitarbeiter werden sollte. An jenem Tag wurde das Labor auch noch von anderen Personen genutzt.

In Vanniers Labor arbeiten übrigens Ärzte, Forscher und Studenten gemeinsam, um aus medizinischen Darstellungen – wie beispielsweise Magnetresonanz-Bildern vom Herzen oder Computertomogrammen vom Gehirn – Daten zu sammeln und zusammenzustellen. Auf verschiedenen Sichtgeräten im ganzen Labor sah man «lebendige» anatomische Abbildungen laufen, vor denen jeweils ein Forscher saß, völlig in seine Arbeit vertieft.

Mike zeigte mir auch ein besonders interessantes Gerät, den McDonnell Douglas 3Space Digitizer (kurz 3Space genannt), die technische Weiterentwicklung eines am Helm von Kampfflugzeugpiloten integrierten Sichtgerätes. Bei der medizinischen Anwendung kann ein Bediener mit dem elektromagnetischen Zeiger des 3Space auf ein relevantes anatomisches Detail deuten; wenn der Benutzer dann auf ein Pedal tritt, zeichnet der 3Space alle drei Dimensionen (Länge, Breite, Höhe) dieses Details auf. Mike behauptete, mit Hilfe der geeigneten Software, die alle Punkte miteinander verbindet, wäre der 3Space ideal, um einen Sulcus direkt aus dem Gehirn oder Endokranialausguß abzulesen. Theoretisch könne man mit dem 3Space sogar einen Sulcus dreidimensional beschreiben (d.h. digitalisieren) und exakt ausmessen. (Außerdem wären einige Umrißmerkmale analysierbar.) Fortan wären Greifzirkel und Zahnseide historische Geräte, und man könnte getrost nur noch mit modernem Präzisionsgerät arbeiten.

Ich berichtete Mike nun von einem von mir beabsichtigten Forschungsprojekt, bei dem ich mehrere hundert Endokranialgüsse von Rhesusaffen, deren Alter, Geschlecht und (wohl weitaus am wichtigsten) deren mütterliche Linie eindeutig bekannt waren, untersuchen wollte. Falls wir die Details der Großhirnrinde anhand dieser Endocasts (die ich wiederum mit Hilfe der Schädel dieser Rhesusaffen erstellen wollte) exakt ablesen und quantifizieren könnten, wären wir in der Lage, zahlreiche bedeutende Fragestellungen zu lösen, die sich für die Neuroanatomie dieses am häufigsten in der Humanmedizin verwandten höheren Primatenmodells ergeben. Beispielsweise könnte man das Ausmaß der corticalen Asymmetrie (Rechts-/Linksunterschiede) untersuchen und die altersbedingten Veränderungen in der äußeren Gehirnmorphologie quantitativ erfassen. Vielleicht ließe sich sogar nachweisen, ob es geschlechtsspezifische sichtbare Unterschiede in der Hirnoberfläche gibt. Außerdem könnten wir dann etwas untersuchen, was in der Primatenforschung völlig neu ist: Aufgrund der exakt bekannten mütterlichen Abstammung könnte man nun quantifizieren, in welchem Umfang bestimmte genetische Faktoren (sogenannte Erblichkeitsgrade oder Heritabilitäten) unterschiedlich ausfallende Größen und Strukturen von Gehirnmerkmalen beeinflussen.

Mike sagte seine Teilnahme an diesem Projekt zu, und gemeinsam stellten wir nun ein Team auf, das es durchführen sollte. Im Laufe der Zeit stellte das Team mehrere Anträge auf Bewilligung von Forschungsgeldern, die auch von Erfolg gekrönt waren [1]. Folgendermaßen sah unser Plan aus: Ich würde über 400 Endokranialausgüsse anfertigen, anhand derer ich bestimmte Daten mit dem bloßen Auge sammeln würde, Mike sollte die erforderliche Software schreiben und die Laborauswertung der Endocasts leiten, und Charles «Scooter» Hildebolt sollte die praktischen Erfahrungen aus seinem alten Beruf (vor seiner Promotion in der Anthropologie arbeitete er als Zahnarzt) für die mühselige Aufgabe verwenden, abertausende von Sulci an -zig hunderten Endokranialausgüssen per Hand zu digitalisieren. Jim Cheverud schließlich, ein brillianter menschlicher Riesenteddy, sollte bei all unseren Forschungen die quantitativen und vor allem die genetischen Analysen ausführen. (Als das Projekt startete, war Jim noch an der Northwestern University beschäftigt und hatte bereits mehrere genetische Untersuchungen an den gleichen Skeletten durchgeführt, die uns die Endokranialausgüsse geliefert hatten. Heute arbeitet er in der Anatomisch-Neurobiologischen Abteilung der Washington University.) Zu viert gedachten wir dann, gemeinsam die Ergebnisse zu diskutieren, zusammenzuschreiben und zu veröffentlichen.

In der ersten Entwicklungsphase des Projektes flog ich in unregelmäßigen Abständen mehrfach von Lafayette (US-Staat Indiana) nach St. Louis, um mich mit dem Team zu treffen. Nachdem wir die Anfangsfehler der Vorarbeiten eliminiert hatten, schritten die Untersuchungen außerordentlich gut voran, und schließlich erreichten wir aufsehenerregende Ergebnisse. (Jim halste uns sehr viele Vorarbeiten auf, ehe er davon überzeugt war, daß wir signifikante Daten erzielen würden. Jedoch hatten sich die Mühen gelohnt, und wir vergaben ihm, daß er uns damals so gepiesackt hat.) Ganz eindeutig schwammen alle Mitglieder des Teams auf derselben Wellenlänge, und wenn ich mich heute zurückerinnere, glaube ich, daß dies daran lag, daß wir vier im Prinzip Workaholics sind, und daß unser gemeinsamer Enthusiasmus durch die Euphorie jedes einzelnen während der Arbeit beflügelt wurde. Allmählich begann ich meine Arbeitsvisiten in St. Louis zu lieben, und ich arbeite auch heute noch dort.

Abb. 2.1
Die Arbeitsgruppe in St. Louis (von links nach rechts): Dean Falk, Jim Cheverud, Mike Vannier und Charles Hildebolt.

Scooters geniale Idee

Normalerweise holt mich Scooter am Flughafen ab, und anschließend legen wir einen langen Arbeitstag im Labor ein. Häufig sitzen wir dann am 3Space, um sämtliche Sulci der gerade vorhandenen Hirne zu digitalisieren (d.h. Scooter digitalisiert, und ich protokolliere seine Arbeit). An anderen Tagen erstellen wir Abbildungen oder experimentieren mit einem neuen Computergerät herum, das nach meinem letzten Aufenthalt für das Labor neu erworben wurde. Doch finden wir trotz des dichtgepackten Forschungsprogramms immer Zeit für einen gemütlichen Plausch. Schmunzelnd muß ich dabei an die unzähligen Stunden zurückdenken, die wir mit der Diskussion verbracht haben, ob Mike tatsächlich ein Genie von der Größenordnung Einsteins ist oder nicht.

Als wir eines Tages wieder mal mit dem 3Space arbeiteten, meinte Scooter zu mir: «Rat mal, Dean, was im *American Journal of Physical Anthropology* steht, das gerade gekommen ist?»

«Muß ich passen.»

«Ein Artikel von Ralph Holloway», sagte er.

«Oh, nein», stöhnte ich entsetzt. «Worüber denn diesmal?»

«Ach wieder so einer von der ‹apples and oranges›-Sorte,» antwortete Scooter. (Hierbei spielte er auf den Titel einer meiner Veröffentlichungen an, die als Reaktion auf Holloways Artikel erschienen; siehe Anmerkung 16 aus Kapitel 1).

«Oh, neiiin», jammerte ich mit betont gespieltem Entsetzen.

«Mach' Dir keine Sorgen, Dean. Kein Mensch liest heutzutage das Zeug noch wirklich richtig durch.»

Während wir mit der Digitalisierung fortfuhren, kamen wir auch auf die zahlreichen Enttäuschungen zu sprechen, die ich während meiner langanhaltenden Diskussion mit Holloway hatte erfahren müssen. Bei dieser Debatte um Endokranialausgüsse von Australopithecinen erwies sich die unterschiedliche Größe von Schimpansenhirnen und Menschenhirnen als besonders problematisch; so ist das Gehirn eines erwachsenen Menschen etwa viermal so groß wie das eines adulten Schimpansen. Aufgrund bestimmter Naturgesetze, die das Verhältnis zwischen der Oberfläche eines Gehirns und seinem Volumen bestimmen, besitzt ein menschliches Gehirn mehr Furchungen (Sulci) als das eines Schimpansen – schlichtweg, weil es größer ist. (Dieses Phänomen wird als Allometrie bezeichnet.) Ehe man echte evolutionäre Unterschiede erkennen kann, muß man daher solche herausnehmen, die auf reiner Allometrie (d.h. auf proportionaler Wachstumsveränderung im Verhältnis zur Körpergröße oder Größe eines Organs) beruhen.

1980 konnte ich zeigen, daß der Endokranialausguß von Taung wesentlich einfacher als das durchschnittliche Menschenhirn gewunden ist (sprich weniger Sulci besitzt). Tatsächlich fällt die Größe dieses «Taung-Endocasts» sogar in den Größenordnungsbereich eines Menschenaffen, und dementsprechend erschien [mir] sein Windungsmuster eher menschenaffenähnlich als menschenähnlich.

«Wie bringe ich es nur zuwege, das allometrische Wachstum als einzige Erklärung für die Größenunterschiede zwischen dem Taung-Endocast und menschlichen Gehirnen darstellen zu können? Wie könnte man darlegen, daß dieser Endokranialausguß selbst dann der eines Menschenaffen ist, wenn man die allometrischen Größenfaktoren abgezogen hat?» fragte ich Scooter.

«Du solltest zunächst den Taung-Endocast und anschließend ein gleich großes Menschengehirn digitalisieren», schlug dieser vor.

«Aber, Scooter, ein Menschenhirn ist doch drei Mal so groß wie das von Taung.»

«Nicht jedes menschliche Gehirn, Dean.»

«Was meinst Du damit, Charles?»

Scooter antwortete mit einer Gegenfrage: «Wie alt war Taung, als er starb?»

«Du weißt doch, Scooter, daß es sich um ein sogenanntes Baby handelt, das vielleicht dreieinhalb Jahre alt war.»

«Na, also Dean, das ist Deine Lösung: Besorg' Dir das Gehirn eines Babys.»

Das Gehirn des Babys

Natürlich, ein Säuglingsgehirn. Charles Idee ging mir nun nicht mehr aus dem Kopf. In der Theorie ist es allerdings viel leichter, ein solches Gehirn zu suchen, als tatsächlich ein richtiges zu finden. Wir fragten nun bei verschiedenen Instituten an, ob sie uns leihweise ein solches Organ bereitstellen könnten. Da nur wenige Eltern so selbstlos sind und den Körper ihres Kindes der Wissenschaft zur Verfügung stellen, sind solche Organe und Körper äußerst selten; und in der Regel bemüht man sich, an diesem kostbaren «menschlichen Material» möglichst viele unterschiedliche Untersuchungen zu machen, um daraus einen maximalen Nutzen für Medizin, Ausbildung und Forschung zu ziehen. Ein paar Monate nach unserer Anfrage erhielten wir ein Kinderhirn, das wir äußerlich vermessen durften.

Es handelte sich wirklich um ein wunderschönes Exemplar und stammte von einem zwei Wochen alten Baby, das jedoch nicht an einem Hirnschaden oder anderen neurologischen Ursachen gestorben war. Wie es der glückliche Zufall wollte, betrug sein Volumen 432 cm^3; es war also beinahe so groß wie der Endokranialausguß von Taung (404 cm^3), so daß man mit bloßem Auge nicht erkennen konnte, welches Gehirn von beiden das größere war. Da sich die einzelnen Sulci beim Menschen bereits bei Geburt an ihrer endgültigen Stelle befinden, hatten wir hier tatsächlich ein ideales Vergleichsobjekt für den Taung-Endocast.

Darüber hinaus beabsichtigten wir, das Kinderhirn und den Taung-Endocast mit dem Gehirn eines jungen Schimpansen zu vergleichen, das sich seit mehreren Jahren in meiner wissenschaftlichen

Sammlung befindet. Für gewöhnlich gelangt ein Anthropologe an ein derartiges Exemplar, indem er einen Zoo bittet, die Kadaver von Tieren aufzuheben, die eines natürlichen Todes gestorben sind. Dieses Tiermaterial ist – ähnlich wie eine menschliche Leiche – sehr kostbar und wird häufig zur Untersuchung unter mehrere verschiedene Forscher aufgeteilt.

Schließlich kam der Abflugtag nach St. Louis. Bei einer früheren Reise nach Südafrika hatte mir Phillip Tobias eine Kopie des Taung-Endokranialausgusses gegeben. (Bevor ich es mit nach Amerika nahm, verglich ich jede Einzelheit mit dem Original und mußte feststellen, daß es sich um eine außerordentlich gute Kopie handelte.) Dieses Schmuckstück wanderte in meine Handtasche. (Nie im Leben fiele mir ein, es mit meinem Hauptgepäck am Schalter aufzugeben.) Das Schimpansengehirn schwamm in einem Kanister, den ich in eine dunkelgrüne Plastiktüte gepackt hatte und unter dem Arm trug. Da mein erstes Flugzeug mit Verspätung landete, hatte ich nur sehr wenig Zeit, um meine Anschlußmaschine zu erreichen. Handtasche und Reisetasche über die linke Schulter, den in die Plastiktüte gehüllten Kanister unterm rechten Arm, und die Bordkarte zwischen den Zähnen – so rannte ich durch den Flughafen. Meine Schritte hallten durch die Lobby. Natürlich kam ich als letzte am Schalter an.

«Das hätten Sie ja beinahe nicht mehr geschafft,» meinte die Stewardess aufmunternd, während sie mir die Bordkarte aus dem Mund nahm. «Was haben Sie denn da unter dem Arm?» fragte sie, mit einem Blick auf mein dunkelgrünes Bündel.

«Äh, ja …» stammelte ich, während sich die Welt um mich im Zeitlupentempo zu drehen begann und ich fieberhaft dachte: «Was soll ich ihr sagen? Sollte ich sie anlügen? Nein, sie würde mich sofort durchschauen. Also besser mit der Wahrheit herausrücken.»

«Ein Schimpansenhirn», entgegnete ich mit zittriger Stimme.

Sie stutzte. «Ach so, ein Schimpansenhirn», meinte sie mit hoher Stimme, in der Ungläubigkeit mitschwang. Ich hielt den Atem an. Dann machte sie mit ihrem Arm eine weit ausladende Geste. «Bitte, gehen Sie doch ruhig weiter.» Ich bedurfte keiner zweiten Aufforderung.

Ich finde es immer sehr aufregend, wenn ein Flugzeug abhebt, doch diesmal war der Nervenkitzel besonders groß. Während Taung in meiner Handtasche und das Schimpansenhirn sicher zwischen meinen Füßen ruhte, beschleunigte das Flugzeug auf der Startbahn. Und als wir dann abhoben, malte ich mir aus, wie dieses kleine Hominidengehirn einen Zeitsprung durch die Jahrtausende ins heutige Raumzeitalter machte. Taung war nun wirklich auf seiner Reise nach St. Louis.

Taung und der 3Space

Während Scooter jeden einzelen Sulcus und jeden einzelnen Gehirnlappen digitalisierte, führte ich darüber Protokoll. Da der Taung-Endocast hauptsächlich aus der rechten Hemisphäre besteht, konzentrierten wir uns beim Digitalisieren sämtlicher Sulci des Schimpansen- wie des Kindergehirns ebenfalls nur auf die rechte äußere Gehirnhälfte. Der Genauigkeit halber digitalisierten wir alles zweimal. All die Jahre, in denen Scooter an den Zähnen seiner Patienten «geübt» hatte, zahlten sich schließlich aus, denn nur so konnten seine sichere Hand und die Meßgenauigkeit des 3Space eine optimale Kombination bilden. Nachdem wir unsere Arbeit vollbracht hatten, hatten wir eine gewaltige Menge an Informationen über die Oberfläche (bzw. die Großhirnrinde) der Gehirne junger Schimpansen bzw. ganz junger Kinder gesammelt und gespeichert. Mittels dieser Informationen sollte eine Datenbank aufgebaut werden, um Endokranialausgüsse von Hominiden näher zu untersuchen, die aber auch für andere zukünftige Forschungszwecke dienen sollte.

Die Digitalisierung des Taung-Endocasts stellte ein völlig anderes Problem dar. Im Gegensatz zu einem echten Gehirn kann man den Verlauf der Windungen (Sulci) auf den Endokranialausgüssen der frühen Hominiden nur teilweise verfolgen. So ist dieser bei Taung relativ gut auf den rechten Frontal- und Temporallappen zu erkennen. (Leider sind bei diesem Fossil die Sulci auf den Parietal- und Occipitallappen nur sehr undeutlich zu sehen.) Bei Taung digitalisierten wir also jeden sichtbaren Sulcus und wiederholten diese Messungen an den entsprechenden Gegenstücken des Schimpansen- bzw. Kinderhirns – zusätzlich zu der oben erwähnten kompletten Vermessung der Oberfläche beider Organe. Diese Vermessungen wurden ebenfalls jeweils zweimal durchgeführt, und auch hier zeigte sich Scooters sichere Hand, denn die unterschiedlichen Längen der einzelnen Sulci fielen bei beiden Meßreihen praktisch identisch aus.

Harry Jerison, der eine Kapazität auf dem Gebiet Gehirn und Intelligenz darstellt und sich so gut wie kein anderer mit Allometrie [2] auskennt, half uns, das richtige Konzept zur quantitativen Analyse unserer Daten zu finden [3]. Wir verwendeten zunächst Formeln, die sowohl mit Hilfe von Säugetierdaten als auch mit Hilfe einfacher

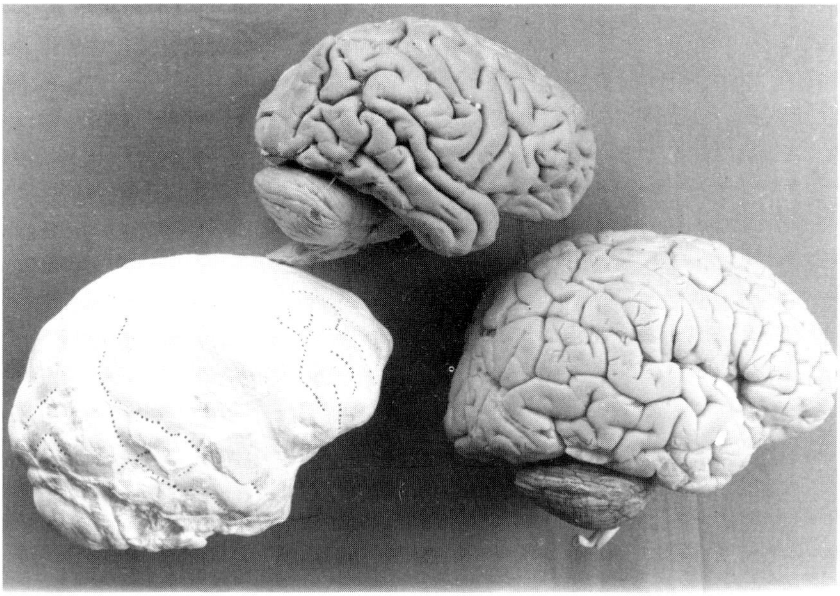

Abb. 2.2
Die rechten Hirnhälften eines Schimpansenhirns (ganz oben), des Taung-Endocasts (links) und vom Gehirn eines menschlichen Babys (rechts). In allen Hauptmerkmalen erscheint der Taung-Endocast menschenaffenähnlich und nicht menschenähnlich.

geometrischer Berechnungen aufgestellt wurden, um die erwartungsgemäßen Verhältnisse der Sulci bei Schimpansenhirn und Taung-Endocast in Relation zu denen des Babygehirns vorhersagen zu können. Anschließend verglichen wir unsere Prognosen mit den Daten, die wir mit dem 3Space ermittelt hatten. Die Ergebnisse waren verblüffend. Wenn die Gehirngröße mit berücksichtigt würde, so besaß das Schimpansenhirn – relativ zum Kinderhirn – in allen vergleichbaren Bereichen längere aufsummierte Sulci als der Taung-Endocast. Unsere Ergebnisse über die Sulcuslängen bestätigten auch den von uns ermittelten Windungsverlauf (in den Temporal- und Frontallappen) sowie die Lage des Kleinhirns. In all diesen Punkten erscheint der Taung-Endocast menschenaffenähnlich und nicht menschenähnlich.

Interessanterweise entpuppte sich der Frontallappen des Taung-Endocasts als besonders mager, was die addierte Sulcuslänge anbelangt. Der Verlauf der Furchen in diesem Gehirnbereich ist auch außerordentlich einfach, und man findet hier zudem den Sulcus orbifrontalis, eine Gehirnfurche, die nur bei Affenhirnen, nicht aber bei

Menschengehirnen vorkommt. (Dieses trifft übrigens auch für alle wichtigen Endokranialausgüsse von Australopithecinen zu.) Vor kurzem zeigte die Wissenschaftlerin Este Armstrong vom Armed Forces Institute of Pathology zusammen mit ihrer Arbeitsgruppe, daß die Frontallappen des Menschen, verglichen mit denjenigen der Menschenaffen, unter all seinen Gehirnlappen die meisten Furchungen aufweisen [4]. Als logische Konsequenz aus Armstrongs und unserer eigenen Arbeit muß man diese Furchung der Frontallappen entwicklungsgeschichtlich als relativ jung betrachten – d.h. sie erfolgte erst nach der Abspaltung der Homo-Linie von den Australopithecinen. Daher spielen diese Lappen eine wichtige Rolle, um die Evolution des menschlichen Gehirns verstehen zu können.

Diese Forschung an den Endokranialausgüssen der Australopithecinen zieht sich schon eine Weile hin. Im allgemeinen war es üblich, daß die Paläoanthropologen die «menschlichen» Züge dieser Fossilien überbewerteten und ihre «äffischen» Attribute herabspielten. (Schließlich handelte es sich ja um die Vorfahren des Menschen.) Als ich zum ersten Mal die Red Cave betrat, galten Australopithecinen in Bezug auf den Bau ihrer Gliedmaßen, ihres Gebisses und Beckengürtels als menschenähnlich, und diese Interpretation dehnte sich auch auf das Gehirnwindungsmuster aus. Außerdem glaubten viele Forscher, daß die Australopithecinen ebensogut auf zwei Beinen gehen konnten wie heutige Menschen.

Wie bei dem Märchen von des Kaisers neuen Kleidern hatte auch dies nur den Anschein, denn seit 1985 häufen sich immer mehr Beweise, die den Australopithecinen eine weitaus menschenaffenähnlichere Natur zuschreiben, als bislang angenommen wurde. Während meiner Arbeit an dem vorliegenden Buch (d.h. 1992) hat die Lehrmeinung über Taung und andere Australopithecinen eine vollkommene Kehrtwendung vollzogen; dies ist vor allem auf die bereits erwähnten Arbeiten zahlreicher jüngerer Wissenschaftler wie Bill Jungers, Holly Smith, Tim Bromage, Mike Vannier und Glenn Conroy zurückzuführen, die die Bezahnung und Fortbewegung dieser Hominiden erforscht haben. Obgleich es noch immer einige hartnäckige Befürworter der Theorie gibt, Australopithecinen seien Menschen gewesen, befinden sich diese nicht mehr in der Mehrheit. Und so haben sich bei dieser Debatte schließlich die Stimmen der paläontologischen «New Generation» in der allgemeinen Kakophonie durchsetzen können.

Und selbstverständlich sind die Endokranialausgüsse der Australopithecinen so affenähnlich, wie man sie sich nur vorstellen kann.

Darüber hinaus haben – wie ich mir schon lange sehnlichst erhofft hatte – auch andere Forscher endlich ihre persönlichen Ansichten über die Evolution des menschlichen Gehirns veröffentlicht: Jüngst publizierte Ergebnisse der Arbeitsgruppe um Armstrong (die mit weiterentwickelten Techniken an verschiedenen Primaten arbeiteten) sowie von Jerison (der die vergleichende Morphometrie anwandte) bekräftigen die These, der Sulcus lunatus habe sich bei frühen Hominiden eher in einer «affenähnlichen» Position befunden [5].

Auf der Suche nach dem ersten Menschenhirn

Die natürlichen Gehirnabdrücke der Australopithecinen haben ein echtes Dilemma hervorgerufen: Wenn nämlich das Gehirn der Hominiden, die vor zwei bis drei Millionen Jahren gelebt haben, tatsächlich eher dem Denkorgan eines Menschenaffen ähnelte, wann tauchte dann erstmalig ein fossiles menschenähnliches Gehirn auf? Weiterhin stellt sich die Frage, welcher Gehirnabschnitt für ein derartiges Fossil besonders relevant ist, um es eindeutig als menschliches Hirn identifizieren zu können. Idealerweise bieten sich hier die Frontallappen als Unterscheidungsbereich zwischen menschlicher und äffischer Großhirnrinde an. Im linken Frontallappen eines Menschenhirns liegt ein dreieckig geformter Hirnzellenbereich, das sogenannte Broca-Zentrum, in dem das Sprachzentrum liegt. Dieser Bereich fehlt im Gehirn eines Menschenaffen. Zudem eignet sich der untere Frontallappen nicht nur als hervorragendes Unterscheidungsmerkmal zwischen Menschen- und Affenhirn, sondern hinterläßt auch mit hoher Wahrscheinlichkeit einen guten Abdruck auf der Schädelinnenseite – weswegen er glücklicherweise auch auf den meisten Endokranialausgüssen zu sehen ist.

Im Jahre 1980 wußte ich also, daß menschenähnliche Hirnabdrücke nicht bei Fossilien auftauchen, die älter als zwei Millionen Jahren sind. Demnach war es für mich an der Zeit, mir Zugang zu jüngeren Fossilien aus anderen Gebieten Afrikas zu verschaffen. Doch galten meine Forschungsarbeiten aufgrund des Disputes mit Holloway bereits als sehr umstritten. Wie würden also einzelne Museumsdirektoren auf meine Bitte reagieren, ihre Fossiliensammlungen untersuchen zu dürfen? Zwar wurde mir in einigen Fällen der Zugang verwehrt, doch war es meiner Meinung nach der reine Gerechtigkeitssinn, der einen Museumsdirektor veranlaßte, mich in das Allerheiligste zu lassen. So flog ich 1982 nach Kenia, um an den dortigen National

Museums unter Richard Leakeys Aufsicht fossile Hominiden zu untersuchen.

Ich komme sehr gerne nach Nairobi. Die Stadt lebt in einem flotten Tempo und wirkt mit all ihren Sehenswürdigkeiten, wunderbaren Gerüchen und Restaurants sehr afrikanisch (verglichen mit Südafrika, das irgendwie eher an Europa erinnert). Allein die Taxifahrt vom Flughafen in die Innenstadt, zum Hotel Boulevard (das die Rolle des New Ainsworth Hotels als «die Absteige» für Paläontologen übernommen hat), erfüllt mich mit einem gewissen Prickeln. Das Hotel liegt direkt neben dem Museum, das am Casino Hill steht. Dazu ist es sauber und hat vernünftige Preise, und das Essen ist passabel. Das Beste am Boulevard ist jedoch, daß hier die meisten Forscher logieren, wenn sie von Juni bis Ende August das Museum besuchen, und so entsteht zwischen den Hotelgästen ein wunderbares Kameradschaftsgefühl – fast, als wäre man in einem großen Ausgrabungscamp.

Auf dem Hügel genau gegenüber des Hotels steht ein Standbild Louis Leakeys, der mit einem Werkzeug in der Hand über einem Haufen Felsbrocken hockt. Hinter der Statue liegen die National Museums of Kenya, in deren Gebäude sich ebenfalls eine unzugängliche Hominidenkammer befindet. Obgleich sie nicht so farbenfroh wie die Red Cave ist, beherbergt diese weitaus größere Kammer eine Vielzahl Fossilien – was die Tatsache betont, daß die frühen ostafrikanischen Australopithecinen nicht die einzigen «Menschen» auf der Welt waren.

Und tatsächlich gab es vor ein bis zwei Millionen Jahren recht imposante Hominiden in Ostafrika: So unglaublich es auch klingen mag, sahen die robusten Australopithecinen Ostafrikas viel grobschlächtiger aus als ihre südafrikanischen Artgenossen. Diese Unterschiede hängen offenbar damit zusammen, daß beide in verschiedenen Regionen lebten – ähnlich wie es sich mit den unterschiedlichen Merkmalen innerhalb der heutigen Menschenrassen verhält. Der Gracilis-Typus Ostafrikas besaß ein größeres Gehirn als die südafrikanischen Formen, doch erstaunt dies insofern kaum, da die «Ostafrikaner» erst in jüngerer Zeit lebten.

Zusammen mit Simon Kasinga von den National Museums of Kenya fertigte ich Ausgüsse von solchen Schädeln an, die am vollständigsten erhalten waren. Als Ergebnis sollte ich zu der Bestätigung gelangen, daß selbst diese relativ jungen robusten wie grazilen Australopithecinen eine Großhirnrinde besaßen, deren Aufbau derjenigen eines Menschenaffen ähnelte. Demnach befand sich das Gehirn des ersten Menschen auch nicht unter diesen Fossilien.

Vor ein bis zwei Millionen Jahren geschah sehr viel in Ostafrika, und genau zu jener Zeit vollzog sich die Evolution einer anderen Hominidengruppe in einem unglaublichen Tempo. Selbstverständlich beziehe ich mich auf unsere eigene Gattung *Homo*. Der älteste bekannte Vertreter dieser Linie ist *Homo habilis*, der sich zu irgendeinem unbekannten Zeitpunkt von den grazilen Australopithecinen separierte. Die Mehrheit der Paläoanthropologen ist sich einig, daß *Homo habilis* der Vorläufer von *Homo erectus* war, und aus dem wiederum *Homo sapiens* hervorging. Der Übergang zwischen *Homo habilis* und *Homo erectus* vollzog sich offenbar innerhalb sehr kurzer Zeit und ebenfalls ausschließlich in Afrika [6].

Bei der Gattung *Homo* nahm die Größe des Gehirns mit unglaublicher Geschwindigkeit zu. Doch soll uns nur die Oberflächenstruktur der Großhirnrinde interessieren. Im Sommer 1982 fertigten Simon Kasinga und ich einen Endocast vom ältesten Schädel eines *Homo habilis* an. Und im Gegensatz zu allen Australopithecinen sahen die Hirnwindungen dieses Fossils (mit dem Namen KNM-ER 1470) an den offenliegenden Stellen des linken Frontallappens – man könnte fast schon sagen, erwartungsgemäß – menschenähnlich aus. Offenbar besaß, wie von Phillip Tobias vorgeschlagen wurde, das Gehirn des *Homo habilis* auch ein Broca-Zentrum, so daß er wahrscheinlich in irgendeiner Form, wenn wohl auch sehr rudimentär, eine menschenähnliche Sprache beherrschte.

Seitdem im Gehirn von *Homo habilis* die ersten Ansätze der Sprache auftauchten, hat unsere eigene Linie dramatische Entwicklungen mitgemacht. Parallel zur raschen Verdopplung der Gehirngröße wurde auch der cerebrale Vernetzungsgrad zunehmend komplexer. Allmählich veränderte sich der gesamte Grundriß der Großhirnrinde. Doch auch die geistig-kulturellen Dimensionen dieses Wachstumsprozesses sollten größer werden: Statt wie früher barfuß zu laufen, benutzt der moderne Mensch Autos und Flugzeuge, das gesprochene Wort findet sich heute in Buchstaben und Zahlen wieder – eine Informationstechnologie, aus der wiederum die Computerrevolution hervorgegangen ist und die derzeit zum Beginn der Biotechnologie geführt hat. Die Fähigkeit unserer Vorfahren, ein paar schlichte Steinwerkzeuge anzufertigen, stellt den Beginn einer neurologischen Entwicklungslinie dar, an deren Ende eines Tages Mozarts Hornkonzerte und Einsteins Relativitätstheorie standen. Wie wir noch sehen werden, zeichnete all dies sich bereits im Endocast jenes Hominidenfossils ER 1470 ab. Somit begann der *Braindance*, die Evolution des menschlichen Gehirns, vor gut zwei Millionen Jahren.

Doch ich nehme an dieser Stelle bereits einiges vorweg. Wie sollten wir auch die Bedeutung der Unterschiede zwischen den Endokranialausgüssen von Australopithecinen und *Homo* ermessen können, wenn wir die Unterschiede zwischen den Gehirnen von Menschen und Menschenaffen nicht kennen, bzw. wenn uns nicht klar ist, was diese für das Erkenntnisvermögen bedeuten?

Kapitel 3

Das Gehirn von Menschen und Schimpansen

Schimpansen sind sehr intelligente Wesen. Sie erinnern sich beispielsweise ziemlich genau an ihre Verstecke – möglicherweise ist diese besondere Fähigkeit bei ihnen sogar besser entwickelt als beim Menschen. Zudem können sie auch recht komplizierte Rätselspiele lösen (wie etwa Labyrinth-Spiele oder solche, die nach dem Schloß-Schlüssel-Prinzip aufgebaut sind). Darüber hinaus demonstrierte der Psychologe Gordon Gallup – der an der State University of New York (Albany) lehrt – in mehreren Experimenten mit Spiegeln, daß Schimpansen im Gegensatz zu anderen Affen ein Ich-Bewußtsein besitzen. Bei diesen Versuchen schminkte Gallup verschiedenen Tierarten, die zuvor betäubt wurden, Augenbrauen und Ohren rot und setzte sie anschließend vor einen Spiegel. Nachdem sie aus der Narkose erwacht waren und in den Spiegel geblickt hatten, erkannten die meisten Versuchstiere ihre verunstalteten Züge nicht als das eigene Konterfei wieder; ein paar Tiere versuchten allerdings, die roten Stellen jenes «fremden Wesens», das sich vor ihnen im Spiegel bewegte, näher zu betrachten. Ganz anders Gallups Schimpansen: Sie wachten auf, blickten voll Entsetzen in den Spiegel, faßten aber nicht etwa an ihr Spiegelbild, sondern an die eigenen (!) Ohren und Brauen, und schienen entsetzt fragen zu wollen: «Mein Gott, was ist denn mit mir passiert?»

Dank der grundlegenden Arbeiten von Allen und Beatrice Gardner besitzen wir heute eine ungefähre Vorstellung, wie Schimpansen denken. Zu Beginn der 60er Jahre begann das Ehepaar Gardner, mehreren Schimpansen, u.a. auch der berühmten Schimpansin Washoe, die amerikanische Zeichensprache für Taubstumme beizubrin-

Abb. 3.1
Gordon Gallup betrachtet sich im Spiegelbild. Seine Spiegelexperimente verdeutlichten, daß Schimpansen ein Ich-Bewußtsein besitzen, das dem des Menschen ähnelt (Foto: Elizabeth Davis).

gen. Diese Forschungsarbeiten eröffneten ein völlig neues Untersuchungsgebiet. Dementsprechend liegen heute Ergebnisse zu verschiedenen Verfahren vor, wie sich Menschenaffen nonverbale Sprachen aneignen können. Wenn man Schimpansen über einen ausreichend langen Zeitraum mit einer Sprache «konfrontiert», können sie eine beachtliche Anzahl Zeichen oder Symbole lernen, die sie spontan zu richtigen Sätzen zusammenfügen. Die einzelnen Phasen des Spracherwerbs laufen demzufolge bei jungen Schimpansen und Kindern zumindest bis zu einem gewissen Punkt ähnlich ab.

Die bahnbrechenden Arbeiten der Gardners gaben auch anderen Wissenschaftlern neue Impulse. Die Psychologin Sue Savage-Rumbaugh vom Yerkes Regional Primate Center in Atlanta (einem Institut für Primatenforschung) beschäftigte sich überwiegend mit Schimpansenforschung. Gemeinsam mit ihrem Gatten Duane Rumbaugh entwickelte sie «Yerkese», eine computer-unterstützte Sprache, die sie mehreren Tieren beibrachte. Savage-Rumbaugh hat so lange und so intensiv mit den Schimpansen am Yerkes-Institute kommuniziert, daß sie von diesen als Artgenossin angesehen wird. Dementsprechend versteht sie sehr gut, wie diese Menschenaffen denken und wo Gemeinsamkeiten bzw. Unterschiede zwischen ihren kognitiven Fähigkeiten gegenüber denjenigen des Menschen liegen.

Der Albert Einstein unter den Menschenaffen ist ein Zwergschimpanse oder Bonobo namens Kanzi. Dieser junge Affe, mit dem Sue Savage-Rumbaugh jahrelang gearbeitet hat, lernte überwiegend in solchen Momenten Yerkese, wenn man ihm den Rücken zukehrte. Unter großen Mühen wurde damals versucht, Kanzis Mutter Matata die Bedeutung einzelner Tastatursymbole beizubringen, so daß sie diese anhand eines bestimmten gesprochenen Wortes wiedererkennen konnte. Die «Lautbildung» bei Yerkese erfolgt durch Drücken einer Taste, die zu einem bestimmten Symbol gehört. (Generell können Schimpansen aufgrund ihrer Kehlkopfanatomie keine Wörter aussprechen.) Während der einzelnen Lehrstunden spielte Kanzi im selben Raum und schien sich kaum darum zu kümmern, was seine Mutter machte. Matata erwies sich als ziemliche Enttäuschung; da sie bereits älter und in ihrer Lebensweise festgefahren war, besaß sie nur ein sehr langsames Lernvermögen. Deshalb gingen die Wissenschaftler bereits davon aus, Bonobos seien keine besonders guten Objekte für Sprachexperimente.

Eines Tages brachte der kleine Kanzi die Forscher völlig aus dem Häuschen, als sie nämlich feststellten, daß er einen Großteil dessen, was sie vergeblich seiner Mutter eintrichterten, offenbar von ganz allein verinnerlicht hatte. Eine ähnliche Entwicklung durchlief meine damals elfjährige Tochter Adrienne, die in Puerto Rico beim Spielen mit spanisch sprechenden Kindern auf die gleiche passive Weise die Landessprache lernte wie Kanzi sein Yerkese. Aber auch ich hatte im Prinzip die gleichen Probleme mit dem Spanischen wie Matata mit ihrer Symbolsprache: Jahrelang kämpfte ich mich durch die Stunden eines Abendkurses, lernte die Sprache nie sehr gut und spreche sie auch heute noch mit schwerem amerikanischen Akzent. Somit scheint der Spracherwerb bei Menschen und Schimpansen übereinstimmend zu verlaufen: die Jungen beider Arten lernen eine Fremdsprache sehr leicht (beim Menschen sogar im jeweiligen regionalen Akzent oder Dialekt), während sich ältere Individuen hiermit schwer tun (wobei die Menschen meist den einmal erlernten Akzent beibehalten).

Im Alter von sechs Jahren konnte Kanzi 150 Symbole erkennen und zuordnen, wenn er den jeweiligen gesprochenen Begriff gehört hatte [1]. Zur Zeit ist Kanzi neuneinhalb Jahre alt, und er versteht

Abb. 3.2
Der Albert Einstein unter den lebenden Menschenaffen ist ein Zwergschimpanse oder Bonobo namens Kanzi (Foto: Sue Savage-Rumbaugh).

vollständige Sätze bereits beim ersten Hören. Außerdem reagiert er richtig auf Sätze, die zwar ähnliche Wörter, jedoch einen umgestellten Satzbau enthalten, so daß sich der Sinn verändert. Im Gegensatz zu anderen Affen aus früheren Studien bezeichnet Kanzi nicht nur bestimmte Gegenstände, nach denen ihn der Experimentator fragt, sondern gibt auch spontane Lautäußerungen von sich, die seine momentane «Gedanken« wiedergeben. Obwohl er sich hauptsächlich durch Gebärden und das Drücken auf Piktogrammtasten verständlich macht, versucht er auch folgende Wörter zu sagen: «Karotte», «Zwiebel», «Rosine», «Schlange», «sofort» und «offen»!

Kanzis Sprachverständnis ist – wie auch bei Menschenkindern – seiner eigentlichen Sprachbildung weit voraus. Seine Äußerungen bestehen überwiegend aus ein oder zwei Wörtern. Mit zunehmenden Alter steigern sich auch seine sprachlichen Fähigkeiten, obwohl nicht im selben Maße wie bei einem Kind. In dieser Hinsicht stellt Kanzi keinen Einzelfall dar: Im Language Resarch Center gibt es drei weitere Zwergschimpansen, fünf Großschimpansen und zwei Orang Utans, mit denen allesamt Sprachstudien durchgeführt werden. Die bei Kanzi beobachteten Ergebnisse wurden an diesen Menschenaffen bestätigt: Jungtiere können sich wie Kleinkinder bestimmte Sprachfähigkeiten aneignen, indem sie ihre Pfleger beobachten und ihnen zuhören.

Allerdings gibt es in Bezug auf Sprache einige Besonderheiten, die Menschenaffen, und selbst junge Tiere, niemals entwickeln werden. So weist Savage-Rumbaugh darauf hin, daß Menschen mehrere Aufgaben gleichzeitig lösen können, Schimpansen dazu jedoch nicht in der Lage sind. (So wäre es beispielsweise für sie ein großes Problem, gleichzeitig zu gehen und Kaugummi zu kauen.) Außerdem fiel Savage-Rumbaugh auf, daß sich Schimpansen recht leicht neue Gesten und Gebärden einfallen lassen, diese Erfindungen jedoch nicht an Artgenossen weitergegeben oder sie von diesen verstanden werden. Möglicherweise hängt dies damit zusammen, daß Schimpansen gewisse Kooperationsschwierigkeiten haben, wie Christophe Boesch vom Schweizerischen Naturwissenschaftlichen Forschungszentrum bemerkte. (Dr. Boesch hält generell an dieser Beobachtung fest, obwohl er zusammen mit seiner Frau Hedwige Boesch zweimal das seltene Phänomen beobachten konnte, daß eine freilebende Schimpansenmutter ihrem Nachwuchs zeigte, wie man Nüsse knackt.) Laut Aussage Savage-Rumbaughs scheinen Menschenaffen die Handlungen anderer Menschenaffen oder Menschen vorhersehen zu können. Allerdings vermögen sie nicht wie ein Mensch in die Zukunft zu planen, und es scheint ihnen auch ein Bewußtsein vom Tod zu fehlen.

Auch Kathleen Gibson vom Health Science Center der University of Texas [2] hat mit Schimpansen gearbeitet. Gleichzeitig hält sie sich auch ein Kapuzineräffchen, das wie seine affenähnlichen Artgenossen recht geschickt mit Werkzeugen umzugehen versteht. Sie nimmt an, daß ihr «Hausaffe» mit Leichtigkeit einen Steinbrocken zerkleinern kann, jedoch wohl niemals in der Lage wäre, die Trümmer wieder zusammenzusetzen. Gibson geht davon aus, daß die Fähigkeit, konkrete oder abstrakte Gegenstände zusammenzusetzen, den Menschen von den übrigen Primaten unterscheidet. Obgleich sich diese allgemeine Befähigung zunächst recht trivial ausmacht, könnte sie tatsächlich weiterreichende Bedeutung besitzen – z.B. wenn es darum geht, ganze Sätze zu bilden oder sogar Ideen zu kreieren. Hier hat Gibson wohl wirklich einen wichtigen Aspekt angesprochen.

Schimpansenexperten genießen das Privileg, von einer besonderen Warte aus die kognitiven Fähigkeiten von Menschen und Schimpansen vergleichen zu können, weswegen sie uns auch über bestimmte, typisch menschliche Qualitäten informieren können. Ein Mensch hat beispielsweise kaum Mühen, mehrere Aufgaben gleichzeitig zu erledigen. Er kann in die Zukunft planen, Konstrukte schaffen, mit anderen Menschen zusammenarbeiten und Sachverhalte verbal kodieren und zu übermitteln. Allerdings scheint diese Liste noch zu kurz zu sein, da zwischen Menschen und Schimpansen laut Beobachtung von Savage-Rumbaugh enorme Unterschiede bestehen. Menschen sind schlichtweg intelligenter. Sowohl Schimpansen als auch kleine Kinder verwenden Gebärden kombiniert mit zweiwörtrigen Kurzsätzen (Schimpansen erledigen dies, indem sie mit der einen Hand eine Tastenkombination drücken und mit der anderen gestikulieren), um beispielsweise ihren Wunsch nach Keksen, Nackenkraulen, einem Spielzeug oder einer Bezugsperson auszudrücken. Allerdings wird sich ein Schimpanse nie über dieses Stadium hinaus entwickeln – wohl aber das Kind. Im Alter von fünf Jahren kann es bereits tiefsinnige Fragen stellen – für Schimpansen ein Ding der Unmöglichkeit. Auch abstrakte Fragen wie »Mami, woher komme ich?« entspringen direkt dem kindlichen Gehirn. Dies ist einer der Hauptunterschiede zwischen beiden Arten.

Andere allgemeine menschliche Errungenschaften sind vermutlich so selbstverständlich, daß sie deshalb nur selten erwähnt werden: Kein Schimpanse hat je ein Buch geschrieben, eine Symphonie komponiert, ein lebensechtes Bild gemalt, einen erstklassigen Step-Tanz auf's Parkett gelegt, den genauen Wochentag berechnet, auf den das Weihnachtsfest in zwei Jahren fallen wird, ein mathematisches Problem formuliert, eine Taschenuhr zerlegt und wieder zusammengesetzt, einen Computer programmiert oder über den Ursprung des Universums philosophiert. Diese künstlerischen und wissenschaftlichen Fähigkeiten sind allesamt typische Produkte des menschlichen Gehirns.

Welche Besonderheiten besitzt nun dieses Organ, die dem Schimpansenhirn fehlen? Das Sezieren der Gehirne von Vertretern beider Arten konnte diese Frage nicht beantworten. Äußerlich besteht ein Menschenhirn aus den gleichen Teilen wie ein Schimpansenhirn, wobei allerdings das menschliche Gehirn größer und stärker gewunden ist. Insgesamt liegen jedoch die übrigen Unterschiede nicht in deutlichen neuroanatomischen Details, sondern sind wesentlich feiner.

Womit nicht gesagt sein soll, daß man solche Unterschiede nicht aufspüren könnte. Denn bereits mehrfach haben Neuroanatomen auf drei spezielle Eigenschaften verwiesen, die das menschliche Gehirn zu etwas Besonderem machen: Die Entwicklung der Frontallappen (Stirnlappen), die relative Größe des Assoziationscortex sowie das Ausmaß der Unterschiede zwischen beiden Hemisphären (die sogenannte Lateralität des Gehirns). Grob gesagt, beschäftigt sich der erste Aspekt mit der Fähigkeit, in die Zukunft planen und ein Persönlichkeitsbewußtsein entwickeln zu können, der zweite Punkt mit der Eigenschaft, Gegenstände sinnvoll zusammenzusetzen (Konstrukte, Synthesen), während sich der dritte mit Künsten und Wissenschaften befaßt.

Die Großhirnrinde

In der ersten Hälfte dieses Jahrhunderts zeigten einige Neurochirurgen, daß die Großhirnrinde bei Menschen und anderen Primaten prinzipiell nach dem gleichen Plan aufgebaut ist. Die beiden folgenden Abbildungen gehen auf den Neurochirurgen Wilder Penfield und seine Kollegen zurück [3] und zeigen die primären sensorischen und motorischen Bereiche der linken Hemisphäre eines Menschengehirns (die die rechte Körperhälfte steuert). Unter dem primären sensomotorischen Bereich (in der oberen Abbildung als S bezeichnet) versteht man die ersten Stellen, an denen die Sinnesempfindungen (Tastsinn, Schmerz, Temperatur, Druck, Orientierung, Bewegung und Schwingung) von der Großhirnrinde (Cortex) aufgenommen werden. Die primäre motorische Großhirnrinde (M) ist derjenige Cortexbereich, im dem die motorischen Antworten durch relativ geringe elektrische Reizungen ausgelöst werden können. Bei den höheren Primaten (also auch beim Menschen) trennt ein sogenannter Sulcus centralis nicht nur den primären motorischen Cortex von der primären somatosensorischen Großhirnrinde, sondern auch den Frontal- vom Parietallappen (Scheitellappen).

In der zweiten Abbildung gibt ein unproportioniertes Männchen (Homunkulus) die Anordnung wieder, in der die einzelnen Körperteile durch den primären somatosensorischen bzw. motorischen Cortexabschnitt repräsentiert werden [4]. Beim Menschenaffen sähe eine vergleichbare Karte ähnlich aus. Einige Züge des Homunkulus ver-

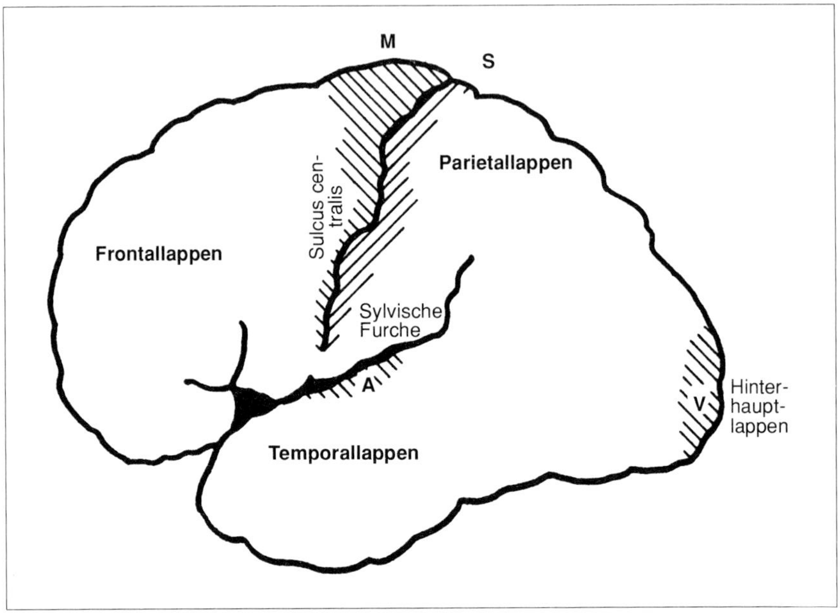

Abb. 3.3
Zu den primären Cortexbereichen des menschlichen Gehirns (linksseitig) gehören u.a. der motorische (M), der somatosensorische (S), der visuelle (V) und der Hörbereich (A). Die einzelnen Gehirnlappen, die Sylvische Furche (Sulcus lateralis) sowie der Sulcus centralis sind ebenfalls eingezeichnet.

dienen besondere Beachtung. So entsprechen beispielsweise die sensorischen und motorischen Bereiche der linken Hemisphäre den Organen der rechten Körperhälfte und umgekehrt. (Achten Sie auch darauf, daß beide Hände und beide Füße des Homunkulus von der rechten Körperseite stammen!) Ferner werden die entsprechenden Bereiche der gegenüberliegenden Seite am Sulcus centralis gespiegelt. Deshalb erfolgt die Perzeption der Tastinformationen der rechten Hand im «Handbereich» hinter dem Sulcus centralis der linken Hemisphäre; hingegen stammen die motorischen Impulse, die z.B. zum Krümmen eines Fingers der rechten Hand erforderlich sind, aus dem «Handbereich» vor dem Sulcus centralis der linken Gehirnhälfte. Abgesehen von einigen Ausnahmen gilt dieses kontralaterale (d.h. gekreuzt oder auf der anderen Seite liegend) Prinzip grundsätzlich für die gesamte Großhirnrinde.

Der mit dem Kopf nach unten abgebildete Homunkulus wirkt auf den Betrachter aufgrund der verzerrten Dimensionen seiner

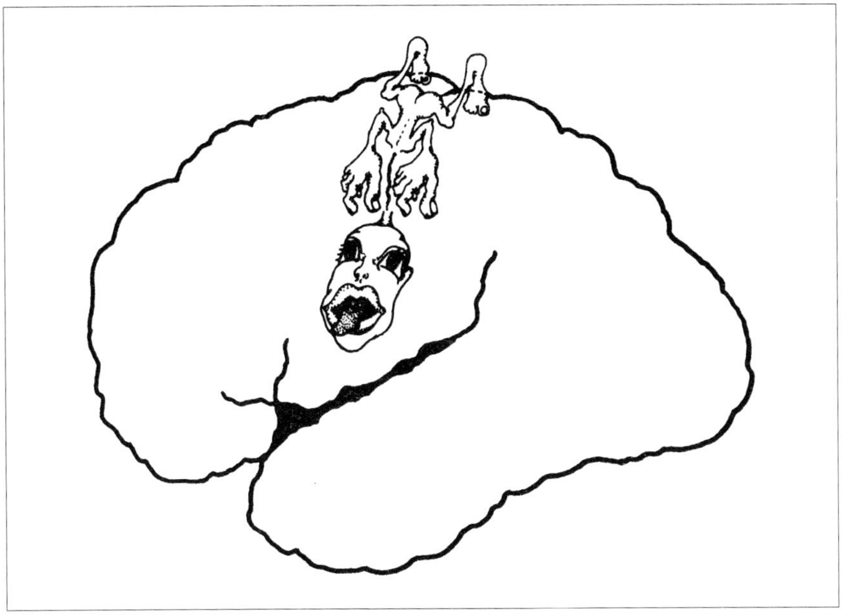

Abb. 3.4
Dieser Homunkulus veranschaulicht Anordnung und Größenordnung, in denen einzelne Körperabschnitte auf den primären somatosensorischen und motorischen Gehirnbereichen repräsentiert werden.

Körperteile sicherlich bizarr. Für alle Säugetiere gilt nun generell, daß die Größe des Gehirnbereichs, der für ein bestimmtes Körperteil zuständig ist, dessen alltägliche funktionelle Bedeutung widerspiegelt. (Harry Jerison bezeichnet dies als das Prinzip der angepaßten Masse – engl. *principle of proper mass*). Am abgebildeten Homunkulus wird klar, wie wichtig Hände und Gesicht für den Menschen sind. Beachtenswert ist auch, daß sich die sensomotorischen Bereiche des rechten Fusses über den obersten Hirnabschnitt krümmen und an der (hier nicht erkennbaren) Innenoberfläche der Hemisphäre entlang abwärts ziehen. Interessanterweise sitzt z.B. der sensorische Bereich der Genitalien tief auf der inneren Gehirnoberfläche (in der Nähe der sensorischen Bereiche der Füße). Auf ähnliche Weise befinden sich die sensomotorischen Bereiche von Teilen des Sprachapparates (z.B. Kehlkopf oder Kiefer) direkt unterhalb des Hirnabschnittes für das «Gesichtsfeld» (genau oberhalb der Sylvischen Furche).

Wie man aus der Abbildung 3.3 erkennen kann, trennt die Sylvische Furche den Temporallappen vom Frontal- und Parietallappen. Die primäre Hörrinde (A) sitzt überwiegend im oberen Bereich des Temporallappens (Schläfenlappens) und liegt im Boden der Sylvischen Furche versenkt. Dieser Cortexabschnitt ist auf Klanghöhen abgestimmt und erhält viele seiner Reizinformationen (entgegen dem kontralateralen Prinzip) von dem auf derselben Seite sitzenden Ohr, allerdings auch zu einem größeren Teil vom gegenüberliegenden Ohr.

Im Gegensatz zu anderen höheren Primaten wird der primäre visuelle Abschnitt (V) beim Menschen nicht immer durch den Sulcus lunatus begrenzt. Der «Sehbereich» des Cortex wird bei uns nur durch einen kleinen äußeren Oberflächenabschnitt des Hinterhauptlappens repräsentiert, während größere Flächen auf den inneren Oberflächen im rückwärtigen Teil des Gehirns versenkt sind. Auch hier gilt wieder das kontralaterale Prinzip: Die rechte Hälfte des Gesichtsfeldes wird durch den primären visuellen Cortex der linken Hemisphäre repräsentiert und umgekehrt.

Jeder der primären sensorischen Bereiche steht in einem besonderen Verhältnis zu einer der in der Nähe befindlichen Assoziationsfelder: So ziehen beispielsweise vom primären sensomotorischen Cortex (S) Nervenfasern zu einem Bereich des Parietallappens, der direkt hinter ihm liegt. Informationen, die über die allgemeinen Sinnesorgane perzipiert wurden, werden aufgenommen (integriert), mit Erfahrungen in der Vergangenheit verglichen und in diesem Assoziationsbereich interpretiert. Über diesen Gehirnbereich kann ein Mensch beispielsweise einen Gegenstand mit verschlossenen Augen durch Ertasten mit der gegenüberliegenden Hand als Schlüssel identifizieren. Wenn nun das Assoziationsfeld der Hirnrinde geschädigt wäre, der primäre sensomotorische Cortex jedoch nicht, bemerkte diese Person lediglich, daß sie in ihrer Hand einen kleinen, kühlen und schweren Gegenstand hält; sie wäre jedoch nicht in der Lage, alle Einzelinformationen zu der Folgerung zu kombinieren, es handele sich hier um einen Schlüssel.

Genauso verhält es sich mit dem primären visuellen Cortex (V), der Nervenfasern in einen ihm unmittelbar vorgelagerten Assoziationsbereich aussendet. Auch hier werden aktuelle Informationen mit Erfahrungswerten verglichen, und das Gesehene wird in seiner tatsächlichen Bedeutung erkannt. Eine Schädigung dieses Bereiches führt dazu, daß Objekte im gegenüberliegenden Sichtfeld nicht erkannt werden. Die Gehörassoziationsrinde, die direkt neben A liegt, erlaubt es einem hörenden Menschen, vokale und rein akustische Laute oder Töne als solche zu erkennen.

Auch der primäre motorische Cortex wird durch einen speziellen Hirnbereich unterstützt, den sogenannten prämotorischen Cortex, der direkt vor der primären motorischen Gehirnrinde (und auch dem Homunkulus) sitzt. Durch Stimulationen des prämotorischen Cortex werden Muskeln in der gegenüberliegenden Körperhälfte bewegt, obwohl die Reize stärker ausfallen müssen als solche für den primären motorischen Cortex. Offenbar steht dieser Hirnabschnitt mit dem Erinnerungsvermögen an komplexe, erlernte Bewegungsabläufe (z.B. Zähneputzen) im Zusammenhang; durch Verletzungen in diesem Bereich werden solche Aktionen nämlich beeinträchtigt, während andere willkürliche Muskelfunktionen hiervon nicht betroffen sind.

Demnach ist die Großhirnrinde bei höheren Primaten (z.B. Rhesusaffen, Schimpansen, Menschen) grundsätzlich gleich strukturiert, und höchstwahrscheinlich lag dieser Bauplan auch schon bei ihren gemeinsamen Vorfahren vor. Doch wo liegt nun der Ursprung der Bilder, der Symphonien und der großen Werke der Weltliteratur? Diese entstanden im Prinzip aus der Weiterentwicklung der drei oben genannten Eigenschaften der Gehirnrinde (Frontallappen, Assoziationscortex und Ausbildung der Gehirnlateralität) – ein Prozeß, der lange vor dem Auftauchen der ersten Hominiden erfolgte.

Die Frontallappen – Innere Modelle der Realität

Der Bereich vor dem prämotorischen Cortex – sprich, das äußerste Vorderende des Frontallappens – wird auch präfrontaler Assoziationscortex genannt. Im Gegensatz zu den Reizungen der primären motorischen und prämotorischen Großhirnrindenbereiche werden durch Stimulation des präfrontalen Cortex keine Körperbewegungen ausgelöst. Deshalb gilt der präfrontale Cortex als «stumm». Doch trotz einer scheinbaren «Sprachlosigkeit» kommt dem präfrontalen Cortex eine hohe Verantwortung zu, da er selbststeuernde, zielgerichtete Verhaltensweisen lenkt, die letztlich die Persönlichkeit bilden. In gewissem Sinne macht dieser Cortexabschnitt also erst den Menschen aus.

Bis vor wenigen Jahren galten Operationen wie die Entfernung des präfrontalen Cortex oder die Durchtrennung der Verbindungsgänge (Kommissuren) zu tiefer liegenden Gehirnbereichen als geeignete Maßnahme, um schwere Depressionen – häufig bei Hausfrauen

– zu behandeln. Obgleich man tatsächlich starke Depressionen durch derartige präfrontale Lobotomien beheben konnte, führte dies auch zu zahlreichen weniger gewünschten Veränderungen. Je nach Ausmaß der Hirnschädigung beobachtete man bei diesen Patienten – mal stärker, mal schwächer ausgeprägt – folgende Erscheinungen: Gedankenverwirrung, unangemessene oder generell gedämpfte Stimmung, allgemeine Unlust, ein beeinträchtigtes Sprechvermögen sowie die Unfähigkeit, die Bedeutung von Ereignissen in ihrer Umwelt zu erkennen. Präfrontale Lobotomien wurden auch durchgeführt, um unstillbare Dauerschmerzen zu behandeln, wie sie beispielsweise bei nicht operierbarem Krebsleiden auftreten. In derartigen Fällen empfanden die Patienten nach dem Eingriff zwar immer noch Schmerzen, doch machten sie ihnen buchstäblich nichts mehr aus! Präfrontale Lobotomien führten demnach vor allem zu radikalen Persönlichkeitsveränderungen.

Während der Evolution der Primaten wurden die Frontallappen immer größer. Im Vergleich zu den hinteren Gehirnabschnitten ist der präfrontale Cortex beim Menschen wesentlich stärker gefurcht als bei Menschenaffen [5]. Jedoch auch bei niederen Primaten (z.B. Makaken) ist er bereits hoch differenziert und besitzt zahlreiche Unterabschnitte und Verbindungen. Mit Hilfe zahlreicher Untersuchungen an diesem Abschnitt des Makakencortex gelang es der Wissenschaft, wichtige Informationen über den Grundbauplan und die evolutionäre Bedeutung des menschlichen Frontallappens zu gewinnen.

Patricia Goldman-Rakic (School of Medicine der Yale University) baute mehrere dieser Erkenntnisse zu einem anschaulichen Modell zusammen, das den grundsätzlichen Aufbau des präfrontalen Cortex bei Primaten erklärt [6]. Demnach besteht die Funktion dieses Abschnitt des Frontallappens im wesentlichen darin, auf Informationen zuzugreifen und sie solange «on-line» zu speichern, bis die gerade zu bewältigende Aufgabe gelöst ist. Außerdem kann er motorische Antworten auslösen oder unterdrücken, weil sich die entsprechenden Daten gerade im Kurzzeitgedächtnis befinden. Somit beeinflußt der präfrontale Cortex das Bewußtsein, den Zugriff auf das Gedächtnis und die Steuerung des Verhaltens auf motorischem Wege.

Darüber hinaus scheinen sich einzelne Abschnitte des präfrontalen Cortex, aufgrund ihrer Verbindungen zu anderen Gehirnlappen bzw. zu tiefer liegenden Hirnbereichen, auf bestimmte Formen von Informationen, die sie weiterverarbeiten, spezialisiert zu haben. Beispielsweise speichert ein Teil des präfrontalen Makakencortex die aktuelle Position eines Gegenstandes im Raum, während andere Bereiche sichtbare, nicht-räumliche Eigenschaften dieses Objektes wie z.B. seine Farbe festhalten. Obgleich er noch nicht hinreichend erforscht ist, könnte ein weiterer Bereich des präfrontalen Cortex mit sozialen, emotionalen oder Motivationszuständen in Zusammenhang stehen. Summa summarum stellt Goldman-Rakic die Hypothese auf, «die Unterabschnitte des präfrontalen Primatencortex fungieren als zentrale Ausführungsstellen, die willkürliche Verhaltensweisen mit Hilfe gegenständlicher Erinnerungen steuern [7].» Somit verinnerlicht der präfrontale Cortex zeitlich und räumlich getrennte Ereignisse und greift auf ein gespeichertes, begriffliches Wissen zurück, um damit passende Antworten zu bestimmen. Ohne diese Eigenschaft wären weder Affe noch Mensch in der Lage, ausreichend Informationen «im Kopf zu haben», um auch nur fünf Sekunden in die Zukunft planen zu können.

In bezug auf das Planen oder Organisieren liegen die Menschen selbstverständlich an erster Stelle. Ein Schimpanse kann sich zwar aktuell merken, an welcher Stelle er eine Banane versteckt hat, und er wird diesen Ort aufsuchen, wenn man ihm dazu Gelegenheit gibt. Allerdings hat er – so Savage-Rumbaugh – Schwierigkeiten, mehr als eine Aufgabe gleichzeitig zu vollbringen, er plant nie sehr weit in die Zukunft und besitzt auch keine Vorstellung vom Tod. Da der Frontallappen im Verlauf der Hominidenevolution deutlich an Größe zugenommen hat, ist er auch derjenige Gehirnabschnitt, in dem man das Windungsmuster bei Menschen und Schimpansen leicht unterscheiden kann. Parallel zur Entwicklung des menschlichen Frontallappens entwickelten sich auch die Fähigkeiten weiter, die Goldman-Rakic für den präfrontalen Cortex von nichtmenschlichen Primaten spezifizierte.

Der menschliche Frontallappen hält nicht nur permanent Informationen parat, sondern kann in diesem «Arbeitsspeicher» auch viele Einzeldaten gleichzeitig bereitstellen. Daher greift dieser präfrontale Lappenabschnitt auf relativ mehr Erinnerungen zur Steuerung willkürlicher motorischer Antworten zu, als dies bei den übrigen Primaten der Fall ist. Möglicherweise führte dieses erhöhte Erinnerungsvermögen, um Informationen «on-line» zu verarbeiten, beim Menschen dazu, daß erlernte motorische Verhaltensweisen in besser kontrollierte, längere Bewegungsabläufe umgesetzt werden. Deshalb können nur Menschen komplizierte, aus mehreren Sequenzen bestehende motorische Abläufe erlernen, wie beispielsweise den von mir hochgeschätzten Step-Tanz.

Als wichtige Voraussetzung für diesen Tanz muß man über so etwas wie ein motorisches Gedächtnis verfügen. Weiterhin sollte man eine Abfolge einzelner erlernter Bewegungen (Tabs und Steps), die jederzeit aus dem Gedächtnis abgerufen werden, fließend ausführen können. Über allem steht dann noch der Rhythmus – wer den Abstand zwischen zwei Tabs verpfuscht, ruiniert die gesamte Choreographie. Eine Step-Tänzerin kann nur dann einen sauberen Tanz vorführen, wenn sie die korrekte Zählweise zwischen den Schritten permanent im Kopf hat. Vor allem muß sie Abläufe vorhersehen können. Wenn sie deshalb längere motorische Sequenzen so lange «on-line» im Kopf behält, bis die ganze Folge korrekt ausgeführt ist, hat sie schon eine beachtliche Zeit überbrückt. Ein Step-Tanz besteht folglich aus einer Vergangenheits-, einer Gegenwarts- und einer Zukunftskomponente, und ähnliches gilt auch für die Gedanken der Tänzerin. Während ein Schimpanse nur über kurze Zeit in die Zukunft planen kann, (z.B. wie er sich eine Banane angeln soll), verfügt der «tanzbegabte» Primat dank seiner hochentwickelten Frontallappen über ein konkretes Zeitbewußtsein.

Eine weitere menschliche Eigenschaft, die möglicherweise auf diese hochentwickelten Gehirnabschnitte zurückgeht, ist das aktive Vorstellungsvermögen. Da der Mensch zeitliche Verbindungen herstellen kann, vermag er auch, sich reelle oder fiktive Gedanken dauerhaft bewußt zu machen und diese zu denkbaren neuen Szenarien zu verknüpfen. Jeder hat sicherlich schon einmal eine schlechte Erfahrung gedanklich neu erlebt und sich vorgestellt, wie diese verlaufen wäre, wenn man zu einem bestimmten Zeitpunkt anders gehandelt hätte. Angesichts frustrierender vergangener (oder auch aktueller) Ereignisse kann man sich alternative Lösungen ausdenken, die – wenn auch nur vor dem geistigen Auge – doch noch zu einem «Happy End» führen. Viel wichtiger ist meiner Meinung nach, daß der Mensch erst dank seiner regen Phantasie alle Varianten eines zukünftigen Ereignisses durchspielen und sich auf diese Weise praktische alternative Lösungen vorstellen kann. Sein Vorstellungsvermögen ist so gewaltig, daß es eigentlich nie Ruhe gibt. Wenn es nicht gerade mit einer praktischen Aufgabe beschäftigt oder anderweitig (z.B. durch Fernsehen) eingespannt ist, beschäftigt es sich selbst, indem es unaufgefordert phantastische Gedanken «spinnt». Ganz offenbar bildet der Frontallappen eine Art cerebrales «Disneyland», dessen Tore, wie man aus seinen Träumen kennt, ganzjährig Tag und Nacht geöffnet sind.

Die wohl geheimnisvollste Aufgabe des Frontallappens befaßt sich allerdings mit Persönlichkeitsfaktoren, wie etwa individuellem sozialen Bewußtsein oder dem Verhalten gegenüber anderen. Bei Schimpansen werden Reaktionen auf soziale bzw. emotionale Ereignisse nicht im gleichen Ausmaß durch Kontrollmechanismen in den Stirnlappen gesteuert wie bei erwachsenen Menschen. Bei uns sind die Frontallappen über komplexe Verbindungen mit tiefer liegenden Gehirnabschnitten (dem sogenannten limbischen System) verknüpft, in denen emotionelle Prozesse stattfinden. Deshalb können Steuerungskodes, die während der Kindheit tief im Inneren angelegt wurden, bei einer sozialen Interaktion des Erwachsenen abgerufen und im präfrontalen Cortex bereitgestellt werden, um das vorliegende Problem zu beeinflussen. Ein reifer Mensch versucht, seine sozialen Wechselbeziehungen zu kontrollieren und dabei andere Personen einzubeziehen (z.B. indem er versucht, diese vor kindischem Verhalten zu bewahren).

Höhere Gedankenprozesse: Die Assoziationsflächen

Die Synthese neurologischer Ereignisse – oder anders ausgedrückt, das Zusammenleimen von Informationen, das sich in den Frontallappen abspielt – kann man als eine Form des Denkens auffassen. Der präfrontale Assoziationscortex ist allerdings nicht der einzige Gehirnabschnitt, der eine Flut eingegebener Einzelinformationen in höher strukturierte Gedanken umsetzt, denn auch in den Assoziationsfelder der Frontal-, Temporal- und Occipitallappen spielen sich derartige Gedankensynthesen ab. Zum Verständnis der Funktionsweisen dieser hinteren Assoziationsbereiche wurden in der Vergangenheit solche Syndrome untersucht, die nach einer Schädigung der jeweiligen Lappen auftreten [8]. So beeinträchtigt zum Beispiel eine Schädigung der Assoziationsbereiche, die an die primären rezeptiven Bereiche angrenzen, die Aufnahme und Deutung sensorischer Informationen. Bei einer Verletzung im Bereich unmittelbar vor dem primären visuellen Cortex kann der Patient zwar ein Hindernis, z.B. eine Leiter, umgehen (demnach kann er sie tatsächlich sehen), doch wird er weder in der Lage sein, diese richtig zu benennen, noch wird er ihren Verwendungszweck kennen. Der visuelle Reiz wird zwar aufgenommen, kann aber von diesem Patienten nicht interpretiert werden.

In den Assoziationsbereichen des Parietallappens werden taktile, akustische und visuelle Reize aufgenommen. Da diese Cortexabschnitte mit anderen Gehirnbereichen wie den Stirnlappen in Verbindung stehen, erfolgen die komplexen Assoziationen über Erfahrungen in der Vergangenheit sowie durch aktuelle Einschätzung. Auch hier können Verletzungen bizarre Fehlfunktionen auslösen: Am bekanntesten ist das Unvermögen, den (eigenen) Körperaufbau zu erkennen. Ein Mensch, der an diesem Syndrom leidet, erkennt tatsächlich nicht die eigene Hand als Teil seines Körpers wieder. Er wird diese Hand weder erwähnen, noch wird er sie waschen oder ihr einen Handschuh überstreifen. Zwar weiß er durchaus, was eine Hand ist, und möglicherweise flößt ihm seine eigene Hand Furcht ein, da er glaubt, sie gehöre einem anderen Menschen. Das gleiche Syndrom kann – je nachdem, welcher Abschnitt des oberen Parietallappens verletzt ist – auch andere Körperteile betreffen, z.B. das Gesicht.

Da wir völlig selbstverständlich unseren Körper tagein, tagaus als Ganzes wahrzunehmen, gehen wir nicht davon aus, daß diese Erfahrung von synthetischen nervösen Vorgängen abhängt. Nach dem gleichen Prinzip funktioniert auch das Bewußtsein des Menschen für optisch-räumliche Bezüge in seiner äußeren Umgebung. Neben jenen vergrößerten Assoziationsbereichen ist unser optischräumliche Vorstellungsvermögen besonders gut entwickelt. Seine Qualität kann geschlechtsspezifisch (in einigen Tests schneiden Männer besser als Frauen ab) und individuell schwanken. Einige dieser Fähigkeiten sind in der rechten Hemisphäre stärker entwickelt.

Im vorderen Teil des Temporallappens herrschen Geruchs-, Gehör- und Sehassoziationen vor. Sie werden von anderen Gehirnbereichen beeinflußt, u.a. vom Frontallappen, vom Hippokampus (einem angrenzenden Teil des limbischen Systems, der auf der Unterseite des Temporallappens liegt und für das Gedächtnis von Bedeutung ist) sowie von weiteren Bestandteilen des limbischen Systems, die mit Emotionen in Zusammenhang stehen. Folglich unterliegen die hier befindlichen Assoziationsbereiche bei Verletzung einem ganz speziellen Syndrom: Als Symptome treten lebhafte auditive, optische oder olfaktorische Halluzinationen auf. Ein Patient mit einer Verletzung des Temporallappens kann beispielsweise sehr ausgeprägte sichtbare Erinnerungen («déjà vu Bilder») durchleben, unmelodische Musik hören, die gar nicht gespielt wird, oder Halluzinationen von merkwürdig verzerrten, zu groß (oder zu klein) proportionierten Menschen haben. Je nach Ort der Hirnverletzung nimmt er auch irgendwelche nicht vorhandene, unangenehme Gerüche wahr oder leidet an ausgeprägten, völlig unbegründeten Angstzuständen. Die Wahnvorstellungen werden oft von dem Gefühl begleitet, einen irrealen Traum zu erleben. Häufig wird dem Patienten auch bewußt, daß diese Emotionen nicht der Wirklichkeit entsprechen.

Eine Entfernung der Temporallappen führt beim Menschen und anderen Primaten zum sogenannten Klüver-Bucy-Syndrom, das sich u.a. an folgenden Symptomen äußert: Psychische Blindheit, das vermehrte Bedürfnis, alles mit dem Mund untersuchen zu wollen, zügelloser Heißhunger, ein gesteigerter Sexualtrieb, eine auffällige Emotionslosigkeit und eine allgemeine Fügsamkeit. Obgleich ein Affe mit Verletzungen des Temporallappens sicherlich keine Musikhalluzinationen erleben wird, ist das Klüver-Bucy-Syndrom ein Anhaltspunkt, daß diese Assoziationsbereiche beim Menschen eine Weiterentwicklung des ursprünglichen Primatengehirns darstellen.

Sprachzentren – Ausdruck eines lateralisierten Gehirns

Vor etwa hundert Jahren entdeckte der französische Anatom Paul Broca bei der Autopsie von Menschen mit Sprachstörungen, daß das Gehirn aller Verstorbenen an einer bestimmten Stelle der linken Hemisphäre geschädigt war. Heute weiß man, daß die Sprache sowohl sensorische wie motorische Komponenten besitzt und dementsprechend in zwei verschiedenen Hirnregionen «sitzt», einem vorderen und einem hinteren gelegenen Bereich. Die sensorische Zone (das sogenannte Wernecke-Zentrum), mit der gesprochene Wörter verstanden werden, befindet sich neben dem primären Gehörbereich im Temporallappen. Hingegen sendet der motorische Sprachbereich (das sogenannte Broca-Zentrum), der im Stirnlappen in der Nähe der primären motorischen Abschnitte liegt, die Reize für den Sprechapparat (z.B. Kehlkopf, Zunge, Mund) aus. Beide Sprachzentren sitzen in derselben Gehirnhälfte, nämlich der linken. Dennoch können Verletzungen in diesen Hirnabschnitten zu grundverschiedenen Formen der Aphasie (Sprachunvermögen) führen.

Patienten, die an der Broca-Aphasie leiden, können zwar nach wie vor Wörter verstehen, haben jedoch enorme Schwierigkeiten, ein gewünschtes Wort zu sprechen oder zu schreiben. Ihre Sprache ist äußerst schleppend, und die gebildeten Wörter sind schließlich sehr schlecht artikuliert. Obgleich sie einzelne bedeutsame Wörter bilden können, lassen die Patienten meist kleine Wortteile oder Endungen aus. Folglich sind die hervorgebrachten Sätze grammatikalisch falsch. Eine Schädigung der linken Hemisphäre kann sich auch auf die primäre motorische Hirnrinde erstrecken, so daß Patienten mit Broca-Aphasie oft auch rechtsseitig gelähmt sind.

Ganz anders sieht es bei der Wernicke-Aphasie aus: Bei einer Schädigung des Wernicke-Zentrums mag das eigentliche Hörvermögen unbeeinträchtigt sein, jedoch ist das Sprachverständnis stark in Mitleidenschaft gezogen. (Sollte sich die Schädigung weiter nach hinten erstrecken, dann kann auch die Lesefähigkeit verloren gehen.) Da das Broca-Zentrum keinen Schaden erlitten hat, erscheinen Rhythmus und Struktur der Sprache normal; die Patienten haben offenbar keine Mühe, sich verbal zu äußern, dennoch strotzt ihre Sprache inhaltlich von kleinen Fehlern – wie etwa zusätzlichen Wörtchen oder umständlichen Redeweisen. Statt sinnvoller Sätze wird der Wernicke-Aphasiker lediglich einen sogenannten «Wortsalat» hervorbringen.

Die hier geschilderten Beschreibungen der Broca- bzw. Wernicke-Aphasie sind selbstverständlich nur grobe Vereinfachungen. Unter der Oberfläche der Gehirnrinde sind beide Zentren nicht nur miteinander, sondern auch mit weiteren Gehirnabschnitten verbunden. Daher können auch verschiedene andere Krankheitsbilder (mit jeweils völlig unterschiedlichen, doch charakteristischen Symptomen) auftreten. Wesentlich wichtiger erscheint mir, daß die linksseitigen Hirnbereiche, die zum Verständnis und zur Bildung von Sprache dienen, weit über die klassisch definierten Zentren hinausgehen. In gewissem Sinne sollten sowohl das Broca- wie auch das Wernicke-Zentrum größer als in dieser Abbildung sein. So sollte sich das Wernicke-Zentrum (was Wernicke selbst allerdings nicht wissen konnte) nach hinten und um das Ende des Sulcus lateralis (Sylvische Furche) herum ausdehnen, da an dieser Stelle das Lesen sowie das volle Verständnis der Sprachsymbolismen erleichtert werden [9]. Auch das Broca-Zentrum sollte eigentlich mehr nach vorne ziehen, um einen Teil der direkt vor ihm liegende Area aufzunehmen [10].

Da Sprache ein so deutliches Unterscheidungskriterium zwischen Menschen und übrigen Primaten bildet, wurde die evolutionäre Bedeutung dieser beiden Zentren immer wieder sehr betont. Doch kommen sie auch bei den übrigen Primaten vor? Die Antwort lautet ja und nein: In den Gehirnen von Affen und Menschenaffen gibt es tatsächlich im Bereich der Frontallappen und Temporal- bzw. Parietallappen Regionen, die in etwa die gleiche Lage und ähnliche Zellansammlungen besitzen wie die menschlichen Broca- und Wernicke-Zentren. Auch kann die linke Hemisphäre bei einigen höheren Primaten Laute, die zur Verständigung innerhalb einer Gruppe dienen, unterschiedlich verarbeiten. Dies scheint wiederum die These zu bestätigen, die menschlichen Sprachzentren seien aus einer Weiterent-

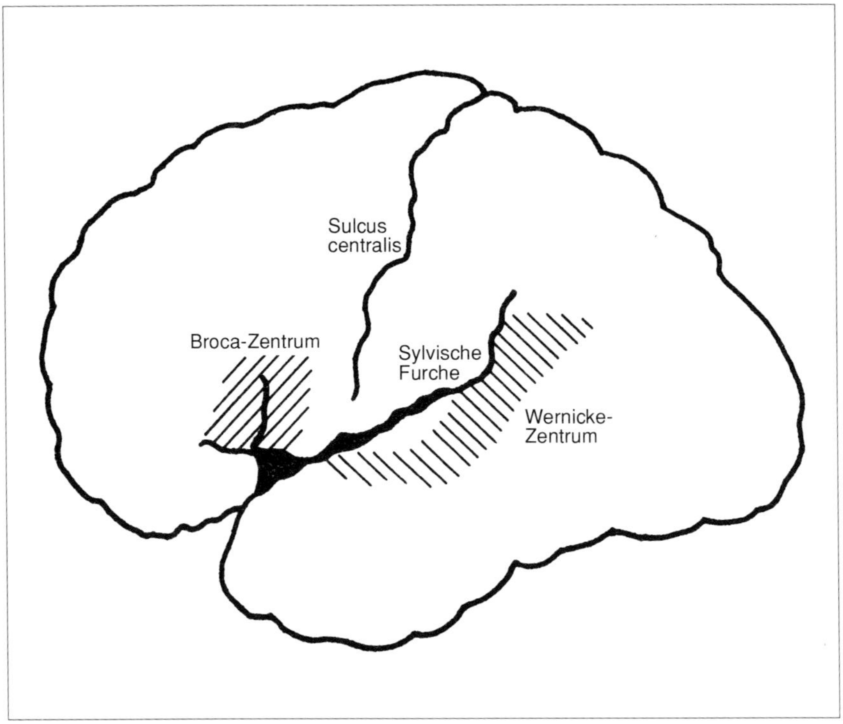

Abb. 3.5
Die linke Hemisphäre eines menschlichen Gehirns mit dem Broca-Zentrum (vorne) und dem Wernicke-Zentrum (hinten).

wicklung des Primatenhirns entstanden. Allerdings findet man das für ein Broca-Zentrum typische Windungsmuster erst bei Fossilien solcher Hominiden, die vor zwei Millionen Jahren aufkamen. Außerdem beantwortet die Tatsache, daß Affen und Menschenaffen weder reden noch Bücher lesen können, sicherlich einen Teil der oben gestellten Frage.

Körpersprache

Da in der linken Hemisphäre alle Fähigkeiten, die mit Sprache zu tun haben, quasi gebündelt vorkommen, gilt sie als die bedeutendere Gehirnhälfte. Während der Entwicklung wächst sie allerdings langsamer als die rechte Hemisphäre. Einige Forscher glauben, daß die linke Hälfte im Verlauf der Primatenevolution generell in der Entwicklung der Hominiden hinterherhinkte (und sich deshalb auch stärker veränderte als die rechte).

Nach meiner Ansicht ist die obige Interpretation zu eng gefaßt. Bei unserer Inspektion der einzelnen Gehirnlappen sind wir auf zahlreiche deutliche Unterschiede gestoßen, die den Menschen von Schimpansen und anderen Primaten trennen. Selbstverständlich eignet sich die linke Hemisphäre hervorragend, um analytische, zeitlich aufeinander abgestimmte Vorgänge zu verarbeiten, die eine wesentliche Grundlage der Sprache bilden. Außerdem vermag sie geordnete motorische Bewegungsabläufe reibungslos und im richtigen Takt auszuführen. Weiterhin kann sie Erinnerungen permanent in einem «Arbeitsspeicher» bereitstellen und diese Informationen nicht nur zur Sprachbildung benutzen, sondern auch bei motorischen Bewegungen verwenden. Im Gegensatz zu weit verbreiteten Vorstellungen setzt ein Mensch bei der Kommunikation alle Fähigkeiten seiner linken Hemisphäre ein, wobei er nicht nur seinen Sprechapparat, sondern den ganzen Körper einsetzt. Demnach ist gesprochene Sprache wichtiger, jedoch nicht allein ausschlaggebend.

In diesem Zusammenhang wollen wir einmal die Gesten beobachten, die jede Form der menschlichen Sprache begleitet: Ein Mensch nickt mit dem Kopf, rudert mit den Armen, hebt und senkt die Brauen, und verdreht die Hände in alle möglichen Richtungen. Gleichzeitig werden diese Körperbewegungen rhythmisch mit der Sprache koordiniert. Adam Kendon, ein führender Experte auf dem Gebiet der Gestik, sieht das so: «Sprache und Gestik treten gemeinsam als Äußerungen des gleichen Artikulationsprozesses auf – mit anderen Worten, ‹Ideen› werden in für den Kommunikationspartner sichtbare Verhaltensweisen übersetzt … das Resultat schlägt sich sowohl in der Sprache wie auch in den begleitenden Bewegungen nieder [11].» Kendon stellt fest, daß der Ausgangspunkt, ab dem die Erzeugung einer reich facettierten Lautäußerung beginnt, der semantischer Struktur dieser Vokalisation entspricht. Hier liegt also der eigentliche Motor der Kommunikation.

Während sie sprechen, sind sich die meisten Menschen überhaupt nicht ihrer Gestik bewußt. Um so überraschender ist daher die Erkennntnis, daß die sprachbegleitenden Gebärden nicht nur geplant, sondern bereits vor dem jeweiligen Gesprochenen festgelegt waren. Die «Sequenziermaschine» im analytischen Vorderlappen läuft demnach so ab, daß sie alle möglichen motorischen Bewegungen im voraus plant, koordiniert und ausführt, um dem jeweiligen Sinn Ausdruck zu verleihen. Am Beispiel einer Videoaufnahme, in dem eine Frau ein Märchen erzählt, erläutert Kendon sehr anschaulich, was er meint:

> Die Erzählerin schildert, wie der Jäger Rotkäppchens Großmutter aus dem Bauch des Wolfes, der diese gerade verschlungen hatte, befreit. Sie erzählt: «Und er holte mit seinem Jagdmesser weit aus, um dem Wolf mit einem kräftigen Schnitt den Bauch von oben bis unten aufzuschlitzen.» ... Bei dem Wort «Schnitt» fährt die Erzählerin mit der erhobenen rechten Faust in einer raschen Bewegung nach unten, so als ob sie dem Wolf wirklich den Bauch aufschlitzte. Hierzu mußte die Erzählerin, bevor sie «Schnitt» sagte, ihre Hand tatsächlich anheben [und zur Faust ballen]. Diese Bewegungen führt sie durch, während sie «Und er holte mit seinem Jagdmesser» sagt, d.h. sie bewegt die Hand schon, bevor sie über die eigentliche Schneidebewegung spricht; und sie hält während der gesprochenen Passage «um dem Wolf mit einem kräftigen» die Hand weiterhin erhoben.
>
> ... Im obigen Fall wird exemplarisch deutlich, daß die Darstellung der Bewegungen des Jägers und die Schilderung dieser Handlung gleichzeitig organisiert werden mußten. Die Erzählerin mußte demnach bereits ein Bild von der Handlungsweise des Jägers vor Augen gehabt haben, bevor sie mit der Geschichte begann. Weiterhin fällt auf, daß die Erzählerin zwar die Hand schon erhoben hat, um dem Wolf den Bauch aufzuschlitzen, diese Bewegung jedoch nicht sofort ausführt, sondern erst bei «Schnitt». Demnach wird die Betonung in der Gestensequenz (engl. *gesture phrase*) – in diesem Fall, die Darstellung des Wortes »Schnitt« – in Bezug auf die verbale Darstellung der beschriebenen Bewegung gesetzt. Der gemeinsame Einsatz der beiden hier beobachteten Darstellungsweisen, wobei die Betonung der Gestensequenz zeitlich mit dem Aufbau des gesprochenen Satzes korreliert, muß deshalb ein Bestandteil des Lautäußerungsschemas sein.
>
> In diesem Beispiel paßt die Erzählerin die Darstellung ihrer Gesten der Struktur der aktuellen Sprachsequenz (engl.

> *speech phrase*) an. In anderen Situationen kann man auch den umgekehrten Fall beobachten: der Sprecher paßt die Formulierung seiner Sprache der vorgeführten Gestik an. Dies unterstreicht zusätzlich den Standpunkt, daß Gestik und Sprache parallel, also als integrierte Bestandteile eines einzigen Lautäußerungsschemas, gebildet werden [12].

Das obige Beispiel zeigt, daß Sprache und Gestik zusammenarbeiten, um den Sinn der Aussage auf subtile, aber dennoch komplexe Weise zu übermitteln. Allerdings kann die Kodierung des Inhalts, wie Hendon gezeigt hat, über zwei verschiedene Ausdrucksweisen erfolgen. In der Sprache werden stark konventionell geprägte Formen, die aus einem allgemein gültigen Vokabular stammen, in Einklang mit Grammatikregeln strukturiert zu Sequenzen verbunden. Obwohl sich die lautäußernde Person evtl. auch bei ihrer Gestik an konventionelle Formen hält, besitzt sie einen wesentlich größeren Spielraum, um neue Gesten zu formen oder Konstrukte zu bilden, die grammatikalisch gesehen so gut wie keine Einschränkungen aufweisen. Susan Goldin-Meadow von der University of Chicago wies auf die interessante Tatsache hin, daß taub geborene Kinder ihre Gesten zu einem vollständigen linguistischen System ausbauen [13]. Demgemäß kann sich die Gestik nur dann voll entfalten, wenn die lautäußernde Person sowohl auf verbal wie gestenhaft geäußerte Ausdrucksweisen zurückgreift.

Welche Gehirnabschnitte erleichtern nun die Gestik? Bekanntlich gestikulieren Rechtshänder (deren linke Hemisphäre auch für Sprache dominant ist) mehr mit dieser Hand als mit ihrer Linken. Ferner weiß man, daß durch Stimulierung des primären (d.h. motorischen) Cortexbereiches, der für manuelle Gestik zuständig ist, die Hand der gegenüberliegenden Körperseite auf ähnliche Weise bewegt wird. (Auf ähnliche Weise bewirkt eine Stimulation der primären Gesichts- und Sprachzentren, daß Gesichtszüge verändert oder gesprochene Sätze erzeugt werden.) Während des Sprechens unterstützt das Broca-Zentrum auf irgendeine Weise den glatten Ablauf in der primären motorischen Gehirnrinde, die den Sprechapparat steuert. Doch welche Cortexabschnitte sind primär für die Handgestikulationen zuständig? Möglicherweise fungiert das Assoziationsfeld, das im Frontallappen unmittelbar neben der primären Handregion (und oberhalb des eigentlichen Broca-Zentrums) liegt, als ein motorisches Sprachzentrum, und zwar ausschließlich für die Hand.

Auch wenn man die neurologische Brücke zwischen Sprache und Gestik nicht kennt, fügen sich beide mühelos zusammen, um als gemeinsames Ziel jene Gedanken und Ideen effektiv auszudrücken, die bildlich dargestellt (quasi «im Direktzugriff») in die Frontallappen transportiert wurden. Daß die beiden Verständigungsmodi tatsächlich sehr schwer zu trennen sind, belegt das Problem der Simultanübersetzung. Ganz offensichtlich ist dieser Vorgang äußerst ermüdend. Man sagt, daß Dolmetscher dabei häufig ihre Hände mechanisch bewegen (z.B. mit den Fingern spielen). Sehr wahrscheinlich dämmt dies die Erregung ein, die sich automatisch ergäbe, wenn man bei einer Konfrontation mit zwei Sprachen, deren Rhythmus geringfügig verschoben ist, gleichzeitig zu gestikulieren versuchte!

Schimpansen können nicht steppen

Nach meinen persönlichen Erfahrungen (ich habe fünf Jahre lang Step-Unterricht genommen) greifen die Cortexabschnitte für Fußbewegungen ebenfalls auf eine Art «Broca-Zentrum» (d.h. ein Art motorisches Sprachzentrum) zurück. Während meines Tanzunterrichts stellte ich nicht nur fest, daß diese Tätigkeit stark linguistische Charakterzüge besaß, sondern gelangte auch zu dem Schluß, daß ein Schimpanse niemals korrekt steppen wird. Beim Step-Tanzen müssen ähnlich wie bei der Sprachbildung minutiös aufeinander abgestimmte motorische Sequenzen gebildet werden, die auf einem allgemein gültigen «Wortschatz» aus kleineren Untereinheiten beruhen. Der Tanz unterliegt einer hierarchischen Struktur und entsteht im Einklang mit gewissen Grammatikregeln. Auch hier dominiert die linke Hemisphäre, da die meisten Step-Tänzer rechts besser tanzen können. Kleinkinder lernen – ähnlich wie bei einer Fremdsprache – relativ leicht steppen, während Erwachsene damit oft ihre Probleme haben.

Meine Tanzklasse wurde von der Profi-Tänzerin Cynthea Riffle unterrichtet, die mehrere Jahre im puertoricanischen San Juan Ballet, Step-Tanz und Jazztanz lehrte. Sie hatte bereits im Alter von sieben Jahren Step-Unterricht gehabt und nahm als Zehnjährige zusätzlich noch Unterricht in Ballet, Jazz, Gesang und Klavier. Fünf Jahre lang brachte Cynthea sechs Erwachsenen mittleren Alters, die sich einmal wöchentlich in ihrem Tanzstudio trafen, Steptanzen bei. (Ein Mitglied unserer Gruppe kommentierte dies einmal: «Man muß ja irgendwas unternehmen, um mit seiner Kultur in Verbindung zu bleiben.») Zu unserm Glück konnte unsere Lehrerin fließend steppen, und so kam es uns vor, als ob wir Tanzstunden bei Ginger Rogers genommen hätten [14].

Cyntheas Step-Tanz ist in erster Linie eine Tätigkeit, die von ihrer linken Hemisphäre ausgeht, und man könnte ihn auch als eine getanzte (mit den Füßen ausgeführte) Sprache bezeichnen. Selbstverständlich spielt auch ihre rechte Gehirnhälfte hierbei eine Rolle, da sie die linke Körperseite kontrolliert. Doch überwacht vornehmlich die linke Hemisphäre den zeitlichen Ablauf (sprich die Organisation der gesamten Choreographie), indem sie Anweisungen an Cyntheas rechte Hemisphäre übermittelt. Die zeitlich präzis abgestimmten Befehle werden von Nervenfasern übertragen, die über den sogenannten Balken (Corpus callosum) in die rechte Hirnhälfte ziehen. Der Balken ist letztlich nur ein großes Bündel aus Nervensträngen, das eine C-förmige Verbindung (Kommissur) zwischen beiden Hemisphären herstellt.

Trotz der eben gefallenen Bemerkung über den Step-Tanz verläuft der Informationsfluß im Balken nicht nur in eine Richtung. Auch die rechte Hemisphäre muß häufiger den aktiven Part übernehmen – was sehr wahrscheinlich schon bei den ersten Primaten der Fall war. Im Gegensatz zur Lehrmeinung vertrete ich die Auffassung, daß nicht die linke, sondern die rechte Hemisphäre in erster Linie die Evolution der Gehirnlateralität vorangetrieben hat. (Doch hierüber mehr zu einem späteren Zeitpunkt.)

Obwohl Schimpansen insgesamt sehr intelligent sind, können selbst Tiere mit besonders intensiver Erziehung keinen Step-Tanz zuwege bringen. Statt dessen wird ein Schimpanse, der eine Symbolsprache beherrscht, seine mühsam erworbenen Sprachfähigkeiten vor allem dazu verwenden, eine Banane oder irgendeine andere sofortige Belohnung zu ergattern. Wir Menschen sind so stolz auf unsere vergleichsweise hohen intellektuellen und künstlerischen Errungenschaften, daß wir annehmen, sie seien zwangsläufig das Ergebnis einer qualitativen Verbesserung des menschlichen Nervensystems. Wenn man strikt diesem Gedanken folgt, dann besäße ein Mensch nicht nur ein größeres, sondern auch ein [insgesamt] besseres Gehirn als ein Schimpanse. Trotz des unterschiedlichen Bewußtseins bei beiden Arten gibt es morphologisch im Gehirn nur drei wesentliche Unterschiede: Diese finden sich in den Frontal- oder Stirnlappen, den Assoziationsbereichen der Hirnrinde sowie im asymmetrisch gebauten Gehirn wieder. Offen bleibt nur die Frage, zu welchem Zeitpunkt der Hominidenentwicklung diese Veränderungen auftraten.

Bekanntlich sind die Endokranialausgüsse von Australopithecinen in etwa so groß wie der Abdruck eines Schimpansengehirns, und auch das Windungsmuster des Australopithecus-Gehirns ähnelt stark der Menschenaffen. Berücksichtigt man nun das allometrische Wachstum, so entspräche der zweite Punkt den Erwartungen, die sich aus dem ersten ergeben. Allerdings sind Australopithecinen keine Menschenaffen; vielmehr kann man sie als menschenaffenähnliche Menschen verstehen, die eine besondere ökologische Nische besetzt hielten. Wie man aus Fossilien und morphologischen Vergleichsstudien ersehen kann, besaßen die Australopithecinen mindestens die gleichen (vielleicht sogar höhere) kognitiven Fähigkeiten wie Schimpansen.

Selbstverständlich gehört der aufrechte Gang zu den auffälligsten Merkmalen der Australopithecinen. Meiner Ansicht nach löste der Selektionsdruck in Richtung Bipedie bei den frühen grazilen Australopithecinen abrupt jenen Evolutionsprozeß aus, der schließlich zu einem noch fortschrittlicheren Gehirn führte. Die Bipedie ist demnach der Schlüssel, um die Evolution des menschlichen Gehirns verstehen zu können.

Kapitel 4

Von Stammbäumen, Darwins Theorie und den Ursprüngen der Bipedie

Um die Umrisse und Dimensionen von Stammbäumen zu skizzieren, die im Laufe der Zeit entstanden sind, wurden im allgemeinen Fossilien verwendet. Hierzu zeichnet man einige exakt datierte Exemplare in eine Zeittafel ein und verbindet sie mit potentiellen Nachfahren, zu denen lebende Arten, aber auch andere Fossilien zählen können. Der daraus resultierende Stammbaum kann schmal, aber auch weit verzweigt sein, und im Falle der Primaten sieht er, entsprechend ihrer recht langen Entwicklungsgeschichte von gut 65 Millionen Jahren, recht buschig ist. Leider ergeben sich aufgrund der gefundenen Fossilien einige Lücken im Geäst (anders ausgedrückt, sind die Nachfahren einiger fossilen Arten unbekannt), und deshalb läßt sich die gesamte Primatenevolution exakt nur sehr schwer bestimmen. Glücklicherweise kann man für einige Gruppen (z.B. Menschen und Menschenaffen), die erst vor relativ kurzer Zeit aufgekommen sind, recht akzeptable Modelle entwerfen.

Einer neuen Generation von Anthropologen ist es zu verdanken, daß diese Stammbäume in der Paläontologie seit kurzem auf recht moderne Weise konstruiert werden. Wie man schon aus der Bezeichnung Molekularanthropologen schließen kann, untersuchen diese Wissenschaftler unterschiedliche molekulare Prozesse und mikroskopisch kleine Strukturen – u.a. spezifische DNS-Sequenzen, bestimmte Blut- oder Serumproteine, immunologische Reaktionen oder die Ergebnisse von DNS-Hybridisierungsversuchen. Jeder Unterschied zwischen Molekülen ist die Folge einer Mutation. Geht man davon aus, daß diese Mutationen spontan und in einer zeitlich konstanten Rate auftreten, dann kann ein Forscher die Mutationsrate für bestimmte Moleküle zweier Arten bestimmen, von denen man aufgrund ihrer Fossilien genau weiß, wann sie auseinandergegangen sind. Später dann wird die Mutationsrate aufgrund der molekularen Unterschiede zu einer anderen Spezies dazu verwendet, jenen Zeitpunkt zu bestimmen, wann sich diese Arten von einer gemeinsamen Linie getrennt haben.

Häufig stimmen Stammbäume, die auf molekularer Basis erstellt wurden, nicht mit solchen Modellen überein, die sich ausschließlich auf den Vergleich von Fossilien begründen; ein Faktum, das besonders gerne von den Anhängern der Schöpfungsgeschichte benutzt wird, um die gesamte Evolutionstheorie in Mißkredit zu bringen. Mittlerweile fand man jedoch heraus, daß frühere Diskrepanzen zwischen molekularem und fossilem Ansatz auf rein theoretischen Fehlern beruhen, wie beispielsweise einer falsch berechneten Mutationsrate oder einem fehlinterpretierten Fossil. Deshalb blicken beide Schulen mit Zuversicht auf zukünftige Thesen und Arbeiten, um den Zeitpunkt, an dem sich einigen Primatengruppen voneinander getrennt haben, konkreter formulieren können. Insgesamt ist jedoch entscheidend, daß zwar die Ansichten über bestimmte Methoden im Detail auseinandergehen, nicht jedoch die Gültigkeit der Evolutionstheorie in Frage gestellt wird.

Im Gegensatz zum Wunschdenken der Kreationisten (den Vertretern der Schöpfungsgeschichte) arbeiten alle Anthropologen mit wissenschaftlichen Methoden, die auf der Darwinschen Theorie basieren. Sämtliche Evolutionsbiologen zeichnen ihre, zum Teil sehr unterschiedlich ausfallenden, Stammbäume unter der Prämisse, daß sich bei Umweltveränderungen eine Population von Lebewesen im Laufe der Zeit generell verändert und an die neue Situation anpaßt [1]. Somit ist der Fortbestand des Lebens gesichert. Die Theorie von der natürlichen Selektion, die Charles Darwin und Alfred Russel Wallace [unabhängig voneinander] formulierten, erklärt dieses bedeutende Phänomen. Beim Formulieren dieser These wurden sowohl Darwin als auch Wallace sehr stark durch den Artikel «*An Essay on the Principle of Population*» («Über die Grundlagen der Bevölkerung») beeinflußt, den der englische Geistliche und Nationalökonom Thomas Robert Malthus 1798 veröffentlicht hatte [2].

In seinem Essay betonte Malthus, daß sich die menschliche Bevölkerung alle 25 Jahre verdoppeln werde, falls sie nicht infolge von Naturkatastrophen vorher dezimiert würde. Ferner behauptete er, die Produktion an Nahrungsmitteln nähme linear zu und könne daher nicht mit der exponentiell ansteigenden Wachstumskurve der Bevölkerung Schritt halten. Malthus schloß nun daraus, daß Tierpopulationen durch den normalen Existenzkampf begrenzt würden, daß man bei menschlichen Populationen jedoch künstliche restriktive Maßnahmen ergreifen müsse. In diesem Zusammenhang fanden Darwin und Wallace den Gedanken einer natürlichen Selbstregulation der Populationsdichte besonders interessant.

Nachdem Darwin und Wallace den Aufsatz von Malthus gelesen hatten, erlebten sie unabhängig voneinander das gleiche «Aha-Erlebnis». Sie erkannten, daß sich einzelne Lebewesen mit typischen Merkmalen, welche die Überlebenschancen ihres Trägers verbessern (d.h. Individuen, die optimal angepaßt sind), gegenüber anderen Individuen im Verlauf des Kampfes ums Dasein behaupten können. Darwin arbeitete seine Evolutionstheorie weiter aus und veröffentlichte sie 1859 in dem Buch «*On the Origin of Species by Means of Natural Selection, or the Preservation of Favoured Races in the Struggle for Life*» (deutsch: «Entstehung der Arten durch natürliche Zuchtwahl»).

Man kann Darwins Theorie in mehreren aufeinanderfolgenden, logischen Schritten wiedergeben: Zunächst geht er – unter dem Einfluß Malthus – davon aus, daß alle Arten mehr Nachkommen produzieren, als sie ernähren können; deshalb können nur wenige Individuen einer Art überleben. Zweitens sollten die Überlebenden optimal an ihre Umwelt adaptiert sein – beispielsweise besonders stark sein oder schnell laufen können. Als dritter wichtiger Punkt sollten die günstigen Eigenschaften der Überlebenden an die nächste Generation vererbt werden. (Obwohl Darwin noch nichts von Gregor Mendel und dessen genetischen Beobachtungen wußte, war er sich sicher, in diesem Punkt recht zu haben.) Als Fazit machte er diese Prozesse für die Entstehung völlig neuer Arten – im Verlauf langer geologischer Zeiträume – verantwortlich. Heute mögen sich traditionell und molekularbiologisch geprägte Evolutionsforscher zwar über Geschwindigkeit, Mutationsraten oder Methodik in die Haare geraten, doch die Darwinsche Lehre bleibt hierbei unangetastet.

Das Erbe der Baumbewohner

Einer interessanten neueren These zufolge weisen die modernen molekularen Ergebnisse hauptsächlich darauf hin, daß Menschen und Schimpansen einen gemeinsamen Vorfahren besitzen (GV oder engl. *common ancestor*), der entwicklungsgeschichtlich wesentlich jünger ist als irgendein anderer gemeinsamer Vorfahre, den sich der Mensch mit anderen Primaten, einschließlich der Gorillas, teilt. (Tatsächlich ist die genetische Ähnlichkeit zwischen Mensch und Schimpanse so groß, daß eine Kreuzung zwischen beiden, laut einigen Forschern, zumindest theoretisch möglich sei!) Darüber hinaus haben molekularbiologisch arbeitende Anthropologen bestimmt, daß dieser gemeinsame Vorfahre vor etwa fünf Millionen Jahren gelebt hat, und mit dieser Näherung können sich auch die traditionellen Anthropologen anfreunden [3].

Obgleich alle fossil bekannten Hominiden biped waren, hatten sie zwangsläufig irgendwann einen Vorfahren, der wie die Schimpansen (den nächsten Verwandten des Menschen) auf Bäumen lebte. Demnach vererbte dieser GV bestimmte allgemeine Merkmale, die für baumbewohnende Primaten typisch sind, sowohl an die ersten Schimpansen wie auch die Hominidenvorfahren des Menschen. Obwohl die Hominiden (und später auch die Menschen) auf zwei Beinen liefen und auf dem Boden lebten, stammt ein Großteil ihres Erbguts aus den frühen Phasen der Primatenevolution, die sich fünf Millionen Jahre lang in den Baumwipfeln abgespielt hat. Dieses Konzept wird als «Baumbewohner-Theorie» (engl. *arboreal theory*) bezeichnet [4].

Einige dieser frühen Primatenmerkmale fallen auf, wenn man in den Spiegel sieht: Bei uns sitzen beispielsweise die Augen auf der Vorderseite des Gesichts, und nicht etwa seitlich wie beim Hund; hierdurch wird das dreidimensionale Sehen erleichtert (das infolge der Überlagerung der Sichtfelder beider Augen entsteht). Dies wiederum ist eine optimale Voraussetzung, um sich in einem hochgelegenen, unübersichtlichen Lebensraum springend fortzubewegen [und gleichzeitig dabei zu orientieren]. Auch der sehr kräftige Schultergürtel, der eine hohe Mobilität der Oberarme gewährleistet, ergab sich aus der Notwendigkeit, die ganze Last des Körpers mit den Armen tragen oder sich von Ast zu Ast hangeln zu müssen.

Ein Blick auf die menschliche Hand verrät, daß man mit ihr hervorragend greifen kann; außerdem besitzt sie Fingernägel anstelle von Krallen. Mit diesen Händen kann man sich optimal an einem Ast festhalten, ohne sich mit den Krallen in die Handfläche zu schneiden. Auch die Hand-Augen-Koordination ist – allein schon aufgrund der Struktur dieser Organe – bei Primaten sehr gut entwickelt; schließlich wurde eine solche Fähigkeit zum Pflücken, Untersuchen und Verzehren von Früchten, aber auch zum Fangen von Insekten benötigt. Die Verkürzung der länglichen Schnauze (beim Menschen) kam vermutlich zustande, weil viele ihrer ursprünglichen Aufgaben (wie z.B. das Pflücken einer Frucht) während der arborealen Phase von den Händen übernommen wurden. Zudem war ein ausgeprägter Geruchssinn, wie er bei Tieren mit langer Schnauze oft vorkommt, gegenüber einem guten dreidimensionalem Sehvermögen von untergeordneter Bedeutung.

Neben körperlichen Merkmalen hat der Mensch auch einige Verhaltensweisen aus dieser Zeit beibehalten. So schlafen wir beispielsweise (meistens) in Betten, die ursprünglich auf Baumnester zurückgehen. Wenn manche Menschen in der Nacht aufwachen und abrupt hochfahren, könnten sie noch unter der Urangst leiden, aus dem Baumwipfel zu fallen. Die merkwürdige Furcht vieler Menschen vor Schlangen und Spinnen könnte ebenfalls auf das Erbe jener baumbewohnenden Vorfahren zurückgehen. Bei der Wahl ihrer Schlafbäume und der Lage ihrer Baumnester berücksichtigen Schimpansen auch heute noch solche «Gefahrenquellen».

Einige unserer Tätigkeiten während der hellen Tagesstunden gehen ebenfalls auf jenes «Baumzeitalter» zurück: Beispielsweise klettern spielende Kinder gerne auf Bäume, Spielgeräte oder Gerüste, und Erwachsene haben ebenfalls Spaß daran, sich wie Tarzan von Liane zu Liane zu schwingen. Wenn man sich allerdings nicht gerade als Kunstturner engagiert oder als Akrobat im Zirkus auftritt, bietet die heutige Zivilisation einem erwachsenen Menschen kaum noch die Gelegenheit, diese Neigung auszuleben. In einem Punkt spielt die Auge-Hand-Koordination weiterhin die gleiche wichtige Rolle wie damals: Bevor wir einen Bissen zum Mund führen, wird dieser kritisch beäugt. Falls er uns dubios erscheint, werden wir ihn gar nicht erst in den Mund nehmen – oder wenn doch, so wissen wir hinterher zumindest, warum wir uns den Magen verdorben haben. Sicherlich erginge es allen Primaten (wie auch uns selbst) schlecht, wenn sie ihre Nahrung mit verbundenen Augen verzehren müßten!

Zu diesem «Merkmalspaket», das Menschen und Schimpansen vor fünf Millionen Jahren von ihrem gemeinsamem Vorfahren mitgegeben wurde, gehören u.a. auch noch ein guter Mutterinstinkt, ein Hang zu kindlichem Spielen sowie eine ausgeprägte Neugierde. Parallel entstand im Zuge der Primatenevolution ein weiteres besonderes Merkmal – das ungewöhnlich große Gehirn des Menschen.

Die ersten Schritte auf dem Boden

Doch wie sehen die Unterschiede zwischen dem GV und den übrigen Primaten aus? Leider existieren aus jener Zeit keine fossilen

Hominiden, so daß man nur Spekulationen anstellen kann, die auf späteren Hominidenfossilien und rezenten (d.h. heute noch vorkommenden) Menschenaffen beruhen. Die Anthropologieprofessorin Adrienne Zihlman von der University of California in Santa Cruz führte mehrere Vergleichsstudien zur Anatomie von Menschenaffen und fossilen Hominidenknochen durch; auf diese Weise kam einer der besten Beiträge über die Herkunft des gemeinsamen Menschen-Schimpansen-Vorfahren zustanden. Wie zu erwarten war, erhielt sie hierfür leider nicht immer die ihr zustehende Anerkennung. Zihlman spricht recht unverblümt über die Frustration, die man in der paläontologischen Forschung erleben kann, und nennt dabei drei absehbare Phasen, die jede erfolgreiche neue Hypothese bis zur endgültigen Anerkennung durchlaufen muß:

> Zunächst bezeichnet man sie [die These] als unwahr.
> Wenn man ausreichend Beweise gesammelt hat, die sie bekräftigen, wird als zweites behauptet, sie könne evtl. wahr sein, sei jedoch insgesamt nicht von großer Bedeutung.
> Falls sich die These dann etabliert hat, gesteht man zwar ein, sie sei sowohl richtig wie auch relevant, jedoch behaupten dieselben Kritiker, sie sei insgesamt nicht originell [5].

Wie Zihlman im einzelnen berichtet, traf dieser Vorgang auch haargenau auf ihre Zwergschimpansen-Hypothese zu.

Dem Zihlman-Modell zufolge besitzt der Zwergschimpanse (auch Bonobo genannt) unter allen rezenten Primaten die größte Ähnlichkeit mit dem gemeinsamen Vorfahren. Zihlman weist daraufhin, daß Bonobos relativ klein sind, lange Arme und vor allem recht lange Beine besitzen. Was ihren Körperbau anbelangt, so haben sie unter allen Menschenaffen die größte Ähnlichkeit mit den frühen Hominiden (wie beispielsweise Lucy), und auch in ihrem Sozial- und Sexualverhalten scheinen Zwergschimpansen dem Menschen sehr nahezukommen.

Zwergschimpansen bewegen sich auf eine merkwürdige Weise am Boden fort, und zwar in einer Bewegungsart, die sie mit den anderen Schimpansen und Gorillas gemein haben. Die Tiere laufen häufig auf allen Vieren, doch krümmen sie dabei ihre Finger derart, daß ihr gesamtes Vordergewicht nicht etwa auf dem Handteller, sondern auf den (von der Fingerspitze aus gezählt) dritten Fingerknochen ruht. Diese als Knöchelgang (engl. *knuckle walking*) bezeichnete

Abb. 4.1
Adrienne Zihlman. Ihre Vergleichsstudien der Anatomie von Menschenaffen und fossilen Hominidenknochen stellen bedeutende Beiträge dar, um bestimmte Aspekte über die ersten Hominiden verstehen zu können (Foto: University of California in Santa Cruz).

Fortbewegungsweise ist selbst unter den Primaten außergewöhnlich. Vermutlich hat sie sich entwickelt, als die Vorfahren der Schimpansen und Gorillas (die lange Hände besaßen, um besser durch das Gezweig hangeln zu können) von den Bäumen auf den Waldboden herabstiegen. Demnach übernahm die ursprüngliche Greifhand nun auch eine tragende Funktion; bei dieser Umbildung wurden die obersten Fingerglieder nach hinten weggeknickt, so daß sie nicht mehr hinderlich waren. Zwergschimpansen gehen jedoch nicht ausschließlich auf ihren Knöcheln, sondern können gelegentlich auch biped (d.h. aufrecht auf zwei Beinen) schreiten. Dabei sind ihre Hüfte und Knie stärker gekrümmt als bei einem gehenden Menschen. Hin und wieder hat man auch Bonobos beobachtet, die biped einen Ast entlang liefen, vor allem dann, wenn sie Früchte trugen.

Da der Knöchelgang bei beiden Schimpansenarten sowie den Gorillas vorkommt, gehen einige Paläoanthropologen davon aus, daß sich auch der gemeinsame Vorfahr so bewegte. Andere Forscher lehnen diese Theorie ab, da die Handknochen fossiler wie rezenter Menschen keinerlei Rudimente aufweisen, die auf einen Bewegungsweise im Knöchelgang schließen lassen. Möglicherweise bewegten sich die Baumbewohner, aus denen dieser gemeinsame Vorfahr hervorging, ähnlich wie Zwergschimpansen sowohl in den Bäumen als auch am Boden biped fort. Als der Menschen-Schimpansen-Vorfahr dann dazu überging, sich hauptsächlich auf dem Boden aufzuhalten, konnte der Knöchelgang vermutlich nur bei den (aus ihm hervorgegangen), nun quadruped schreitenden Vorfahren der Menschenaffen entstehen. Bei seinen anderen Nachkommen setzte sich, im Gegensatz zu den Schimpansen, schließlich die bipede Gangart durch. Somit wäre der richtige Knöchelgang nicht beim GV aufgetreten, sondern nur bei einigen seiner Nachkommen. Und dies könnte eine Erklärung sein, warum die Handanatomie der frühen Hominiden und auch der heutigen Menschen keine Anzeichen für Knöchelgang aufweist.

Gegen diese Argumentation bestehen allerdings folgende Einwände: Falls die gemeinsamen Vorfahren keine Knöchelgänger waren, dann müssen die Schimpansen diese Fortbewegungsweise entwickelt haben, nachdem sie sich von der Menschenlinie getrennt hatten. Da die Gorillas bereits einige Millionen Jahre zuvor eine eigene Evolutionsrichtung eingeschlagen hatten, müssen sie diese ungewöhnliche Gangart unabhängig erworben haben. Einige Paläoanthropologen halten diesen doppelten Zufall für allzu unwahrscheinlich. So bleibt also die Beantwortung der Frage, ob die gemeinsamen Vorfahren von Menschen und Schimpansen Knöchelgänger waren, weiterhin dem Gutdünken des Einzelnen überlassen; falls sie es aber nicht waren (und ich bin mir in diesem Punkt nicht sicher), so hätten die Hominidenvorfahren allerdings niemals den Knöchelgang erworben, da sie sich buchstäblich von dieser Gangart entfernt hätten [6]!

Unabhängig davon, welche Bewegungsart für den gemeinsamen Vorfahren typisch war, trifft ein Aspekt sicherlich zu: Da alle fossil bekannten Hominiden biped gelaufen sind, spielte der aufrechte Gang eine bedeutende Rolle für den Ursprung dieser Familie. Ansonsten bleibt die Frage, warum sich die Bipedie als bevorzugte Gangart der Hominiden etablieren konnte, weiterhin eines der größten Geheimnisse der Paläontologie.

Fossile Fußspuren

Hominidenfossilien sind äußerst kostbar, da sie nur unter besonders günstigen Bedingungen entstehen konnten – wenn beispielsweise Mineralverbindungen wie Kalzit oder Quarz in den Knochen oder Zähnen eines toten Frühmenschen abgelagert wurden. Im Laufe der Zeit gelangen aus der Umgebung des Toten immer mehr Mineralien in vormals leere bzw. mit Weichteilen (Organe, Muskeln oder Bindegewebe) ausgefüllte Körperhohlräume. Knochen und Zähne werden durch die Einlagerung zunehmend härter, sie versteinern (fossilieren). Im allgemeinen bleiben die meisten Fossilien unentdeckt; wenn man jedoch einmal zufällig oder im Rahmen einer Ausgrabung auf derartige versteinerte Zähne oder Knochentrümmer stößt, ist es verständlich, daß diese Hominidenfossilien als Kostbarkeiten gehandelt und in Tresorräumen aufbewahrt werden.

Die ältesten bekannten Hominidenfossilien sind gut 3,5 Millionen Jahre alt und wurden 1978 von Mary Leakey im tansanischen Laetoli entdeckt [7]. Neben Tausenden versteinerter Fußspuren von verschiedenen Tierarten – u.a. von Schweinen, Elefanten, Giraffen, Hyänen, Antilopen, Pferden und Nashörnern – fand man auch die Fußabdrücke einiger Hominiden. Diese Frühmenschen hatten zum damaligen Zeitpunkt bereits eine 1,5 Millionen Jahre lange (von den Schimpansen unabhängige) Entwicklung hinter sich.

Damals waren an dieser Stelle drei Hominiden über die Savanne nach Norden gewandert. Der Boden war mit einer Ascheschicht bedeckt, die von einem nahe gelegenen aktiven Vulkan herrührte und zu jenem Zeitpunkt, als die Hominiden hier durchzogen, noch feucht war (möglicherweise nach einem Regenschauer). Ähnliche Ausgangsbedingungen für eine fossile Fußspur bestehen im Prinzip, wenn man bei einsetzender Ebbe über einen noch feuchten Strand wandert: Im nassen Sand bleiben die Fußabdrücke erhalten und während der Sand austrocknet, werden die Umrisse deutlicher und fester. Dasselbe passierte in Laetoli – mit dem einzigen Unterschied, daß es hier keine Flut gab, die die Abdrücke verwischte. Statt dessen wurden sie nach weiteren Vulkanausbrüchen erneut mit Asche bedeckt und konnten im Laufe der Jahrtausende versteinern.

Etwa 3,5 Millionen Jahre später untersuchte Russell Tuttle von der University of Chicago die Spuren [8]. Seinen Schätzungen zufolge war der kleinste der drei Hominiden etwa 1,20 Meter groß, und rechts von ihm marschierte ein weiterer, etwa 1,50 Meter großer Artgenosse. Die Spuren des zweiten Hominiden wurden von den Fußabdrücken

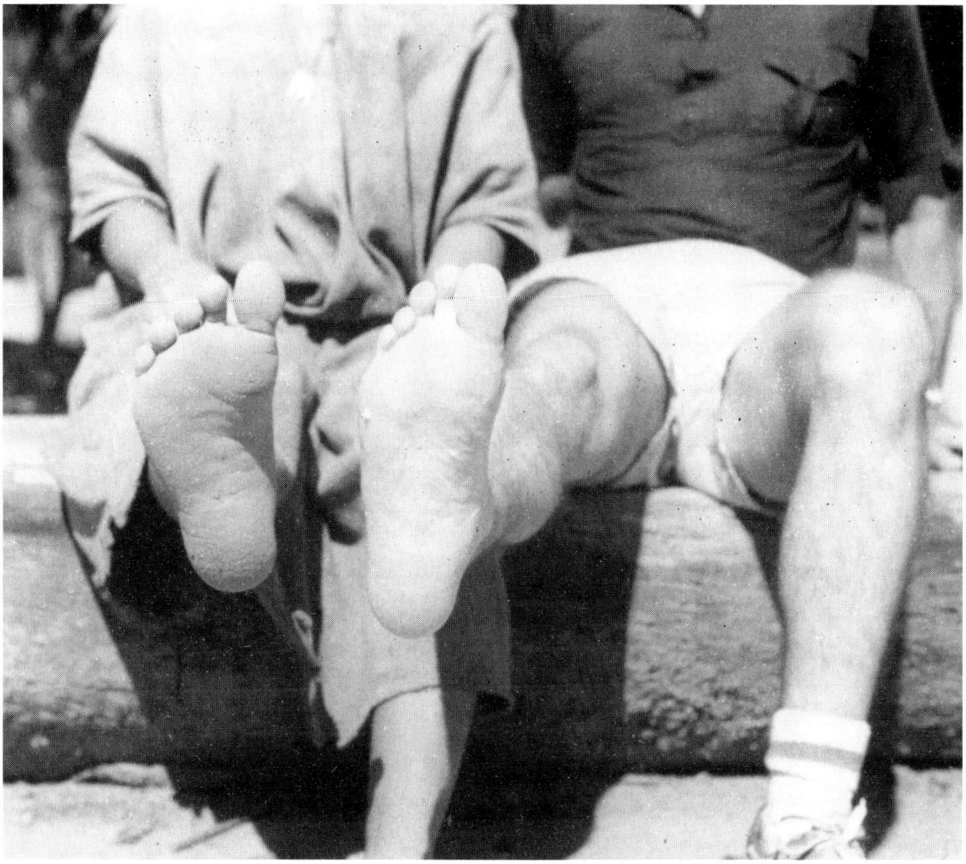

Abb. 4.2
Auf dem Foto sieht man die jeweils rechten Fußsohlen eines vierzehnjährigen Machiguenga-Indianers (links), der nie in seinem Leben Schuhe getragen hat, und des überwiegend Schuhwerk tragenden Russell Tuttle (rechts). Tuttle legte überzeugend dar, daß die Fußabdrücke von Laetoli praktisch nicht von denjenigen kleinerer moderner Menschen zu unterscheiden sind, die niemals Schuhe getragen haben (Foto: Russell Tuttle).

< Abb. 4.3
(Gegenüberliegende Seite): Eine Spur mit mehreren menschlichen Fußabdrücken, die fossil in einer Schicht Vulkanasche erhalten blieben, wurde bei Laetoli entdeckt. Aus diesen Fährten geht hervor, daß die Hominiden vor 3,5 Millionen Jahren bereits auf zwei Beinen liefen (Foto: John Reader; Copyright © 1992/Science Photo Library).

eines Dritten zum Teil überlagert und verwischt, der offensichtlich noch etwas größer war. Wanderten diese Hominiden als Gruppe oder einzeln – waren die beiden größeren Hominiden dem Kleinen «voller Mordgedanken» gefolgt, wie Tuttle phantasievoll sinnierte? Obwohl man diese Fragen nicht beantworten kann, liefern die Fußspuren der Hominiden von Laetoli einige Informationen.

Tuttle argumentierte überzeugend, daß die Laetoli-Spuren praktisch nicht von den Fußabdrücken kleinerer, barfuß gehender Vertreter des *Homo sapiens* zu unterscheiden sind. Die großen Zehen standen parallel zu den übrigen Zehen und nicht etwa wie bei den Menschenaffen seitlich ab. Zudem waren sie – wie die großen Zehen moderner Menschen – nicht so stark gekrümmt wie bei Schimpansen und Gorillas [9]. Die Laetoli-Hominiden besaßen ein gut entwickeltes Fußgewölbe – eine unerläßliche Voraussetzung für den bipeden Gang, um das Körpergewicht beim Gehen effizient halten und verlagern zu können. Besonders aufschlußreich ist in diesem Zusammenhang die Tiefe der Fußabdrücke an einigen Stellen (z.B. Abdrücke der Großzehen und Hacken). Auch wenn die Fußspuren aus Laetoli nur ephemere Abdrücke im Sand der Geschichte sind, ist ihre Aussage von großer Bedeutung: Vor 3,5 Millionen Jahren konnten bereits ein paar Hominiden biped laufen.

Stärker als andere Merkmale zieht die Bipedie eine Trennlinie zwischen frühen Hominiden und Menschenaffen. Dennoch ist und bleibt ihr eigentlicher Grund eines der größten Rätsel der Hominidenforschung. Schuld daran ist nicht etwa ein Mangel an Literatur, die zahlreiche spekulative Veröffentlichungen und natürlich auch mehrere sich widersprechende Arbeiten enthält. So behaupten einige Paläontologen (die wohl eher einer etwas voreiligen, schludrigen Gedankenrichtung zuzurechnen sind), die Bipedie sei mehr oder weniger mit einem Schlag entstanden; andere gehen davon aus, sie sei während der gesamten Hominidenevolution nur langsam zur Perfektion entwickelt worden. Schließlich gibt es sogar einige Forscher, die eine Art Krieg der Geschlechter ausfechten: Hatte sich diese Gangweise primär nur für Männer oder etwa nur für Frauen entwickelt? Beide Geschlechter haben Befürworter.

Die Fußspuren von Laetoli entzogen allerdings auch einer populären Erklärung der Bipedie den Boden unter den Füßen; diese vor kurzem für ungültig erklärte Theorie habe ich die «2001-Hypothese» genannt – zu Ehren der phantastischen Öffnungssequenz des gleichnamigen Filmes von Stanley Kubrick. Nach dieser im Prinzip zyklisch aufgebauten Theorie erfolgte die Evolution der Bipedie fast parallel

Abb. 4.4
Diese aus dem Jahre 1970 stammende Abbildung einer Australopithecus-Horde (ohne exakte Artangabe) verdeutlicht, daß die Phantasie der Anthropologen vollständig von der «2001-Theorie» geprägt war (Foto: Department of Library Services, American Museum of Natural History).

zur Gehirnevolution: Aufgrund des aufrechten Ganges waren die Vorderextremitäten zunächst «arbeitslos», die freigewordenen Hände konnten nun Werkzeuge anfertigen, dieser handwerkliche Prozeß erforderte mehr Intelligenz, diese wiederum ein größeres Gehirn, das den Menschen nun seinerseits bessere Werkzeuge fertigen ließ usw. [10]. Diese Theorie fesselte jahrelang die Phantasie der Anthropologen, wurde aber dann durch die Entdeckung hinfällig, daß die ersten Hominiden zwar auf zwei Beinen liefen, allerdings nur so kleine Schädelhöhlen wie die Menschenaffen (und dementsprechend auch ein kleines Gehirn) besaßen. Wie man heute anhand der gefundenen Fossilien weiß, nahm die Gehirngröße erst 1,5 Millionen Jahre nach den Fußspuren von Laetoli signifikant zu [11]. Dies gilt auch für die Herstellung von Steinwerkzeugen. Diesen Fußspuren haben wir es überwiegend zu verdanken, daß die Bipedie heute generell nicht mehr mit dem Größenzuwachs des Gehirns und der Fertigung von Steinwerkzeugen in einen Topf geworfen wird.

Aus welchen Gründen gingen die ersten Hominiden also zur Bipedie über? Die meisten Theorien der letzten Jahre fallen in zwei einfache Kategorien: Sexualität und Nahrungserwerb. Hierbei hat insbesondere die letztere verstärkt Aufmerksamkeit auf sich gezogen. Allerdings blieb unklar, ob es sich um tierische oder pflanzliche Nahrung handelte. In diesem Punkt unterliegt insbesondere die amerikanische Paläoanthropologie gewissen Modeerscheinungen: Zur Zeit ist Fleisch als Nahrung «out», und pflanzliche Nahrung wird statt dessen favorisiert.

Noch vor wenigen Jahren spielte die «Ernährer Mann»-Theorie in der Diskussion um die Bipedie eine bedeutende Rolle. Während Frauen und Kinder am heimatlichen Lagerplatz blieben, zogen die Männer auf die Jagd. Die Bipedie stellte – vor allem aus atmungsphysiologischen Gründen – demnach eine Anpassung an eine Jagdmethode, wonach die Jäger ihre Beute über lange Strecken im Dauerlauf verfolgen. Gleichzeitig wurden durch diese Fortbewegungsweise aber auch die Hände frei, um Jagdwaffen herzustellen und das erbeutete Fleisch nach Hause zu tragen. Dieses Konzept paßte natürlich hervorragend in die «2001-Theorie» [12]. Und unterschwellig sollte dies auch noch beinhalten, daß es Männer waren, die Werkzeuge anfertigten und den Braten heimbrachten. Zumindest war dies die Lehrmeinung, bis einige Anthropologinnen (!) auf die augenscheinliche Wahrheit hinwiesen.

Die «Sammlerin Frau»-Theorie

In vielen modernen Jäger-und-Sammler-Gemeinschaften, die ähnliche Lebensräume wie die frühen Hominiden bewohnen, gehen die Männer zwar auch auf die Jagd; doch sind es in der Regel die Frauen, die tagein, tagaus den Löwenanteil der Nahrungsmittel für die gesamte Gemeinschaft heranschaffen. Während die Herren der Schöpfung ihr Glück beim Jagen versuchen, sammeln ihre Gefährtinnen (oft in Begleitung der Kinder) Beeren, Wurzeln, Früchte, Insekten und andere Kleintiere, die man insgesamt häufiger (und müheloser) finden kann. Zumindest sorgen also die Frauen dafür, daß abends niemand mit knurrendem Magen einschlafen muß!

Folgt man dieser Hypothese von der «Sammlerin Frau», so sorgten die weiblichen Frühmenschen nicht nur überwiegend für die

Ernährung, sondern schufen mit ihren frei gewordenen Händen auch die ersten Werkzeuge [13]. Diese dienten in erster Linie ebenfalls dem Nahrungserwerb – zum Ausgraben von Wurzeln, zum Herabschlagen von Früchten oder zum Knacken hartschaliger Früchte. (Was den letzten Punkt anbelangt, so scheinen weibliche Schimpansen gegenüber Schimpansenmännchen ebenfalls ein größeres Talent zu besitzen, Nüsse mit Hilfe eines Steins aufzuschlagen [14].) Der Selektionsdruck für bipedes Gehen wäre demnach für Nahrung sammelnde Mütter besonders hoch gewesen. Wenn man diesen Gedanken weiterentwickelt, dann könnten Frauen Tragegurte und andere Geräte erfunden haben, mit denen sie dann Kleinkinder, Wasserkrüge oder Nahrungskörbe transportieren konnten.

Die Theorie vom jagenden Mann hat eine weitere Niederlage einstecken müssen. Von Raubtieren wie Löwen und Hyänen weiß man, daß sie an den Knochen ihrer Beutetiere Beißspuren oder Zahnabdrücke hinterlassen – und Frühmenschen ließen ebenfalls ab und zu auf den Knochen jener Tiere, die sie mit ihren Steinmessern zerlegten, charakteristische Kratz- und Schnittspuren zurück. Die Paläontologin und Wissenschaftsjournalistin Pat Shipman untersuchte vor noch nicht allzu langer Zeit Tierknochen, die in der Nähe von Hominidenlagerplätzen gefunden wurden; dabei interessierte sie, inwieweit sich die Abdrücke von Raubtierzähnen mit den Kratzern überlagerten, die von den Steinwerkzeugen der Frühmenschen stammen [15]. Interessanterweise fand sie heraus, daß sich die Menschen häufig erst nach den Raubtieren an dem Kadaver zu schaffen gemacht hatten. Vielleicht waren die ersten Hominidenmänner gar keine aktiven Jäger, sondern eher Aasfresser. (Als eine der ersten typisch männlichen Erfindungen wäre damals die sogenannte «Anglergeschichte» als Form der Ausrede entstanden, warum jener große Hecht – übertragbar auch auf andere Beutetiere – nach heftigem Ringen mit dem Angler dann doch noch entwischen konnte.)

1981 entwarf Owen Lovejoy von der Kent State University ein günstigeres Modell der ersten männlichen Hominiden, in dem er mit einer außergewöhnlichen «Ernährer Mann»-Hypothese zur Erklärung der Bipedie aufwartete [16]. In Lovejoys Augen standen die frühen Hominiden kurz vor dem Aussterben, und so hielt er nach einigen Vorteilen der Bipedie Ausschau, durch die sich die Überlebenschancen für die Nachkommenschaft der Hominiden erhöht hätten. Die Hominiden stießen in ihren Lebensräumen im Pliozän bzw. Pleistozän nur vereinzelt auf Nahrung, Wasserstellen und Schlafbäume; daher geht Lovejoy davon aus, daß sie ähnlich wie heutige Pavianhorden zwischen einzelnen «Futterplätzen» über die Savanne zogen. Weiterhin nimmt er an, daß sich weibliche Hominiden weniger Gefahren (z.B. durch Raubtiere) aussetzten, wenn sie nicht so häufig umherwanderten. Aus diesem Grund mußten männliche Hominiden laut Lovejoys These zur Nahrunsgsuche größere Entfernungen zurücklegen und dabei Frauen und Kinder im sicheren Kerngebiet zurücklassen.

Als wichtiger Faktor macht sich die Bipedie bei solchen Männchen bemerkbar, die «von Natur aus» aufrecht gehen konnten, und die deshalb [mit den Händen] Nahrung sammeln und ins Lager tragen konnte. Der Mann sorgte demnach als Sammler dafür, daß sich die Zahl seiner lebenden Nachkommen erhöhte. Das Problem bei dieser Theorie liegt darin, daß es nur wenig oder gar keine Primaten- bzw. ethnographische Vergleichsdaten gibt, die Lovejoys Grundgedanken unterstützen. Falls der Leser Ähnlichkeiten mit dem Modell vom jagenden Mann sieht, so mag dies wohl den Tatsachen entsprechen, denn letzten Endes stellen beide Modelle den Mann als Alleinernährer dar. (Laut Zihlman nahm Lovejoy den älteren Gedanken der «Sammlerin Frau» zu seiner «Ernährer Mann»-Theorie hinzu; er meinte sogar, daß evtl. der Tragegurt als erstes Werkzeug entwickelt wurde [17].)

Sexualität

Während die Männer sich auf die Nahrungssuche begaben, blieben die Frauen im Lager ... und mit aller Wahrscheinlichkeit ihren Männern treu. Nach Lovejoys Auffassung besaßen die ersten Hominiden bereits eine Form der Monogamie, wie sie im Weltbild unserer heutigen westlichen Zivilisation vorherrscht. Denn nur auf diese Weise kann ein Mann sicher gehen, daß er, auch wenn er tagsüber abwesend ist, der tatsächliche Vater seiner Kinder ist. Allerdings gibt es einen weiteren triftigen Grund, der über diesen typischen Männerwunschtraum hinausgeht. Im Gegensatz zu vielen anderen Primaten unterlagen weibliche Hominiden keinem Östrus (d.h. einer bestimmten Periode, in der sie paarungsbereit sind). Außerdem konnten männliche Hominiden auch nicht sichtbar erkennen, ob eine Hominidenfrau kurz vor dem Eisprung stand, mit anderen Worten, gerade empfängnisbereit war. Deshalb war eine permanente Überwachung des Geschlechtspartners erforderlich, um einerseits abzusichern, daß die Vaterschaft eindeutig war, und zum anderen die Paarbindung zu stärken. Die ersten Frauen unterwarfen sich diesem Vorgang, da sie wie ihre heutigen Geschlechtsgenossinnen jederzeit Sex machen konnten (was schon eher einem Wunschdenken der Männer entspricht).

Man wird sich wohl leicht denken können, daß Lovejoys Theorie in Anthropologenkreisen kein positives Echo fand; als Beispiel soll Zihlmans Kommentar zu Lovejoys Fußnote Nr. 79 zitiert werden:

> Falls sich irgendjemand fragen sollte, wie es zu dem chauvinistischen Unterton in Lovejoys prähistorischem Hominidenstammbaum kommt, möchte ich auf eine unscheinbare Anmerkung verweisen, wonach Lovejoys These, Frauen seien dauerhaft empfängnisbereit, auf eine «persönliche Mitteilung» seines Busenfreundes Donald C. Johanson zurückgeht; dieser ist nicht nur aufgrund der Entdeckung der drei Millionen Jahre alten «Lucy», sondern auch für sein Auftreten als Don Juan bekannt. Wiederholt geht Lovejoy auf die sogenannten epigamen Eigenschaften (einer eleganten Umschreibung von Busen und Hintern) ein, mit denen Frauen erfolgreich ihre Partner anlocken und an sich binden [18].

Spaßeshalber soll die verstorbene Nancy Tanner in diesem verbalen Kampf der Geschlechter um die Ursprünge des aufrechten Ganges das letzte Wort erhalten. Tanners Theorie wiederum basiert auf der sogenannten sexuellen Selektion, einem Konzept, das ansatzweise bis auf Darwin zurückgeht. Diese besondere Selektion begünstigt in einem Geschlecht die Vererbung von Eigenschaften, die dem jeweils anderen Geschlecht gefallen. Ein klassisches Beispiel sind die Schwanzfedern des Pfaus: Offenbar besitzen die Hähne prächtig schillernde Schwanzfedern, weil Pfauenhennen Männchen mit genau diesem Merkmal bevorzugen (und somit deren Nachwuchs zur Welt bringen). Tanner steht hundertprozentig hinter der «Sammlerin Frau»-Theorie:

> Bipedie wurde bei Nahrung sammelnden Müttern u.a. aus folgenden Gründen durch natürliche Selektion gefördert: Sie konnten aufrecht von einer Waldfläche zur nächsten über die Savanne wandern, ihre Hände waren nun frei, um damit Werkzeuge beim Nahrungserwerb zu verwenden, sie konnten ihre Kleinkinder oder gesammelte Nahrung tragen … [19].

Um nicht als sexistisch zu gelten, gesteht Tanner auch den Männern eine Nebenrolle bei der Entstehung der Bipedie zu. Biped laufende Männer wurden aufgrund der sexuellen Selektion von den Frauen gewählt:

> Während die natürliche Selektion die Triebfeder des aufrechten Ganges bei Nahrung sammelnden Müttern war, spielte die sexuelle Selektion bei der männlichen Bipedie eine größere Rolle, da der (insbesondere erigierte) Penis eines aufrecht gehenden Mannes leichter beachtet wird.[19]

Weiterhin meint Tanner:

> Wie schon Freud bemerkte, könnte ein aufrecht gehender, unbekleiderter Mann mit erigiertem, deutlich sichtbarem Penis durchaus auffällig und anziehend gewirkt haben.[19]

In diesem Zusammenhang ist auch Jane Goodalls Beobachtung des Schimpansenmännchens Shadow interessant. Shadow war häufig von den Weibchen, die er umwarb, angegriffen worden, bis er ein außergewöhnliches Paarungsritual entwickelte, bei dem er mit erigiertem Penis auf zwei Beinen stand und die Weibchen direkt anstarrte. Wie Goodall weiter bemerkt, wirkte Shadows Vorzeigen Wunder [20].

Tanners Theorie über die Rolle, welche die sexuelle Selektion bei der Entwicklung der männlichen Bipedie gespielt hat, mag frivol klingen oder vielleicht auch das eine oder andere Schmunzeln hervorrufen; doch sollte man sich vor Augen führen, daß männliche *Homo sapiens* unter den Primaten, relativ gesehen, tatsächlich den größten Penis besitzen [21]. Derartige «Flitzer-Theorien» wurden auch als Erklärung für die großen Brüste der Frauen herangezogen, die diese im Vergleich zu anderen Primatenweibchen besitzen.

Die Wheeler-Theorie

Fernab dieser lebhaften Diskussion saß der britische Biologe Pete Wheeler in seinem stillen Kämmerlein der Liverpool Polytechnic und dachte über die physiologischen Aspekte nach, die eine neue bipede Gangart mit sich bringt. In jener Zeit, als die Hominiden höchstwahrscheinlich zur Bipedie übergingen, wurde das Klima trockener, so daß die dichten Waldgebiete durch Savannen und lichte Wäldchen verdrängt wurden. In diesen nur teilweise bewaldeten Gebieten war das Nahrungsangebot nicht mehr gleichmäßig verteilt, und das Futter wurde knapper. Deshalb mußten die ersten Hominiden zur Futtersuche über die offenen Savannen wandern. Möglicherweise folgten sie, wie Mary Leakey *et al.* [22] vor kurzem berichteten, auch den jahreszeitlich wandernden Huftierherden, die ebenfalls die Savanne bevölkerten. Demnach kann man weder eine rein vegetarische noch eine allein auf Fleisch basierende Ernährungsweise der ersten Hominiden ausschließen. Wichtig ist lediglich, daß männliche wie weibliche Hominiden über das offene Grasland zogen, um Nahrung zu suchen, wobei beide einer intensiven Sonnenstrahlung ausgesetzt waren. Und das ist der Angelpunkt der Wheelerschen Hypothese [23].

Jeder Hautarzt wird heute bestätigen, daß zuviel Sonnenstrahlung Hautschäden verursacht. Wenn außerdem die Kerntemperatur eines Menschen zu stark ansteigt, kann dieser einen Hitzschlag mit Gehirnschäden erleiden. Die vierbeinigen Tiere der Savanne, wie beispielsweise die Antilopen, besitzen ein dichtes Haarkleid, das ihre Haut vor den Sonnenstrahlen schützt; außerdem befindet sich in ihrem Schädel ein besonderes Blutgefäßsystem, das dafür sorgt, daß sich das Gehirn nicht überhitzt. Aber auch trotz dieser Anpassungsmechanismen halten sich die Tiere der Savanne während der Tageshitze hauptsächlich im Schatten auf. (Dies wurde mir neulich während eines Besuchs des Safariparks in San Diego bewußt. Wir hielten uns dort in der Mittagsglut eines besonders heißen Tages auf, und sämtliche Tiere hatten sich – wie die Tierpfleger vorhergesagt hatten – in den Schatten der Bäume verzogen.)

Allerdings haben Menschen weder jenes wunderbare Blutgefäßnetz, um ihr Gehirn zu kühlen, noch ist ihr Körper mit einem dichten Haarkleid bewachsen. Wie brachten es damals also unsere Vorfahren fertig, sich während ihrer Streifzüge über die glühende Savanne nicht zu überhitzen? Wheeler wartet mit einer ebenso schlichten wie anschaulichen Antwort auf diese Frage auf, die so naheliegend ist, daß andere sie übersehen haben: Diese Vorfahren konnten vermutlich – wie Zwergschimpansen – teilweise biped laufen oder besaßen eine gewisse Veranlagung für diese Gangart. Deshalb waren die ersten Hominiden in der Lage, die dem direkten Sonnenlicht ausgesetzte Oberfläche ihres Körpers zu verringern, indem sie sich aufrecht auf zwei Beinen bewegten. Somit fielen die Sonnenstrahlen bei Sonnenhöchststand lediglich auf ihren Scheitel und Schulterbereich. Man könnte auch sagen, daß die Hominiden während ihrer Jagdzüge einen unabhängigen «Schatten» erzeugten.

Weitere Anpassungsmechanismen halfen den Hominiden, mit dem Hitzestreß fertig zu werden. Nachdem sie zum bipeden Gang übergegangen waren, war ihr Haarkleid, das den ganzen Körper bedeckte und die Haut vor der Sonne schützte, überflüssig geworden – mit Ausnahme der weiterhin exponierten Stellen (sprich Scheitel und Schultern). Dementsprechend blieb die Behaarung des Kopfes erhalten, während sie fast überall auf dem Körper zurückging. Die Haut der Hominiden wurde auf diese Art und Weise (weitgehend) nackt, und es entwickelten sich besonders effizient arbeitende Schweißdrüsen, die dieses großflächige haarlose Organ kühl hielten. (Unter allen Tieren schwitzt der Mensch tatsächlich am stärksten.)

Eine nackte Haut mit zahlreichen Schweißdrüsen ermöglicht eine gesteigerte Verdunstung und somit eine erhöhte Verdunstungskälte, wodurch der gesamte Körper der ersten Hominiden gekühlt wurde. Wheeler geht davon aus, daß dieser Kühlmechanismus den Organismus vor Hitzschlag bewahrte, auf diese Weise aber auch eine Beschränkung der Gehirngröße bei *Homo* vorgab [24]. (Diese Überlegung, daß das Gehirn in seiner Größe durch Thermoregulationsmechanismen eingegrenzt ist, ist äußerst wichtig und wird in einem anderen Kapitel noch einmal aufgegriffen werden.)

Die ersten bipeden Vorfahren des Menschen

Einer der bedeutenden Faktoren, die uns die ersten Vorfahren des *Homo sapiens* verstehen lassen, ist seine Beweglichkeit. Wie bereits gesagt wurde, führten Klimaveränderungen und die entsprechenden anatomischen Bedingungen zur Thermoregulation dazu, daß diese Hominiden auf zwei Beinen über die Savanne zogen, um nach Nahrung (Tiere, Pflanzen) zu suchen. Ihre Füße waren zwar bereits recht menschenähnlich, doch der restliche Körper mußte noch eine gewaltige Entwicklung durchmachen. Sie konnten auch stundenlang aufrecht gehen, doch war ihre Haltung dabei alles andere als elegant. Diese frühen Menschenvorfahren waren klein (zwischen 1,20 und 1,50 Meter hoch) und schwitzten stark; sie besaßen außerdem wohl eine dunkle Haut mit relativ schwacher Körperbehaarung, lange Arme und Beine sowie kräftige Vorderzähne.

Möglicherweise lassen sich auch einige Vermutungen über das Sozialverhalten dieser Hominiden anstellen. Hierzu verglich Richard

Wrangham von der Harvard University gemeinsame Verhaltensweisen von Schimpansen, Gorillas und urtümlich lebenden Menschen (einige Jäger-und-Sammler-Gemeinschaften). Da diese Verhaltensmuster in allen drei Gruppen auftauchen, hält Wrangham sie für ein unmittelbares Erbe ihrer gemeinsamen Vorfahren [25]. Sehr wahrscheinlich besaßen diese ein ausgeklügeltes soziales Gefüge, in dem die weiblichen Individuen häufig abwanderten, um neue Partner zu finden und sich dann niederzulassen. Sehr wahrscheinlich kamen die Weibchen miteinander sehr gut aus, ohne jedoch allzu starke zwischenmenschliche Bande zu knüpfen. Die männlichen Hominiden gingen wahrscheinlich zu mehreren Weibchen sexuelle Beziehungen ein. (Das entsprechende Verhaltensmuster konnte für weibliche Individuen nicht ermittelt werden.) Gegenüber anderen männlichen Artgenossen verhielten sich die Männchen vermutlich feindlich, und sicherlich gehörten auch aggressive Handlungen und Übergriffe zwischen einzelnen Gruppen zum sozialen Alltag dieser Frühmenschen (doch darüber später mehr).

In diesem Moment befinden wir uns also am Fuß unseres Stammbaums, und unsere Vorfahren haben gerade den bipeden Gang entwickelt. Doch haben wir deshalb automatisch das Erbe unserer arborealen Vergangenheit abgeschüttelt? Graham Richards von der Polytechnic of East London glaubt dies nicht, und auf erfrischende Weise hinterfragte er das Klischée, wonach die Bipedie zwangsläufig zur «Befreiung» der Hände führte. Richards zeigte, daß Schimpansen ihre Füße wie eine Hand gebrauchen können, und er geht davon aus, daß der gemeinsame Vorfahre von Mensch und Affe ein Baumbewohner mit «vier Händen» war. Demnach wurden durch den Übergang zur Bipedie nicht etwa die Hände befreit, sondern die Füße ihrer zweiten Aufgabe beraubt. Falls man diese Hypothese akzeptierte, was wäre dann mit der Hand? Ihr Aufgabenbereich (der auch eine gesteigerte Geschicklichkeit beinhaltet) wäre nach abgeschlossener Bipedie dann möglicherweise gar nicht größer geworden. Dazu Richards:

> Nachdem die Hand [zusammen mit dem restlichen Körper] terrestrisch geworden war, war sie keineswegs von dem Zwang erlöst, einen Ast festzuhalten; denn wie viele Künstler gezeigt haben, zog sie vielmehr den Ast auf die Erde herab, und sie verfügte auch bereits über ein geeignetes Koordinationsschema ... Man könnte sogar soweit gehen zu behaupten, der Mensch fühle sich heute unwohl,

wenn er eine Hand frei habe und nicht irgendetwas festhalten könne, sei es nun eine Zigarette, ein Glas, ein Kugelschreiber, ein Spazierstock, der Jackenkragen, ein zerknülltes Kleenex in der Hosentasche, eine Glasmurmel, eine Halskette oder eine einzelne Haarsträhne. Offenbar sind wir sogar nach über vier Millionen Jahren erst dann restlos glücklich, wenn wir wenigstens mit einer Hand etwas greifen können ... [26].

Wo sind die Fossilien geblieben?

Dieses Gesamtbild unseres ersten bipeden Vorfahren setzt sich aus Details zusammen, die man aus molekulargenetischen Untersuchungen, Vergleichsstudien am Verhalten und in der Anatomie von Primaten sowie aus den Fußspuren von Laetoli gewonnen hat. Ein Punkt fehlt allerdings noch, und dabei handelt es sich um die Fossilien der Hominiden wie beispielsweise Schädel, Gebiß und Skelettknochen. Leider hat man in Laetoli nur wenige Kieferknochen und Zähne gefunden, und auch andere Fundorte lieferten nur eine Handvoll Knochenfragmente, so daß der Zeitraum 5 bis 3,2 Millionen Jahre v.h. für Hominidenfossilien eine gewaltige Lücke aufweist [27]. Wie wir bereits gesehen haben, blüht und gedeiht leider auch heute noch jener belehrende Ton, der aus der Zeit stammt, als Raymond Dart die Australopithecinen entdeckte. Die Paläoanthropologen lassen sich auch durch fehlende Fossilien nicht davon abbringen, lautstark über Aussehen und Bewegungsweise des *common ancestor* zu streiten oder sich über der Frage, ob vorzugsweise Frauen oder Männer biped liefen, in die Haare zu geraten. Dieser Kampf der Geschlechter über die Evolution der Bipedie ist sehr amüsant, gleichzeitig aber auch etwas kindisch. In Bezug auf die geschlechtsspezifischen Unterschiede zwischen den Gehirnen von Frauen und Männern bewegen wir uns allerdings auf weitaus sichererem Terrain.

Kapitel 5

Das Gehirn von Männern und Frauen

Im Oktober 1990 konnte ich an einer Tagung über das Thema Gehirnlateralität teilnehmen, die von der Psychologin Jeannette Ward (Memphis State University) organisiert wurde. Drei Tage lang trugen 21 Fachleute aus der ganzen Welt ihre neuesten Forschungsergebnisse über Asymmetrien in Tiergehirnen (u.a. bei Hühnern, Ratten und Primaten) vor. Bei diesem Workshop fiel mir auf, daß die Forscher, die sich mit den Gehirnen von Vögeln und Nagern beschäftigten, immer auf eine geschlechtsspezifisch unterschiedliche Gehirnasymmetrie ihrer Untersuchungsobjekte verwiesen, während dieser Aspekt bei den Primatenforschern nicht erwähnt wurde. Bei Untersuchungen am Gehirn ihrer Artgenossen sind die Neuroanatomen offenbar mit ähnlichen Vorurteilen behaftet wie ihre Kollegen aus der Hominidenforschung, die traditionsgemäß Fossilien «vermenschlichten» und sich eisern an bestimmten Stammbaummodellen festklammerten. Die anthropozentrische Sichtweise, nur der Mensch sei so hochentwickelt, ein asymmetrisches Gehirn zu besitzen, hielt sich über lange Jahre hinweg; und obgleich diese Denkart glücklicherweise verworfen wurde, halten viele Wissenschaftler (insbesondere im Bereich der Sozialwissenschaften) an dem Gedanken fest, das Gehirn von Mann und Frau sei völlig identisch. Gelegentlich frage ich mich, ob dies damit zusammenhängt, daß viele Neuroanatome nie gelernt haben, Daten im Hinblick auf geschlechtsspezifische Unterschiede auszuwerten (eine wissenschaftlich fundierte Methode, obwohl sie nur selten signifikante Ergebnisse liefert). Trotz dieses Vorurteils zeichnet sich allmählich ab, daß derartige Unterschiede zwischen männlichem und weiblichem Primatenhirn (und somit auch beim Menschen) tatsächlich genau wie bei anderen Tieren auch existieren. Doch ehe wir diese Unterschiede besprechen wollen, soll die eigentliche Lateralität des Gehirns erörtert werden.

Dank einer bestimmten Forschungsrichtung, die in den 60er Jahren von Roger Sperry (einem Emeritus des California Institute of Technology) und seinen Studenten besonders vorangetrieben wurde, weiß man heute, daß die Lateralität des menschlichen Gehirns neben der Sprache, Händigkeit und dem Step-Tanzen noch weitaus mehr Bereiche umfaßt. Sperrys Untersuchungen beruhen auf psychologischen Tests an Patienten, deren Gehirnhälften operativ getrennt wurden; diesen Eingriff sah man als allerletzte Therapiemöglichkeit gegen schwere Epilepsie an, die andernfalls unweigerlich zum Tode geführt hätte. Bei dieser als Kommissurotomie bekannten Operation werden beide Hemisphären getrennt, indem man das Corpus callosum sowie einige andere Kommissuren (Querverbindungen zwischen beiden Hirnhälften) durchschneidet. Die Tests, die Sperry postoperativ an solchen sogenannten Split-Brain-Patienten durchführte, lieferten die ersten Hinweise, daß sich beide Gehirnhälften grundlegend in ihren Fähigkeiten unterscheiden. Seine Ergebnisse lieferten auch Informationen über die eigentliche Natur des Bewußtseins. Völlig zu Recht erhielt Sperry 1981 dann auch für seine Untersuchungen über die Hemisphärenspezialisierung bei Split-Brain-Patienten den Nobelpreis für Medizin und Physiologie [1].

Linke und rechte Gehirnhälfte

Für das Nervensystem [bei Wirbeltieren] gilt generell, daß die Nervenfasern überkreuzt vom Gehirn in die jeweils gegenüberliegende Körperseite ziehen. Demnach kontrolliert beispielsweise die rechte Hemisphäre vornehmlich die linke Hand, usw. In einem normalen Gehirn ist dieses kontralaterale Prinzip weit davon entfernt, vollständig zu sein, da weitere 200 Millionen Nervenfasern beide Hemisphären direkt verbinden, so daß die linke Hälfte weiß, was die rechte gerade macht, und umgekehrt. Diese Stränge erleichtern nicht nur die Kommunikation zwischen beiden Gehirnhälften, sondern unterstützen auch die Großhirnrinde bei der Koordination motorischer Bewegungen, die von beiden Körperseiten ausgeführt werden. Somit erhalten bei einem gesunden Menschen beide Hemisphären zusammen ein Bild des Gesamtgeschehens. Anders bei Patienten mit durchtrenntem Corpus callosum. Da bei ihnen die Verbindung zwischen den Hemisphären infolge des Eingriffes dauerhaft abgerissen ist, findet zwischen beiden auch kein normaler Informationsaustausch mehr statt.

Folglich «sieht» die linke Hemisphäre Objekte im rechten, jedoch nicht im linken Gesichtsfeld, und ertastet oder bewegt Gegenstände allein mit der rechten Hand (und nicht mit links). Umgekehrt gilt dies auch für die rechte Hemisphäre; darüber hinaus sind die Funktionen der rechten Gehirnhälfte buchstäblich von jenen Hauptsprachzentren getrennt, die bei den meisten Menschen in der linken Hemisphäre lokalisiert sind.

Erstaunlicherweise sind sich diese kommisurotomierten Patienten ihrer Fehler gar nicht bewußt und erscheinen dem oberflächlichen Beobachter normal. Offensichtlich können diese Patienten die entstandenen Mängel infolge ihrer getrennten Hemisphären im Alltag unbewußt kompensieren, indem sie beiden sozusagen ein passendes Stichwort geben: zum Beispiel durch lautes Reden (wodurch Informationen an beide Ohren gelangen), oder indem sie den Kopf drehen (um das Sichtfeld zu verändern) oder mit beiden Händen nach einem Gegenstand greifen. Hierzu Sperry:

> Für gewöhnlich müssen mehrere Faktoren zusammenwirken, damit ein normales Verhalten resultiert. Dabei gibt es einige Binsenweisheiten, wie beispielsweise die Tatsache, daß diesen beiden geistigen Sphären nur ein einziger Körper zur Verfügung steht; deshalb werden sie immer zusammen an denselben Ort geschleppt, wo sie dieselben Menschen treffen, sie sehen und hören permanent dasselbe, weswegen sie zwangsläufig auf sehr viel gemeinsame, beinahe identische Erlebnisse zurückblicken können [2].

Trotzdem gelang es Sperry, gezielt die eine bzw. andere Seite bei Split-Brain-Patienten zu testen; hierbei isolierte er beispielsweise die Hände der Versuchsperson von einander und nahm sie auch aus ihrem Sichtfeld, um anschließend (mit Hilfe eines sogenannten Tachistoskopes) visuelle Reize ausschließlich in eine einzige Gesichtsfeldhälfte zu projizieren. Die Ergebnisse dieser Tests sind wirklich verblüffend.

So stellte sich heraus, daß Split-Brain-Patienten unter strengen Testbedingungen quasi zwei unterschiedliche Bewußtseinsformen besaßen. Jede Hemisphäre beherbergte «ihr» Bewußtsein und sah dabei offenbar völlig über die geistigen Prozesse hinweg, die in der anderen Hälfte passierten. Wenn beispielsweise ein Gegenstand verborgen in der linken Hand einer Patientin liegt, wird sie diesen Gegenstand (nach Durchtrennung der Kommissur) nicht *verbal benennen* können, da Sprache eine Funktion der linken Hemisphäre ist, die ihre Informationen exklusiv über die rechte Hand bezieht. Obgleich die Patientin den Gegenstand, den sie gerade festgehalten hat, in keiner Weise bezeichnen kann, ist ihre rechte Hemisphäre durchaus in der Lage, das richtige Objekt (mit der linken Hand) unter mehreren anderen Gegenständen auszuwählen. Ähnlich verhält es sich mit Gegenständen, die mit rechts gehalten wurden: die Patientin kann sie verbal bezeichnen, aber nur mit der rechten Hand (nicht der linken) heraussuchen. Darüber hinaus können beide Hemisphären ihre jeweiligen Aufgaben unabhängig voneinander lösen; und aus diesem Grund können Split-Brain-Patienten sehr gut zwei Aufgaben gleichzeitig bewältigen, sofern beide von der jeweils gegenüberliegenden Hemisphäre kontrolliert werden.

Vor den Untersuchungen an Split-Brain-Patienten hatte man die rechte Hemisphäre für eine «Art Roboter gehalten, dem ein eigenes Bewußtsein fehlt [3].» Ihr schlechtes Image hielt sich weitgehend deshalb so lange, weil die linke Gehirnhälfte aufgrund des Sprachzentrums als überlegen galt. Sperrys Untersuchungen ergaben insbesondere, daß die rechte Hälfte keineswegs von geringerer Bedeutung ist. Im geistigen Sinne übertrumpft sie in einigen Bereichen die linke Hemisphäre – beispielsweise bei mehreren nonverbalen, meist räumlichen Tests, u.a. beim Nachzeichnen einer Gestalt oder Struktur, beim taktilen und visuellen Erkennen von Umrissen, beim intuitiven Verständnis geometrischer Körper sowie beim Erkennen eines Gesichtes. Intensive Untersuchungen zeigten auch, daß in den rechten Hemisphären von Split-Brain-Patienten genauso starke und ausdrucksvolle Emotionen vorkommen wie in den linken Hemisphären.

Mehr als 20 Jahre später wurden Sperrys Ergebnisse von zahlreichen Forschern, die eine große Zahl gesunder Menschen und klinische Fälle mit Hilfe neuer Methoden zur Entdeckung von Gehirnasymmetrien untersuchten, bestätigt und erweitert. Hierzu zählen beispielsweise klinische Studien an hirngeschädigten Patienten oder an Probanden, deren eine Hemisphäre vorübergehend durch intraarterielle Injektion von Natriumamytal narkotisiert wurde. Weiterhin untersuchte man die Lateralität motorischer (wie beispielsweise der Händigkeit) oder sensorischer Bewegungen (z.B. durch einen Versuch, bei dem man erkennen muß, wieviele Punkte einen bestimmten Hautbereich berühren). Normale Versuchspersonen wurden zahlreichen tachistokopischen optischen Tests und dichotischen Gehörtests unterworfen (bei letzterem erhält jedes Ohr simultan einen anderen akustischen Reiz). Außerdem stellte man grundsätzliche anatomische Asymmetrien für bestimmte Hirnstrukturen fest; und schließlich hat man die Gehirnlateralität mit Hilfe zahlreicher Methoden, wie beispielsweise der Elektroenzephalographie (EEG), der evozierten Potentialen (EP), der Neuromagnetometrie und der Positronen-Emissionstomographie (PET), auch physiologisch korrelieren können [4].

Die gegenwärtige Literatur zum Thema Gehirnlateralität ist sehr vielfältig und läßt sich oft nur sehr schwer interpretieren. Die funktionellen Unterschiede zwischen den einzelnen Hemisphären sind zwar oft nur winzig, aber trotzdem statistisch signifikant. Bei näherer Betrachtung kann man allerdings scheinbar widersprüchliche Ergebnisse häufig einer geringfügig veränderten Methodik oder Unterschieden innerhalb der untersuchten Probandenzahl zuschreiben. So fällt beispielsweise das Testverhalten bei Linkshändern oder Musikgenies anders aus als bei einer allgemeinen Testpopulation, deren Gehirnasymmetrie vermessen werden soll. Trotz all der zahlreichen komplizierten Probleme, die diese weiterhin proliferierende Thematik beherrschen, kristallisieren sich glücklicherweise einige grundsätzlichen Eigenarten der linken bzw. rechten Hemisphäre heraus.

Vorbehaltlich obiger Warnungen kennzeichnen folgende Charakteristika die Gehirnhälften des Menschen [5]: Die linke Hemisphäre ist mit Sprechfunktionen, erlernten Bewegungen – insbesondere (d.h. über 90 Prozent) der rechten Hand – sowie mit analytischen, zeitlich sequenzierten Prozessen assoziiert. In dieser Gehirnhälfte werden auch positive Emotionen verarbeitet. Die rechte Hemisphäre wiederum ist generell eher holistisch organisiert; sie besitzt ein außergewöhnliches optisch-räumliches sowie geistiges Vorstellungsvermögen, und sie ist auch mit musischen Fähigkeiten assoziiert. Obgleich die rechte Hemisphäre als Sitz negativer Emotionen quasi den Gegenpol zur «fröhlichen» linken Seite darstellt, spielt sie gegenüber dieser eine wesentlich größere Rolle bei der Emotionsverarbeitung wie auch bei der Rezeption von Stimmungen anderer Menschen. Tatsächlich ist zwar die linke Hemisphäre die «sprechende» Hirnseite, doch sorgt die rechte Hemisphäre für den Klang der Stimme, welcher ein wichtiges und oftmals entscheidendes Instrument bei der verbalen Verständigung darstellt. Zudem hat es den Anschein, als ob die rechte Hemisphäre in einigen Punkten (wie z.B. dem Erkennen von Gesichtern, bestimmten Formen des Humors oder im Verständnis von Metaphern) der linken Hälfte überlegen sei.

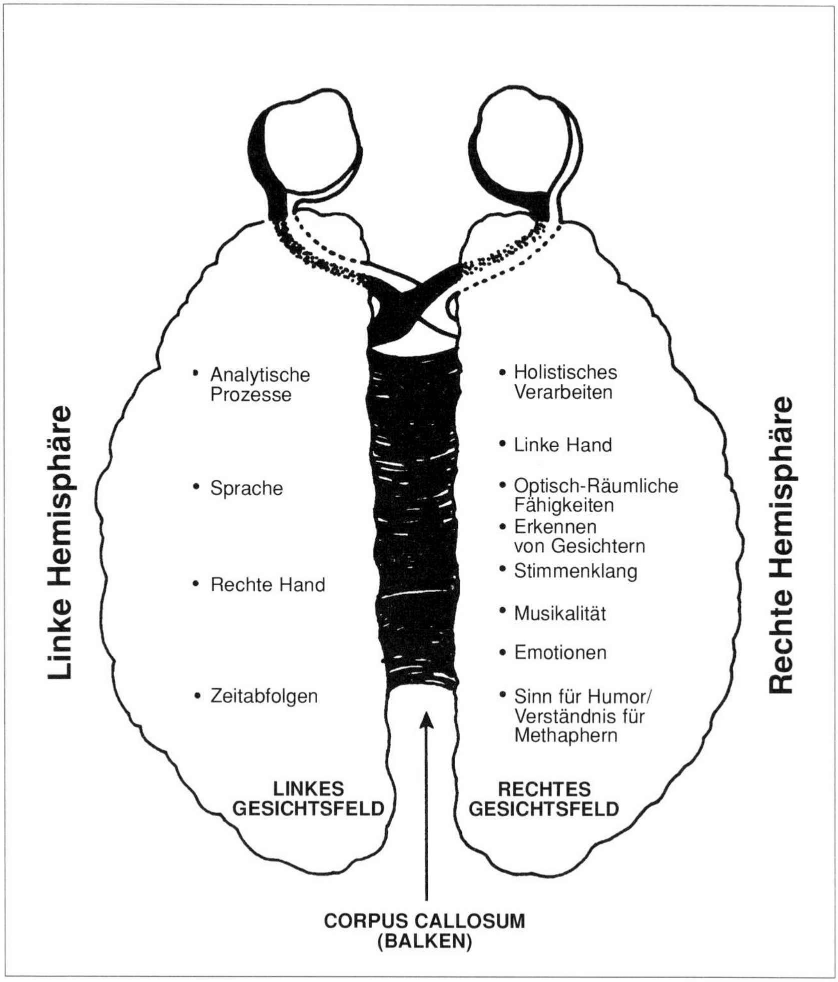

Abb. 5.1
Spezielle Fähigkeiten der rechten und linken Hemisphäre. Aufsicht auf das Gehirn. (Die Interhemisphärenverbindung durch das Corpus callosum ist eingezeichnet.)

Einigen Hinweisen zufolge sind bestimmte biologische Substanzen der funktionellen Lateralität beider Hemisphären unterworfen. Hierunter fällt u. a. die asymmetrische Verteilung von Neurotransmittern, die die neurologische Aktivität fördern, wie beispielsweise ein erhöhter Anteil an Norepinephrin (syn. Noradrenalin) in der rechten Hemisphäre und Dopamin (das offensichtlich mit komplexen motorischen Funktionen zusammenhängt) in der linken. Dieses Ungleichgewicht bei den Neurotransmittern mag wiederum aus bestimmten Vorgängen während der Individualentwicklung (einschließlich solcher im Mutterleib) resultieren. In der Literatur gibt es nun einige wenige Hinweise, daß sich die rechte Hemisphäre pränatal (d.h. vor der Geburt) schneller als die linke entwickelt. Sollte dies stimmen, so sind beide Gehirnhälften zu bestimmten Entwicklungsstadien der Schwangerschaft unterschiedlichen chemischen Umgebungen ausgesetzt. Und dies ist ein ganz wesentlicher Aspekt [6].

Wenn Körper und Geist keine Einheit sind ...

In welchem Verhältnis stehen Bewußtsein (oder Seele) und Gehirn zueinander? Obgleich die Philosophen jahrhundertelang über dem Problem «Körper und Geist» gegrübelt haben, sind die Erkenntnisse, die aus den Untersuchungen an Split-Brain-Patienten stammen, erst seit verhältnismäßig kurzer Zeit bekannt. Wie bereits erwähnt, schließen einige moderne Forscher aus diesen Studien, daß jede Gehirnhälfte über ein «individuelles» Bewußtsein verfügt. Diese Argumentation basiert wiederum zum Teil auf den widersprüchlichen Antworten, mit denen die rechte bzw. linke Hemisphäre mehrerer einzelner Patienten auf dieselbe Frage reagierte [7]. Ein interessantes Beispiel für ein derart duales Bewußtsein wird über den Split-Brain-Patient W.J. berichtet, der mit seiner Frau einkaufen ging:

> Er saß auf dem Beifahrersitz, während sie nach Hause fuhr. Zwischen beiden stand eine Einkaufstüte mit Lebensmitteln auf dem Boden. Er erzählte: «Meine linke Hand fuhr in die Tüte und fischte eine Lakritzstange heraus, die meine Frau für sich gekauft hatte.» Ich fragte ihn: «Und was war damit?» Er meinte: «Ich mag überhaupt kein Lakritz.» Ich bohrte nach: «Ach, das ist aber seltsam – Und was geschah dann?» Er antwortete: «Ich hab das Lakritz gegessen – aber es schmeckte mir nicht.» [8]

Ein weiteres Beispiel für derartiges Konkurrenzverhalten zwischen beiden Hemisphären widerfuhr einer Patientin, die mehrere Jahre lang nach ihrer Operation während alltäglicher Situationen in dramatische Konflikte geriet:

> Ich öffne die Tür des Kleiderschrankes und weiß auch, was ich anziehen möchte. Doch wenn ich ein Kleid mit der Rechten herausnehmen will, fährt meine linke Hand hoch und greift nach etwas völlig anderem. Ich kann dieses ‹Andere› nicht aus der Hand legen, wenn ich es mit der linken ergriffen habe; in solchen Fällen muß ich immer meine Tochter rufen. [9]

Obgleich mein Corpus callosum unbeschädigt ist und ich mich gelegentlich ebenfalls in der Zwickmühle befinde, mich nicht für die passende Abendgarderobe entscheiden zu können, betrachte ich den (von einigen Forschern vertretenen) extremen Standpunkt, ein ansonsten normaler Mensch beherberge ein doppeltes, jeweils unabhängiges Bewußtsein in seinem Kopf, mit einer gewissen Skepsis. Ähnlich ergeht es Sperry (der in dieser Hinsicht falsch zitiert wird), der betont, daß man sogar die Frage diskutieren müsse, ob das Bewußtsein eines «gespaltenen» Gehirns tatsächlich in rechts und links unterteilt sei [10]. Denn laut Sperry sind einige Teile des Bewußtseins bei Split-Brain-Patienten nicht getrennt – so gelangen beispielsweise Wahrnehmungen, die über beide Gesichtshälften erfolgen, oder Klänge, die mit beiden Ohren gehört werden, in beide Hemisphären. Dies gilt auch für starke Schmerzen, Temperaturreize, den Orientierungssinn, Druckwahrnehmung sowie für viszerale Reize (d.h. aus dem Verdauungstrakt), wie z.B. Hunger. Demnach erlebt jede der isolierten Hemisphären gemeinsame Empfindungen für die Position und Bewegung einzelner Körperteile und ist sich desgleichen auch ihrer Umgebung bewußt. Weiterhin muß man bedenken, daß jede Hemisphäre in einer «Nicht-Testsituation» (d.h. normalen Situation) quasi «über Kreuz» ihr Stichwort erhält, so daß selbst Split-Brain-Patienten über ein geeintes Bewußtsein verfügen.

In den vergangen dreißig Jahren, in denen die Lateralität des menschlichen Gehirns erforscht wurde, hat sich im Prinzip eigentlich nur ergeben, daß wir heute mehr über die asymmetrische Verteilung bestimmter komplementärer kognitiver Fähigkeiten in den beiden Hemisphären wissen. Die Philosophen (und manchmal auch die Neurologen) verlieren viel zu oft die Tatsache aus den Augen, daß beide Hälften in weiten Bereichen miteinander verknüpft sind und beim gesunden Menschen als eine Einheit fungieren. Oft tendieren diese Forscher anläßlich der Diskussion um die wahren Gründe für das Menschsein bzw. das menschliche Bewußtsein auch dazu, der linken Hemisphäre und ihrem «Sprachtalent» den unbegründeten Vorzug zu geben. (Musikalisch ungeschult, wie ich nun mal bin, lausche ich einfach meiner geliebten Klassik, ohne mich vom Sprachbewußtsein oder anderen Eigenschaften der linken Gehirnhälfte beirren zu lassen [11].) Was das Körper-Geist-Dilemma anbelangt, so definiert Sperry Bewußtsein als «ganzheitliche Eigenart oder Emergenz, Ausdruck der funktionellen Eigenart einer hoch strukturierten Gehirnaktivität [12].» Und eine elegantere Formulierung kann man sich ja wohl kaum erhoffen!

Ein unterschiedliches Gehirn bei Männern und Frauen

Bei männlichen und weiblichen Probandengruppen kann man bezüglich bestimmter Eigenschaften ihrer Hirnasymmetrie Unterschiede erkennen. Einige Forscher haben allerdings die Zweckmäßigkeit angezweifelt, diese Unterschiede zu untersuchen, da bezüglich der Verteilung jener Merkmale gewöhnlich bei beiden Geschlechtern starke Überlagerungen auftreten. In solchen Fällen übertrumpfen zahlreiche Vertreter des «schwächeren Geschlechtes» (das bei manchen Fragestellungen das männliche ist, bei anderen das weibliche) viele Mitglieder des stärkeren. Obgleich geschlechtsspezifische Unterschiede häufig nur gering ausfallen, sind sie dessen ungeachtet realistisch (d.h. statistisch signifikant). Außerdem bilden die entdeckten Unterschiede ein faszinierendes Muster, das wiederum zahlreiche Hinweise auf die Evolution der Gehirnlateralität liefert.

Bei Tests, in denen die verbale Behendigkeit (u.a. Leseverständnis, Schreiben von Aufsätzen, Anagrammbildung und vor allem der Rhythmus gesprochener Sprache [13]) getestet wird, schneiden Frauen zwar geringfügig, doch signifikant besser als Männer ab. Interessanterweise scheint bei Frauen in bezug auf eine allgemeine motorische Ausdrucksweise die linke Hemisphäre stärker als bei Männern ausgeprägt zu sein; belegt wird dies u.a. durch bestimmte, besser ausgeführte, feinmotorische Bewegungen, die mit der rechten Hand erledigt werden, wie beispielsweise dem Klopfen des Taktes mit den Fingern oder dem handschriftlichen Schreiben. Im Vergleich zu ihren männlichen Artgenossen verfügen Frauen auch über etwas ausgeprägtere emotionelle Fähigkeiten wie beispielsweise im Verständnis von Körpersprachen (und dies mag möglicherweise der wahre Grund für die vielzitierte weibliche Intuition sein).

Männer wiederum schneiden bei räumlichen Tests in Bezug auf Verständnis und Handhabung besser ab als Frauen – beispielsweise beim gedanklichen Drehen eines geometrischen Körpers (mentaler Rotation), beim Lösen von Labyrinthaufgaben, beim Kartenlesen, beim Erinnern an die Position bestimmter Zahlen oder bei einem sogenannten Stabausrichtungstest. (Ziel dieses Testes ist, ein Stäbchen vor einem optisch scheinbar geneigten Hintergrund in der tatsächlichen Vertikalen auszurichten.) Ferner können sie besser zwischen links und rechts unterscheiden, versteckte Figuren aus ihrer Einbettung herauslösen, Einzelpunkte lokalisieren und ihre weiblichen Artgenossen in bestimmten mathematischen Bereichen (Geometrie, Differentialrechnung) übertreffen [14]. Außerdem gibt es einige Hinweise für einige besonders ausgeprägte musikalische Talente bei Männern, z.B. beim Komponieren [15]. Demnach wäre es durchaus denkbar, daß beim Komponieren eines Musikstückes die Töne – abstrakt formuliert – räumlich «umgesetzt» werden; möglicherweise sind dabei ähnliche kognitive Prozesse der rechten Hemisphäre beteiligt wie bei einer anderen männlichen Domäne, nämlich beim Erfassen (Perzeption) und bei der mentalen Rotation einer geometrischen Figur. Dies scheint insofern einleuchtend, da auch die Musik – wie geometrische Körper oder Bilder – ihre Figuren und Wendungen besitzt.

Diese Verallgemeinerungen bilden ein Resümee aus mehreren Hundert Studien über zahlreiche unterschiedliche menschliche Verhaltensweisen, die auf musikalischen, optisch-räumlichen, auditorischen, motorischen, emotionalen und linguistischen Fähigkeiten beruhen. Aus all jenen komplizierten, verwirrenden und zum Teil politisierten Problemen, von denen es in der Literatur nur so wimmelt, schält sich schließlich folgendes grundsätzliches Faktum heraus: Das menschliche Verhalten ist durch schwach erkennbare, aber dennoch signifikante geschlechtsspezifische Unterschiede geprägt. Unter diesen sticht (zweifelsfrei) besonders das optisch-räumliche Vorstellungsvermögen des Mannes heraus, wie es beispielsweise zur Lösung der Aufgabe in Abbildung 5-2 benötigt wird. (Hier soll im Geiste eine geometrische Figur aus einem Falzbogen gefaltet werden [16].) Keinesfalls sollte die Tatsache, daß Männer ein besonders gutes Orientierungsvermögen besitzen (also beispielsweise besser Karten lesen oder sich besser in Irrgärten zurechtfinden können), den Eindruck erwekken, Frauen seien völlig orientierungslos. Meiner Meinung nach trugen diese optisch-räumlichen bzw. akustisch-räumlichen Anlagen generell zur heutigen Evolution des Menschen bei – und zwar bei Frauen wie bei Männern.

Männer besitzen ein etwas größeres Gehirn als Frauen, doch kann dies auch mit der Tatsache zu tun haben, daß ihr Körper generell

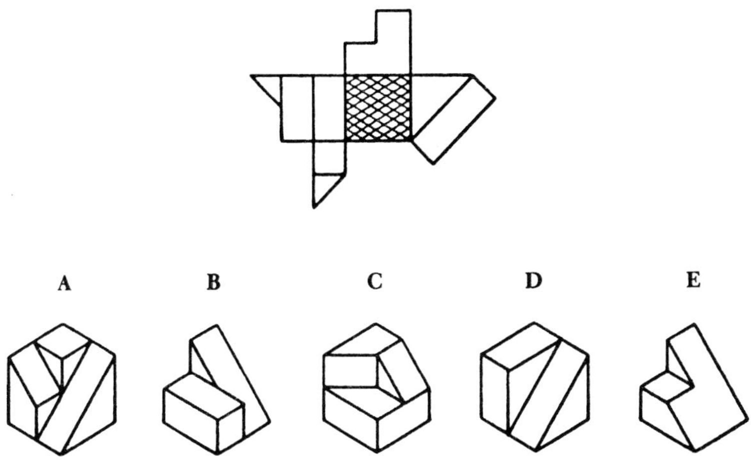

Abb. 5.2
Bestimmte Formen des räumlichen Vorstellungsvermögens sind bei Männern (durchschnittlich) besser entwickelt als bei Frauen. In diesem Beispiel sollen Sie diejenige Figur auswählen, die sich beim Zusammenfalten des oberen Falzbogens ergibt. (Der rautierte Bereich entspricht dem Boden der Figur.) Die Antwort finden Sie in Kapitel 5 [16] am Ende des Buches. (Die Figuren stellte Roland Guay zur Verfügung.)

größer ist. Davon abgesehen sind nicht sehr viele auffällige anatomische Unterschiede zwischen männlichem und weiblichen Gehirn bekannt; dies gilt u.a. für Regionen wie die Massa intermedia (Adhaesio interthalamica), das Planum temporale, die Commissura anterior, das Corpus callosum sowie zwei Nuclei im vorderen Hypothalamus [17]. Ferner gibt es einige Hinweise, daß das Muster der Gehirnlateralität bei beiden Geschlechtern unterschiedlich aussieht. Wie aus einem Literaturüberblick hervorgeht, können Frauen bestimmte Informationsarten offenbar mit beiden Gehirnhälften verarbeiten, während Männer hier mehr die eine bzw. die andere Hemisphäre verwenden [18]. So kommt beispielsweise Aphasie (die Unfähigkeit, Wörter zu verstehen oder zu gebrauchen) nach Verletzung der linken Hemisphäre dreimal häufiger bei Männern als bei Frauen vor. Demzufolge können Frauen Sprache häufiger mit beiden Hemisphären verarbeiten.

Allerdings wird die allgemeine Aussage, das männliche Gehirn weise eine stärkere Asymmetrie auf als das weibliche, durch die Ergebnisse Doreen Kimuras von der kanadischen University of Western Ontario abgeschwächt. Sie stellte fest, daß Sprachstörungen und manuelle Schwierigkeiten signifikant häufiger bei Frauen mit Läsionen im linken Frontallappen auftraten, während die gleichen Krankheitsbilder bei Männern durch Verletzungen der hinteren (posterioren) Parietal- und Temporallappen hervorgerufen wurden. Kimura folgerte daraus, daß manuelle Fertigkeiten bei Frauen (die viel stärker zur Rechtshändigkeit neigen als Männer) zumindest auf ähnliche Weise wie die Sprache vom linken Frontallappen abhängen. Dementsprechend kommen auch motorische Bewegungen, die durch den linken Frontallappen gesteuert werden, bei Frauen häufiger vor, während sich bei Männern überwiegend weiter hinten (posterior) liegende Hirnregionen durchsetzen. Falls dies zutrifft, dann unterscheidet sich das Gehirn beider Geschlechter offenbar nicht nur in seiner Rechts-Links-Orientierung, sondern auch in seinem Aufbau von vorne (frontal) nach hinten (occipital) [19].

Insgesamt liegen wenige klinische Daten vor, inwieweit optisch-räumliche Fähigkeiten asymmetrisch in beiden Geschlechtern vorhanden sind. Allerdings zeigen einige wenige Studien tatsächlich, daß Männer bezüglich dieser Eigenschaften stärker von ihrer rechten Gehirnhälfte abhängig sind. In einigen Untersuchungen, bei denen die Hemisphärendurchblutung von Probanden protokolliert wurde, die gleichzeitig mit einer Denkaufgabe (hier eine mentale Rotation) beschäftigt waren, stellte man signifikante Unterschiede zwischen Männern und Frauen fest. Diese Befunde stimmen mit der Hypothese überein, Männer seien auf bestimmte optisch-räumliche Fähigkeiten spezialisiert.

Weiterhin erhärten die Ergebnisse einiger neuroanatomischer Untersuchungen der Gehirnform den Verdacht, daß sich Männer und Frauen grundsätzlich im Aufbau dieses Organs unterscheiden. Die Radiologin Marjorie LeMay untersuchte als erste einige auffällige «Hirnlappenüberhänge». Hierbei fiel ihr auf, daß der rechte Frontallappen bei Rechtshändern länger ist als sein linkes Pendant; und ähnlich verhielt es sich mit ihrem linken Occipitallappen, der um einiges sein rechtes Gegenstück überragte. Diese Anordnung ist dafür verantwortlich, daß das Gehirn wie auch der darüber liegende Schädel in Röntgenaufnahmen oder Computertomogrammen schief aussehen. LeMay konnte außerdem nachweisen, daß derartige Asymmetrien auch bei Linkshändern vorkommen; allerdings sind die Verhältnisse genau entgegengesetzt (d.h. der linke Frontallappen bzw. der rechte Occipitallappen sind jeweils länger).

LeMays Forschungsarbeiten sind auch aus dem Grunde wichtig, weil sie eine statistisch abgesicherte Korrelation zwischen Gehirnform und Händigkeit darstellen. In einer neueren Studie werden LeMays frühere Ergebnisse bestätigt; darin wird bewiesen, daß die Asymmetrien im Frontal- und Occipitallappen weitaus häufiger bei Männern als bei Frauen vorkommen. Darüber hinaus scheinen die entgegengesetzten «Hirnlappenüberhänge» öfter bei Frauen aufzutauchen, obwohl bei ihnen Linkshändigkeit geringfügig seltener ist als bei Männern [20].

Der Einfluß der Sexualhormone

Jeder ist sicherlich schon einmal über Zungenbrecher wie «Fischers Fritze fischt frische Fische» oder «Der Kaplan klebt Pappplakate» gestolpert. Kaum bekannt ist jedoch, daß Frauen derartige Verse wesentlich besser bewältigen, wenn ihr monatlicher Östrogen- und Progesteronspiegel besonders hoch ist – d.h. kurz vor dem Eisprung und dann wiederum in der letzten Woche vor der Menstruation [21]. Zu diesem frappierenden Ergebnis kamen Elizabeth Hampson und Doreen Kimura (beide von der kanadischen University of Western Ontario). Wenn andererseits im Blut dieser Frauen nur geringe Konzentrationen der beiden Hormone vorhanden waren (also während und unmittelbar nach der Monatsblutung), schnitten sie bei diesen Sprechübungen oder bei anderen Aufgaben, mit denen rasche motorische Koordinationen getestet wurden (z.B. rhythmisches Klopfen mit den Fingern oder Lochbrett-Aufgaben), schlechter ab. Da bei Aufgaben, in denen erlernte motorische Fähigkeiten gefragt sind, Frauen meist ihre männlichen Konkurrenten übertrumpfen, werden diese weiblichen Talente demnach wohl durch hohe Östrogen- und Progesteronspiegel gesteigert.

Doch welchen Einfluß haben nun weibliche Sexualhormone bei optisch-räumlichen Tests, in denen die Männer normalerweise brillieren? Im weiteren Verlauf dieser Studie unterzog sich jede Frau an zwei bestimmten Tagen ihres Zyklus einem sogenannten Stabausrichtungstest. Die Ergebnisse waren verblüffend: Die Probandinnen richteten die Stäbchen bei hohem Östrogen- und Progesteronspiegel (also in der Mitte der Lutealphase) deutlich schlechter aus als während ihrer Monatsblutung (sprich bei niedrigem Hormontiter).

Wie diese Diskussion gezeigt hat, werden die (sonst bei Männern stärker ausgebildeten) optisch-räumlichen Fähigkeiten bei menstruierenden Frauen verbessert, während sich ihre motorischen Talente (also die eigentliche Frauendomäne) gleichzeitig verschlechterten. Hampson und Kimura folgern daraus, daß die kognitive Fähigkeit einer Frau qualitativ durch ihren schwankenden Hormonspiegel beeinflußt wird. Weiterhin gehen sie davon aus, daß unterschiedliche Ergebnisse bei Männern und Frauen für diesen und andere kognitive Tests ebenfalls auf hormonellen Einwirkungen beruhen. So ist beispielsweise bei der motorischen Koordinierung der Neurotransmitter Dopamin von großer Bedeutung, und auch bei der Dopaminfreisetzung im Gehirn könnten Sexualhormone in größerem Umfang beteiligt sein.

Pränatale Umwelteinflüsse sind evtl. auch in besonderem Maße für geschlechtsspezifische Unterschiede bei den Ergebnissen solcher kognitiver Tests verantwortlich. Sheri Berenbaum (Chicago School of Medicine) und Melissa Hines (University of California in Los Angeles) untersuchten das Spielverhalten bei Kindern, die an kongenitaler Nebennierenrindenhyperplasie (NNR-Hyperplasie) leiden (d.h. einer genetisch bedingten, angeborenen Vergrößerung des Gewebes der Nebennierenrinde); bei dieser Krankheit werden größere Mengen Androgene (männliche Geschlechtshormone) vor und nach der Geburt freigesetzt [22]. Beide Wissenschaftlerinnen stellten fest, daß Mädchen, die an NNR-Hyperplasie erkrankt waren, im Vergleich zu ihren Schwestern häufiger mit Jungenspielzeug als mit solchem für Mädchen spielten. (Normale Kinder ziehen je nach Geschlecht bestimmtes Spielzeug vor; so spielen Jungen lieber mit Bauklötzen und Autos, während Mädchen Puppen und Puppenküchen bevorzugen.) Demnach hat es den Anschein, daß geschlechtsspezifische kognitive Merkmale (in diesem Fall für das Spielverhalten) zumindest teilweise hormonell ausgelöst werden, und zwar in einem sehr frühen Entwicklungsstadium.

Hines zieht ein Resümee für andere Beispiele, wie geschlechtsspezifische Unterschiede im kognitiven Verhalten hormonell kontrolliert werden; weiterhin merkt sie an, daß typisch männliche kognitive Verhaltensmuster bei Individuen, die während ihrer Entwicklung niedrigen Hormonkonzentrationen ausgesetzt waren, schwächer ausgebildet sind, während ein höherer Hormonspiegel diese Verhaltensweise stärker ausprägte:

1.) Junge Frauen und pubertäre Mädchen, die aufgrund eines genetischen Defektes (einer kongenitalen Nebennierenrindenhyperplasie) pränatal hohen Mengen an Testosteron und anderen Androgenen ausgesetzt waren, wiesen im Test stärker ausgeprägte optisch-räumliche Fähigkeiten auf. 2.) Bei Männern, die schon längere Zeit aufgrund eines idiopathischen hypogonadotrophen Hypogonadismus (d.h. eine ohne erkennbare Ursachen aufgetretene Unterfunktion der Geschlechtsdrüsen mit Erniedrigung der männlichen Hormone im Serum) unterdurchschnittlichen Androgenkonzentrationen ausgesetzt waren, war das optisch-räumliche Vorstellungsvermögen schwächer ausgebildet. 3.) Frauen, die pränatal überdurchschnittlich hohen Östrogenkonzentrationen ausgesetzt waren, da ihren Müttern während der Schwangerschaft das künstliche Östrogen Di-Ethyl-Stilböstrol (DES) verschrieben wurde, zeigten nachweislich eine erhöhte Sprachlateralität. 4) Bei Frauen und pubertären Mädchen, die aufgrund pränatalem Ovarienschwund infolge eines Turner-Syndroms unterdurchschnittlichen Hormonkonzentrationen ausgesetzt waren, sind sowohl optisch-räumliches Vorstellungsvermögen wie Sprachlateralität nur schwach ausgeprägt [23].

Zusammen mit dem verstorbenen Norman Geschwind entwikkelte Albert Galaburda von der Harvard Medical School eine recht spekulative, aber dennoch interessante Theorie, wie eine Gehirnasymmetrie pränatal durch Geschlechtshormone ausgelöst werden kann. Ihre Argumentation sieht etwa folgendermaßen aus: In einigen Fällen erfolgt die fetale Entwicklung der Gehirnwindungen früher auf der rechten Hemisphärenoberfläche als auf der linken; daher wird das Wachstum in manchen Bereichen der linken Hemisphäre wahrscheinlich durch einige Faktoren verlangsamt. Ein teilweise verlangsamtes linksseitiges Wachstum wird nun bei einigen Individuen dadurch kompensiert, daß die entsprechenden rechten Gehirnabschnitte rascher wachsen und wohl auch größer werden. Dies führt wiederum zu einem besonders gut ausgeprägten optisch-räumlichen Vorstellungsvermögen und vermehrt auftretender Linkshändigkeit. Andererseits sind die Fähigkeiten, die links lokalisiert sind, hierdurch «vernachlässigt» worden, wie man aufgrund vermehrt auftretender Sprachstörungen (z.B. Dyslexie, Stottern) schließen kann.

Allem Anschein nach findet man derartige positive wie negative Merkmale, die höchstwahrscheinlich auf einem verlangsamten Wachstum der linken Hemisphäre beruhen, häufiger bei Männern als bei Frauen. Hieraus folgern Galaburda und Geschwind, der Parameter, welcher theoretisch das linksseitige Hemisphärenwachstum verlangsame, sei vermutlich ein spezifisch männlicher Faktor; ihrer Meinung nach kommt hierfür als wahrscheinlicher Kandidat Testosteron in Betracht, da Männer im Gegensatz zu Frauen während ihrer Entwicklung größeren Mengen dieses männlichen Sexualhormons ausgesetzt sind. Demnach können sowohl die Gehirnasymmetrie wie auch der Zeitpunkt, ab dem sich geschlechtsspezifische Unterschiede für kognitive Fähigkeiten entwickeln, durch den Einfluß von Testosteron auf die Großhirnrinde ausgelöst werden – insbesondere während des dritten Schwangerschaftsmonats [24].

Theorien wie die hier geschilderte beruhen im Wesentlichen, wenn auch nicht ausschließlich auf Tierversuchen, da Wissenschaftler aus ethischen Gründen nur in sehr begrenztem Umfang Experimente am Menschen durchführen können. Um nun Fragen zur Evolution und Lateralität des Gehirns beantworten zu können, untersuchte ich vor kurzem zusammen mit meinen Kollegen von der Washington University in St. Louis mehrere hundert Endokranialausgüsse der Schädel von Rhesusaffen, einer Affenart, die am häufigsten als Tiermodell in der Humanmedizin verwendet wird. Die Schädel stammten von Tieren, deren Alter und Geschlecht bekannt waren, und sie lieferten uns zahlreiche Informationen über Schädelnähte, Cortexfurchungen und Gehirnformen. In Bezug auf die Hypothese, die Galaburda und Geschwind aufgestellt haben, sind zwei der von uns gefundenen Aspekte sehr interessant [25].

Während der postnatalen Entwicklung der Affen schlossen sich die Schädelnähte (Suturae) in einigen Fällen deutlich rascher auf der rechten Seite, doch niemals umgekehrt. (Zur Erinnerung: Im fetalen Menschengehirn entwickelt sich in der Regel die rechte Hemisphäre zuerst.) Falls also eine Asymmetrie im Schädelwachstum, wie sie bei Affen beobachtet wurde, (durchaus denkbar) auch für den Menschen zutrifft, dann gäbe es möglicherweise ein generelles Entwicklungsgefälle, bei dem die rechte Schädelhälfte samt ihres Inhaltes eine etwas größere Wachstumsgeschwindigkeit vorlegte als die linke Seite.

Unser zweiter Befund legte einen besonders ausgeprägten geschlechtsspezifischen Unterschied für jene Rhesusaffen dar, deren Gehirn seine adulte Größe erreicht hatte. (Die Bestimmung erfolgte über die Schädelkapazität.) Weibliche Rhesusaffen erreichten dieses Stadium im Alter von vier Jahren, während das Gehirn der Affenmännchen erst bei einem Lebensalter von sechs Jahren ausgewachsen war. Falls ein vergleichbares Wachstumsverhalten auch für den Menschen zuträfe, würde dies die (in einigen Punkten) stärker ausgepräg-

te Gehirnlateralität bei Männern erklären, ohne zwangsläufig den hemmenden Wachstumseinfluß von Testosteron auf die linke (männliche) Hemisphäre in die Diskussion einwerfen zu müssen. An dieser Stelle möchte ich ein akademisches Problem aufwerfen: Wenn die rechte Hemisphäre bei beiden Geschlechtern «programmiert» ist, generell geringfügig schneller als die Linke zu wachsen, und wenn dieses Wachstum bei Männern länger andauert, so müßten beide Gehirnhälften bei Männern stärker auseinanderwachsen (d.h. eine größere Asymmetrie aufweisen) als bei Frauen. Diese Hypothese, die auf Untersuchungen an Rhesusaffen beruht, wäre durchaus Grundlage für ein lohnenswertes Forschungsprojekt.

Trotz zahlreicher bahnbrechender Erkenntnisse im Bereich der Neurologie und verwandter Wissenschaften bleibt das menschliche Gehirn weiterhin eine Art Blackbox, die man nur von außen abklopfen kann. Allerdings kristallisieren sich aus den wenigen Einblicken in die innere Arbeitsweise des Gehirns immerhin drei bedeutende Erkenntnisse heraus: Zum einen spielen Sexualhormone eine wichtige Rolle während der Gehirnentwicklung, und folglich beeinflussen sie auch die kognitiven Fähigkeiten. Zum zweiten ist die Wechselwirkung, die zwischen pränatalen Hormoneinflüssen und dem Zeitpunkt, zu dem sich bestimmte Gehirnabschnitte entwickeln, entscheidend für die endgültige Struktur des Gehirns und dementsprechend auch für dessen spätere Funktionen. Drittens schließlich bestehen im Aufbau des männlichen und weiblichen Gehirns gewisse minimale Unterschiede.

Wird die Entwicklung des Gehirns also von genetischen oder von milieuabhängigen Einflüssen geprägt? Nun, selbstverständlich spielen beide Faktoren eine Rolle. Auch auf die Frage, ob jene geringfügigen, aber dennoch signifikanten geschlechtsspezifischen Unterschiede genetisch oder kulturell bedingt sind, muß man beiden Parametern gleiches Gewicht beimessen. Obgleich die Gehirnlateralität zweifelsfrei in den Genen fixiert ist, sollte man sich immer vor Augen führen, daß bestimmte Merkmale, die infolge sexueller Selektion vermehrt in einem Geschlecht auftreten, automatisch auch häufiger im jeweils anderen Geschlecht vorkommen. (Dies hängt davon ab, daß sich Gene, während sie von den Eltern an ihre Töchter und Söhne weitergegeben werden, zu neuen Kombinationen zusammenfinden; dies bezeichnet man auch als freie Rekombination der Gene.)

Allerdings gibt es zumindest eine bedeutende Wissenschaftlerin, die sich im Zusammenhang mit den oben beschriebenen Untersuchungen wohl bewußt ist, daß kulturelle Faktoren (u.a. auch geschlechtsdiskriminierende) ebenfalls eine Rolle bei der Prägung von Verhaltensweisen spielen können. Der emeritierten Professorin Estelle Ramey von der Georgetown University war aufgefallen, daß Frauen in Bezug auf verbale Fähigkeiten und Rechtshändigkeit ihre männlichen Artgenossen übertrumpfen. Dies kommentiert sie folgendermaßen: «Und was sagen sie [die Männer] nun über Frauen? Sie reden zu viel. Selbst wenn man einmal im Vorteil ist, steht man auf verlorenem Posten.» Derartige Vorurteile würden aber auch von Frauen in die Welt gesetzt, meint sie und fügt hinzu: «Frauen besitzen auch den Vorteil einer größeren rechtshändigen Fingerfertigkeit. Doch arbeiten sie deshalb häufiger als Neurochirurgen? Oh nein, sie verschwenden ihr Talent an Häkeldeckchen! Mit anderen Worten, biologisch gesehen, befinden sie sich gerade mal in den Kinderschuhen! [26]»

Gehirnlateralität bei anderen Tieren

In der Philosophie neigt man gerne dazu, den Menschen als eine Besonderheit darzustellen und vom übrigen Tierreich zu trennen. Bis vor wenigen Jahren beherrschte diese anthropozentrische Denkart auch die Ansichten über die Gehirnlateralität. Folglich dauerte es jahrelang, bis sich die Forscher dem Gedanken vertraut machten, daß auch andere Tiere ein asymmetrisches Gehirn besitzen; erschwert wurde dieser Prozeß noch durch die scheinbar widersprüchliche Tatsache, daß Sprache und Rechtshändigkeit bei anderen Tierarten nicht vorkommen. Dennoch besitzen Tiere ein asymmetrisch gebautes Gehirn, wie Untersuchungen u.a. an Nagetieren, Vögeln und Primaten belegen.

Informationen wie diese gehören zu jenen seltenen wissenschaftlichen Erfolgsereignissen, die ich so sehr schätze. Begonnen hat alles zu Beginn der 70er Jahre, als Stanley Glick durch einen glücklichen Zufall zwei bestimmte Verhaltensweisen bei Ratten beobachtete. Glick, der heute die Pharmakologisch-Toxikologische Abteilung am Albany Medical Center leitet, fand zunächst heraus, daß konditionierte (dressierte) Ratten, denen Amphetamin verabreicht worden war, die Hebel (einer Experimentiervorrichtung) vorzugsweise mit einer bestimmten Pfote drückten. Weiterhin stellte er fest, daß Amphetamine bei nicht-konditionierten Ratten bewirkten, daß sich diese beständig in die eine oder andere Richtung drehten. (Normalerweise drehen sich Ratten, denen keine Wirkstoffe gegeben wurden, zwar auch spontan (z.B. nachts), wenn auch nicht so heftig; die Drehrichtung ist hierbei dieselbe wie diejenige, die durch Amphetamine hervorgerufen wurde.) Zum Zeitpunkt, als Glick diese Beobachtungen machte, wußte man, daß sich heftige Drehbewegungen bei Ratten auch durch Läsionen in tiefer liegenden Gehirnregionen hervorrufen lassen; dabei werden solche Neurone verletzt, die Dopamin enthalten. Glick folgerte daher, Amphetamine lösten bei seinen Ratten das Verhalten aus, den Hebel bevorzugt mit einer Pfote zu drücken bzw. sich nach einer Seite zu drehen, weil diese Droge auf ein asymmetrisches dopaminabhängiges System einwirkt.

1974 zeigte Betty Zimmerberg (z. Zt. am Williams College) zusammen mit ihrem Team in einem Artikel der Zeitschrift *Science*, daß im Gehirn normaler Ratten tatsächlich ein asymmetrisches dopamingesteuertes System existiert. Wie sich herausstellte, lag das Dopaminniveau in jener Seite, die nicht bevorzugt wurde, deutlich höher. Gemeinsam folgerten Zimmerberg und Glick aus diesen und anderen Ergebnisse, daß Drehbewegungen einen Hinweis für eine stereotype räumliche Verhaltensweise darstellen, die aus einer tief sitzenden Hirnasymmetrie resultiert. Folglich besitzen Ratten ein asymmetrisch gebautes (d.h. lateralisiertes) Nervensystem, das wiederum für diese Drehbewegungen nach bevorzugten Seiten hin verantwortlich ist. Merkwürdigerweise tendieren männliche und weibliche Ratten leicht dazu, sich in entgegengesetzte Richtungen zu drehen.

Wie sahen die Reaktionen der Wissenschaft auf diese aufsehenerregenden Ergebnisse aus. «Zunächst wollte man uns überhaupt nicht glauben,» meint Glick. «Als die Forscher nach und nach den Ergebnissen Glauben schenkten, wurde uns entgegnet: Was macht das schon; schließlich sind das ja Ratten, keine Menschen!» Glick und seinem Team blieben also nur noch eine Alternative: Sie mußten die Verteilung von Dopamin und anderen Neurotransmittern im menschlichen Gehirn untersuchen. Dies geschah 1982. Dabei entdeckten sie nicht nur, daß Dopamin in den untersuchten Gehirnen tatsächlich asymmetrisch verteilt war, sondern fanden auch heraus, daß dieses Niveau doppelt so hoch wie bei Ratten lag. Im Prinzip war auch der Ort der Dopaminhäufigkeit bei Menschen wie bei Ratten ähnlich organisiert: das Dopaminniveau war jeweils auf derjenigen Hirnseite erhöht, die der bevorzugten Hand (oder Pfote) gegenüberlag.

Doch eigentlich sind Drehbewegungen und Händigkeit zwei Dinge, die nichts miteinander zu tun haben – oder etwa doch? «Drehen» sich Menschen auf ähnliche Weise wie Ratten, und wenn ja, zeigen Männer und Frauen dann ein unterschiedliches Drehverhalten? Da sich Glick und seine Kollegen brennend für dieses Problem

Abb. 5.3
«Zunächst wollte man uns überhaupt nicht glauben», meint Glick, «Als die Forscher dann allmählich den Ergebnissen Glauben schenkten, zuckte man nur die Schultern und meinte: Was macht das schon? Das sind ja bloß Ratten, keine Menschen!» Glicks bahnbrechende Arbeiten führten schließlich zu der Erkenntnis, daß Gehirnlateralität nicht nur beim Menschen, sondern auch bei anderen Tieren vorkommt (Foto: Stanley Glick).

interessierten, entwickelten sie ein elektronisches Meßgerät, das in einem Gürtel eingebaut war und die Drehbewegung eines Menschen aufzeichnet. Dabei hält dieses Gerät dieselben Drehbewegungen fest, wie sie eine Ratte ausführen würde. In einem Großversuch erklärten sich 74 männliche und 61 weibliche Testpersonen (Studenten, Ärzte und Krankenhausangestellte) einverstanden, den Meßgürtel sieben bis acht Stunden lang ununterbrochen zu tragen. (Dabei wußten die Testpersonen nicht, wie das Gerät seine Messungen ausführte.) Wie sich herausstellte, verhalten sich Menschen genauso wie Ratten! Im Laufe eines ganz normalen Arbeitstages drehen sich die meisten Männer und Frauen unbewußt nur nach links bzw. nach rechts. (Vermutlich geht es dem Gros der Leser genauso.) Genau wie weibliche Ratten drehen sich Frauen ebenfalls häufiger als Männer; außerdem unterschieden sich beide Geschlechter darin, in welche Richtung sie sich insgesamt bevorzugt drehten. Während sich Männer mit Linkshirndominanz häufiger nach rechts wandten, drehten sich Frauen mit linksseitiger Hirndominanz bevorzugt nach links.

Aufgrund von Glicks Forschungsarbeiten wird die Thematik, daß Gehirnlateralität bei Ratten, Vögeln oder Primaten vorkommt, heute auch von anderen Wissenschaftlern ernstgenommen. Darüber hinaus zeigt eine Literaturübersicht über zahlreiche experimentelle Arbeiten an Säugetieren (in denen lokomotorische, neurochemische und neuroanatomische Messungen vorgenommen sowie das Ausmaß von Läsionen untersucht wurden), daß das Geschlecht maßgeblich für die Ausprägung von Verhaltensmustern und Gehirnasymmetrien verantwortlich ist, und bei lokomotorischen Asymmetrien (wie beispielsweise Drehbewegungen bei Nagern) kommen geschlechtsspezifische Unterschiede normalerweise fast immer vor [27].

Die Evolution der Gehirnasymmetrie

Aus welchen Gründen kam es überhaupt zu einer Gehirnlateralisierung [28]? Wie die Arbeiten von Glick *et al.* gezeigt haben, standen am Anfang einige Drehbewegungen. Doch welchen Sinn macht es, permanent im Kreis zu laufen? Eine einfache Erklärung wäre, daß sich beispielsweise eine Ratte, die sich vom sicheren Bau entfernt, generell dorthin zurückfinden würde (im Falle eines verirrten Wanderers würde dieser wieder an seinen Ausgangspunkt gelangen). Was Ratten oder andere Nager betrifft, so könnte dieses Orientierungsvermögen, immer nach Hause zu finden, sicherlich ein Adaptationsmerkmal sein, das durch natürliche Selektion gefördert würde. Ratten mit guter Heimorientierung würden sicherlich länger leben und mehr Nachwuchs bekommen als solche, die (buchstäblich) verloren gingen. Auf die Frage, welcher Sinn seiner Ansicht nach in einer bevorzugten Drehrichtung bei Ratten läge, entgegnete Glick, daß solche Ratten, die ohne zu zögern eine Richtung einschlügen, eine höhere Überlebenschance beim Angriff eines Raubtiers besäßen. Zweifellos handelt es sich in diesen Fällen um eine Adaptation.

Doch welchen Sinn ergeben geschlechtsspezifische Unterschiede? Eine mögliche Erklärung findet man möglicherweise bei einer anderen Nagetierfamilie, den Wühlmäusen, die in Nordamerika durch zwei Arten vertreten wird. Die Präriewühlmaus des nordamerikanischen Mittelwestens lebt in strenger Einehe, und Männchen wie Weibchen bleiben immer in der Nähe des Baus. Die Wiesenwühlmaus (*Microtus pennsylvanicus*), die man in Pennsylvania findet, hat eine polygyne Lebensweise (ein Männchen begattet mehrere Weibchen), und so müssen männliche Wiesenwühlmäuse während der Paarungszeit weite Strecken zurücklegen, um möglichst viele Weibchen zu finden. Beide Microtus-Arten bieten sich daher als ideale Untersuchungsobjekte an, um zu testen, ob geschlechtsspezifische Unterschiede in Bezug auf optisch-räumliche Fähigkeiten bei Männchen bestehen; falls dies zutrifft, ist dann die Frage interessant, ob dieses männliche Orientierungsvermögen einen Vorteil bei der Fortpflanzung bietet. Beide Aspekte bildeten das Thema einer interessanten experimentellen Studie, die Steven Gaulin und Randall FitzGerald von der University of Pittsburgh durchführten [29].

Während des ersten Teils ihrer Arbeit fingen Gaulin und FitzGerald Wühlmäuse beider Arten und versahen sie mit einem kleinen Radiosender. Nachdem die Nager wieder freigelassen worden waren, wurden anschließend der tägliche wie auch der gesamte Aktionsraum aller Tiere mit Hilfe der jeweiligen Funksignale kartiert. Die Ergebnisse bestätigten die These, daß männliche Wiesenwühlmäuse ihren Aktionsraum während der Paarungszeit ausdehnen, während die Weibchen dieser Art ortstreu blieben. Demgegenüber veränderten bei den monogamen Präriewühlmäusen weder Männchen noch Weibchen zu irgendeiner Zeit ihren Aktionsraum.

Während des zweiten Teils der Untersuchungen wurden Exemplare beider Wühlmausarten erneut eingefangen, um im Labor ihre optisch-räumlichen Fähigkeiten in einem Labyrinth zu untersuchen. Übereinstimmend mit Gaulins und FitzGeralds früheren Beobachtungen schnitten nur die Männchen der polygynen Wiesenwühlmaus bei diesem Orientierungstest durchgängig besser ab. Aus diesem Grund liegt die Vermutung nahe, daß optisch-räumliche Fähigkeiten bei männlichen Wiesenwühlmäusen entstehen konnten, weil sie sich bei der Partnersuche über weite Strecken orientieren mußten; ein gutes Orientierungsvermögen garantierte ihnen somit einen größeren Erfolg bei der Fortpflanzung (und darum geht es schließlich ja generell in der Evolution).

Der optische Sinn ist jedoch nicht die einzige Bedingung für eine erfolgreiche Reproduktion, da auch der Lebensraum eine wichtige Rolle spielt. So verlassen sich viele Baumbewohner wie etwa die Vögel bei der Partnerwahl mehr auf ihren Hörsinn. Kanarienvögel singen beispielsweise, um gegenüber anderen Artgenossen im Umkreis ihre Anwesenheit zu signalisieren und ihr Territorium zu verteidigen. Bei unserer Fragestellung interessieren jedoch mehr die männlichen Vögel, die mit ihrem Gesang ein Weibchen herbeilocken wollen. Weiterhin ist das «Gesangszentrum» anatomisch in der linken Vorderhirnregion lokalisisiert, und bei adulten Kanarienvogelmännchen (die komplizierte Strophen singen) ist dieser Bereich vier bis fünf Mal größer als bei den Weibchen, deren Gesang recht einfach ist [30].

Ganz offensichtlich trägt der Gesang der Vögel wesentlich zu ihrem Fortpflanzungserfolg bei; und somit kann man diese geschlechtsspezifischen Unterschiede bei Verhaltensweisen und im asymmetrischen Bau des Vogelgehirns durchaus als logische Folge einer verstärkten Selektion auffassen.

Die Primaten verlassen sich im Gegensatz zu Vögeln und Nagetieren bei der Kommunikation untereinander auf visuelle Reize und Lautäußerungen, und zumindest beim Menschen sitzen die Zentren dieser Sinne meist jeweils in der rechten bzw. linken Hemisphäre. Vergleicht man die Evolution der Hominiden mit derjenigen anderer Wirbeltiere (s.o.), so könnte auch bei den Primatenvorfahren der ersten Hominiden eine Selektion dieser geschlechtsspezifischen Unterschiede eingetreten sein.

Die Diskussion dieser Frage stellt im Prinzip ein rein akademisches Problem dar. Ähnlich wie beim Menschen laufen auch bei Makaken (einer Affenart) lautbildende Vorgänge (in diesem Fall Laute, die zur sozialen Kommunikation dienen) überwiegend in der linken Hemisphäre ab, während in ihrer rechten Gehirnhälfte vornehmlich visuelle Eindrücke (Unterscheidung einzelner Objekte) verarbeitet werden. Ferner findet man bei Makaken unterschiedlich lange Gehirnlappen und andere Cortexasymmmetrien, wie sie auch beim Menschen vorkommen. Diese wie auch zahlreiche andere Untersuchungen legen die Vermutung nahe, daß die ersten Anlagen, aus denen die menschliche Gehirnasymmetrie entstand, schon vor langer Zeit gebildet wurden – vermutlich in der Frühphase der Evolution der Anthropoidea (der «Menschenähnlichen», einer Großgruppe innerhalb der Primaten) [31].

Aufgrund der überraschenden Ergebnisse einer interessanten Untersuchung über die Händigkeit bei Primaten können wir annehmen, daß bei den ersten «Menschenähnlichen» eine Gehirnlateralisierung vorlag. Peter MacNeilage von der University of Texas in Austin zeigte gemeinsam mit seinen Kollegen, daß Affen und Menschenaffen (also die übrigen Primaten) bevorzugt mit ihrer linken Hand nach Futter greifen, während sie mit der Rechten andere manuelle Aufgaben bewältigen. Wie man aus MacNeilages Studie schließen kann (und wie Untersuchungen an Halbaffen ebenfalls vermuten lassen), spezialisierte sich im Verlauf der Evolution die rechte Gehirnhälfte der Primaten anfänglich darauf, Gegenstände, die optisch geortet worden waren, mit der linken Hand zu ergreifen. Als Konsequenz dieser Entwicklung spezialisierte sich die linke Hemisphäre der höheren Primaten (sprich, der Anthropoidea) auf Bewegungsabläufe mit der rechten Hand sowie auf die Koordination von Bewegungen mit beiden Händen. Demnach müßte laut diesem Modell die rechte Hemisphäre hauptsächlich in der frühen Primatenevolution damit begonnen haben, optisch-räumliche Fähigkeiten auszubilden.

Aus dem Gesagten können wir folgern, daß die Anthropoidea tatsächlich eine Gehirnlateralität besaßen und daß dieses Merkmal eine lange Evolution durchgemacht hat. Unter all diesen Primaten besitzt selbstverständlich *Homo sapiens* die am stärksten ausgeprägte Lateralisierung. Da das Geschlecht bei höheren Wirbeltieren (Vögeln, Säugetieren; also auch beim Menschen) ein entscheidender Faktor für die Ausbildung von Verhaltensweisen und Gehirnasymmetrien ist, kann man davon ausgehen, daß dieser Parameter auch eine bedeutende Rolle in der Entwicklung der Gehirnasymmetrie bei den Urprimaten gespielt hat. Wie uns Paläontologen und Archäologen bestätigen können, besaß das Gehirn der frühen *Homo*-Vertreter vor zwei Millionen Jahren bereits eine ähnliche Asymmetrie wie das heutige Menschenhirn. Offen bleibt also lediglich die Frage, ob die Gehirnasymmetrie der frühen Hominiden bereits ebenfalls geschlechtsspezifische Unterschiede aufwies.

Leider wird bei der Erforschung der Evolution des Hominidengehirns selten die Frage nach dem Geschlecht [des jeweiligen Gehirns] gestellt. Zur Anfertigung von Werkzeugen durch Behauen eines Steins muß man ein bestimmtes Maß an optisch-räumlicher Vorstellung besitzen, und in diesem Punkt wäre es schon interessant, etwas über das Geschlecht jener Steinschläger in Erfahrung zu bringen. Waren sie beispielsweise überwiegend Männer? Bildeten sich, während das räumliche Vorstellungsvermögen mit fortschreitender Werkzeugfertigung stetig zunahm (eine anschauliche Beschreibung dieses Themas liefert Thomas Wynn [32]), gleichzeitig auch geschlechtsspezifische Unterschiede in Verhaltensweisen und in der Gehirnasymmetrie aus?

Vor meinem geistigen Auge sehe ich einen männlichen Säugetiervorfahren der heutigen Menschen, der vor 65 Millionen Jahre lebte. Es ist Paarungszeit, und da unser «Ursäuger» ein gutes räumliches Orientierungsvermögen besitzt, unternimmt er jeden Tag einen etwas größeren Streifzug durch seine Umgebung, um geeignete Partnerinnen zu finden. Da er auch über eine hervorragende kognitive «Landkarte» verfügt, findet er immer wieder an seine Heimstätte zurück und kann in der nächsten Paarungszeit seine Streifzüge wiederholen. Im Laufe seines Lebens zeugt er viele Nachkommen.

Dank der Informationen durch Thomas Wynn kann ich mir auch einen etwas späteren Nachkommen jenes «Ursäugers» vorstellen, der vor 300.000 Jahren einen Faustkeil herstellt. Während das Werkzeug langsam Gestalt annimmt, laufen im Kopf des Hominiden sehr komplizierte unbewußte und bewußte Denkprozesse ab: Während er den Stein behaut, muß er die jeweils richtige Perspektive finden («Eignet sich dieser Brocken als Faustkeil?») und räumliche Dimensionen abschätzen («Wieviel muß ich von dieser Seite noch abschlagen, damit die Kante scharf wird?»), um alles in einer sinnvollen Reihenfolge durchzuführen. Die optische Kontrolle der einzelnen Handgriffe und deren Folgen ist für den Steinschläger sehr wichtig. Als Ergebnis seiner Arbeit hält er ein vollendetes Werkzeug in Händen, das einen gleichmäßigen Querschnitt ausweist. Die Herstellung derartiger Chopper, Faustkeile und anderer Steinwerkzeuge waren letzten Endes nur möglich, weil unsere frühen Vorfahren ein gutes optisch-räumliches Vorstellungsvermögen besaßen und diese Gabe ihren Nachkommen vererbten. Als der Faustkeil fertig und gelungen ist, steht die Frau auf und geht zum Lager zurück [33].

Trotz dieses illustren Beispiels einer frühen weiblichen Emanzipation hat die bereits geschilderte Diskussion um den Ursprung der Bipedie gezeigt, daß die Rolle, die Frauen in der Evolution des Menschen gespielt haben, in jüngster Zeit sehr umstritten ist. Dessen ungeachtet ist dieser Exkurs immer noch besser als jene lange Zeit unangefochtene Hypothese, Männer seien von der Selektion in Bezug auf besonders edle menschliche Eigenschaften bevorzugt worden. Und von all jenen Urfrauen, die während der letzten fünf Millionen Jahre gelebt haben, hat ein weibliches Wesen besonders viel Wirbel in der Hominidenforschung verursacht: Lucy, eines der bekanntesten Hominidenfossilien.

Tatsächlich sollte ich dann auch mein dickes Fell, das ich mir in all den Jahren meiner paläontologischen Arbeit und besonders während der erbitterten Diskussion um den Sulcus lunatus zugelegt hatte, bei der Erforschung dieses Fossils noch bitter nötig haben.

Kapitel 6

Lucys Kind: Verwechslung im Krankenhaus

Eine Kindesverwechslung findet nur alle Jubeljahre statt, und im Nachhinein weiß meist niemand mehr, wer die Babys vertauscht hat, und ob dies versehentlich oder mit Absicht geschah. Meist ist nur bekannt, daß zwei Neugeborene nicht von ihren leiblichen Müttern mitgenommen wurden und später nicht in ihrem wirklichen Elternhaus aufwuchsen. In solchen berühmt-berüchtigten Fällen erleben Mütter und Väter einen großen Schock, wenn sich beispielsweise nach einer harmlosen Blutuntersuchung herausstellt, daß sie nicht die biologischen Eltern ihres Kindes sein können. Gelegentlich werden an diesem Kind bzw. anderen Jungen oder Mädchen, die zur fraglichen Zeit im selben Krankenhaus geboren wurden, zusätzliche Gen-Tests durchgeführt, um weitere Informationen zu erhalten. Leider können solche Tests, die unter der Bezeichnung «genetisches Fingerprinting» bekannt sind, dann tatsächlich nachweisen, daß damals zwei Säuglinge im Krankenhaus vertauscht wurden. Unverschuldet sind diese beiden Kinder Opfer eines grausamen Versehens geworden, wodurch sie mit einem völlig falschen Verständnis ihrer tatsächlichen Familienverhältnisse aufgewachsen sind.

Nun, auch in der Geschichte der Hominiden hat es eine derart frappante Verwechslung gegeben, bei der das Fossil Lucy die Hauptrolle spielt; und wie fast immer in solchen Fällen, brachte eine Blutuntersuchung den Stein ins Rollen: Diese Analyse ergab nämlich, daß Lucy versehentlich im Stammbaum der Familie Hominidae Unterschlupf fand. Weitere Untersuchungen bestätigten den befürchteten Verdacht: Entgegen der allgemeinen Annahme, Lucy & Co. seien die Eltern der Gattung *Homo*, konnte diese Behauptung keinesfalls stimmen.

Allerdings erwies es sich als schwierige Aufgabe, die Anhänger Lucys vom Gegenteil zu überzeugen. Schließlich ist eine Kindesverwechslung für alle Beteiligten ein traumatisches Erlebnis. Gelegentlich weigern sich die Eltern anderer Kinder, die zur selben Zeit in diesem Krankenhaus geboren wurden, daß das Blut ihrer Söhne oder Töchter untersucht wird und per Gentest bewiesen wird, ob es sich tätsächlich um ihre leiblichen Kinder handelt oder nicht. Verständlicherweise können derartige Unterstellungen manche Eltern in Unruhe oder Zorn versetzen, und gelegentlich verliert auch schon mal ein Elternteil die Nerven und attackiert denjenigen, der die Echtheit seines Familienbuches anzweifelt.

Lucys «Geburt» verlief sehr spektakulär. Im November 1974 hatte man ihr Skelett bei Hadar in der äthiopischen Afar-Senke gefunden. Nachdem Donald Johanson (z.Zt. am Human Origins Institute) und andere Expeditionsteilnehmer der Internationalen Afar-Forschungsexpedition das Skelett zusammengesetzt hatten, stellten sie fest, daß sie das Skelett eines frühen Hominiden entdeckt hatten, das den höchsten Vollständigkeitsgrad (insgesamt etwa 40 Prozent) unter allen jemals gefundenen Hominidenfossilien aufwies. (Zehn Jahre nach Lucys Entdeckung fand man ein weiteres Skelett, das noch besser erhalten war; doch darüber später mehr.) Wie unter Paläontologen üblich, erhielt das Fossil den Spitznamen «Lucy» (nach dem Beatles-Song «Lucy in the Sky with Diamonds»).

Lucy lebte vor über drei Millionen Jahren; sie besaß alle Weisheitszähne, und zum Zeitpunkt ihres Todes war sie eine noch junge ausgewachsene Frau, von zarter Statur und zwischen knapp einem und 1,2 Meter groß. Im Vergleich zu einem heutigen Menschen waren ihre Arme relativ lang (und eigneten sich deshalb gut zum Erklettern eines Baumes). Ihr Becken (aufgrund dessen man sie als weibliches Skelett identifizierte) und ihre Beinknochen ließen keinen Zweifel daran, daß sie aufrecht auf zwei Beinen gegangen war. Ihr Unterkiefer war V-förmig und besaß zu Lebzeiten offenbar sehr kleine Schneidezähne. Leider war so wenig von Lucys Schädel erhalten geblieben, so daß man weder eine Schädelkapazität ermitteln noch andere eindeutige Hinweise erhalten konnte, welcher Hominiden-Art sie tatsächlich zuzurechnen sei.

Obgleich Lucy das wohl bekannteste Hominidenfossil ist, das im Gebiet von Hadar gefunden wurde, ist sie kein Einzelfall. In dieser Gegend Äthiopiens fanden sich auch viele andere Hominiden, u.a. die sogenannte «Erste Familie». Hierbei handelt es sich um 13 verschiedene Hominiden, die an einem bestimmten Fundort entdeckt

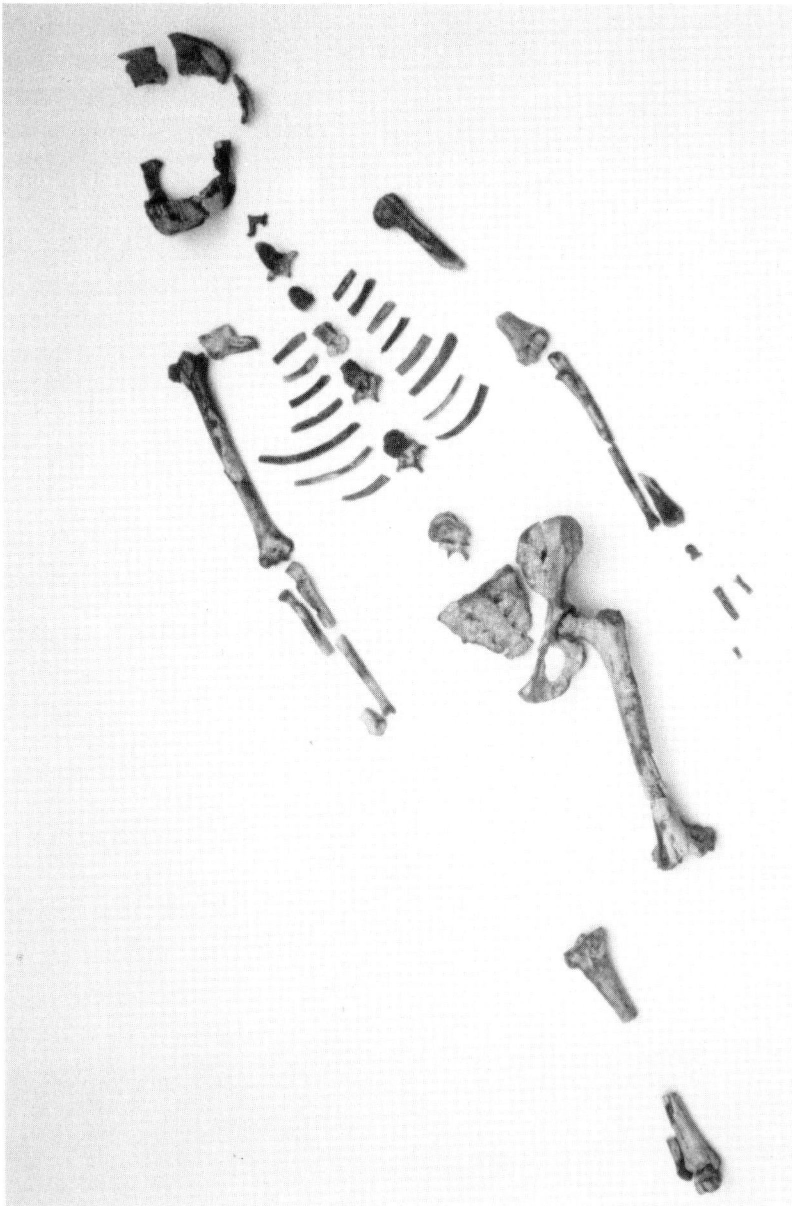

Abb. 6.1
Lucys Skelett, das in erodierenden Sandsedimenten in der Nähe des äthiopischen Hadar in der Afar-Senke entdeckt wurde, war noch zu gut 40 Prozent erhalten (Foto: John Reader; Copyright © 1992/Science Photo Library).

wurden. Laut Johanson bildeten sie zu Lebzeiten eine Gruppe, die gemeinsam bei einer plötzlich aufgetretenen Wasserflut ertrunken war [1]. Johanson glaubt sogar, daß die Hominiden möglicherweise miteinander verwandt waren. Allerdings gibt es im Körperbau dieser Individuen extreme Unterschiede; aufgrund der geologischen Verhältnisse kann man sogar vermuten, daß sie zu unterschiedlichen Zeitpunkten von Sediment bedeckt wurden und versteinerten. Somit waren diese frühen Hominiden sehr wahrscheinlich nicht Mitglieder einer einzigen Gruppe.

Obgleich Lucy wohl Johansons berühmtester Fund war, wußte er zunächst nicht, wo und wie er dieses Fossil einordnen sollte –beispielsweise welcher (verwandten) Art Lucy besonders ähnlich sähe bzw. zuzuordnen sei. Gemeinsam mit Maurice Taieb veröffentlichte Johanson 1976 einen ersten Artikel, in dem Lucy ansatzweise klassifiziert wurde [2]. Damals ging er noch davon aus, daß es sich bei diesem Fossil um einen Australopithecinen vom grazilen Typus handele. In diesem Zusammenhang muß man auch unbedingt wissen, daß Johanson von drei verschiedenen Hominidenarten ausging, die gleichzeitig in der Hadar-Region gelebt haben: grazilen Australopithecinen, robusten Australopithecinen und frühen Vertretern der Gattung *Homo*.

Die Taufe des *Australopithecus afarensis*

Zur selben Zeit, als ich die Schätze der Red Cave unter die Lupe nahm, befaßte sich Tom White, ein ehemaliger Kommilitone, mit Fossilien von frühen Hominiden, die aus der Hadar-Region sowie aus dem tansanischen Laetoli stammten. White war maßgeblich daran beteiligt gewesen, Johanson davon zu überzeugen, die Fossilien beider Fundorte zu einer einzigen neuen Art, dem *Australopithecus afarensis*, zu kombinieren. Von Johansons erster Hypothese war diese Vorstellung allerdings meilenweit entfernt.

Als White (der heute an der University of California in Berkeley lehrt) und ich an der University of Michigan mit unseren Promotionsarbeiten begannen, hielt sich die damalige Abteilung der physischen Anthropologie noch an die Theorie, in jeder Epoche habe jeweils immer nur eine einzige Hominidenart gelebt; dementsprechend war es völlig ausgeschlossen, daß zwei Australopithecinentypi nebeneinander existiert haben. Die bei den Australopithecinen festgestellten Merkmalsvariationen wurden demnach als geschlechts- und nicht

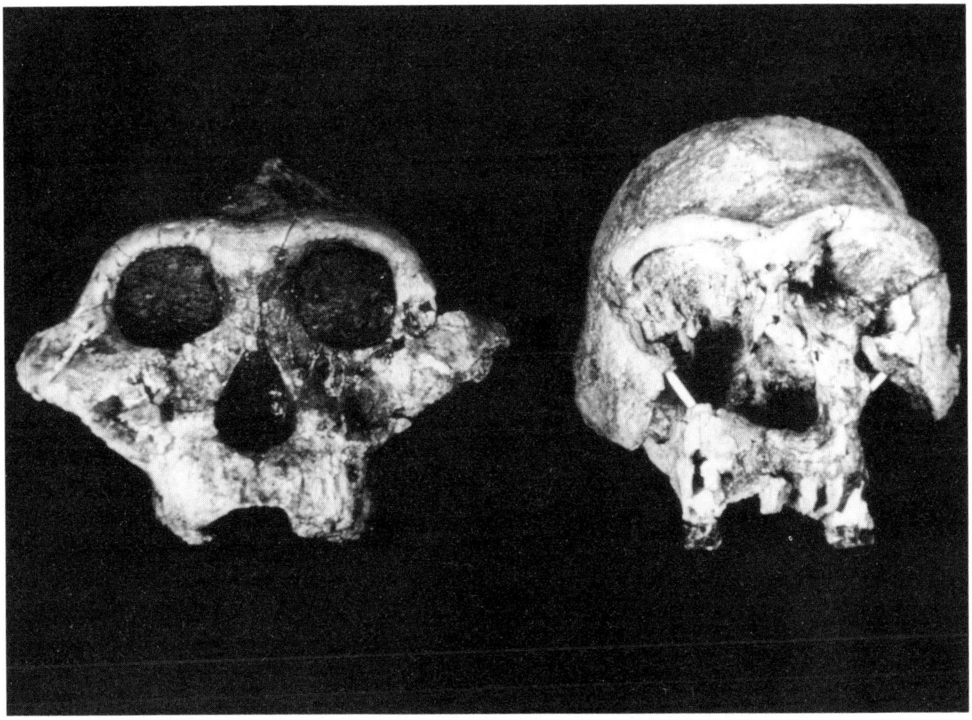

Abb. 6.2
Nach der Entdeckung von KNM-ER 406, einem Australopithecinen vom Robustus-Typ (links), und KNM-ER 3733, einem Vertreter des *Homo erectus* aus der gleichen Zeit (rechts), verlor jene Theorie an Bedeutung, damals habe nur eine einzige Spezies existiert (Foto: R.E. Leakey; Copyright © National Museums of Kenya).

etwa artspezifische Unterschiede gewertet. Demnach galten Australopithecinen vom Robustus-Typ als männliche, solche vom Gracilis-Typ hingegen als weibliche Exemplare. In Michigan wurde uns Doktoranden diese Theorie eingetrichtert, die wir auch brav glaubten.

Zumindest bis 1976, denn in diesem Jahre versetzte ein Artikel von Richard Leakey und Alan Walker, der in der Zeitschrift *Nature* erschien, jener Theorie den Todesstoß. In dieser Veröffentlichung, die den Titel «*Australopithecus, Homo erectus* and the single species hypothesis» trug, wurde enthüllt, daß vor 1,5 Millionen Jahren zwei unterschiedliche Hominidenarten (deren wunderbar erhaltene Schädel gefunden worden waren) gemeinsam zur selben Zeit in Kenia gelebt hatten. Der eine Schädel stammte von einem robusten Australopithecinen (KNM-ER 406) und der andere von einem frühen Vertreter des

Homo erectus (KNM-ER 3733) [3]. Somit war die oben erwähnte Hypothese eindeutig hinfällig geworden.

Allerdings versuchten einige Paläontologen weiterhin, die Typusvariation der Frühmenschen im großen und ganzen auf geschlechtsspezifische Unterschiede zurückzuführen. So stellen nach Ansicht Johansons und seiner Kollegen die großen Fossilien aus Hadar und Laetoli männliche Hominiden dar, während die kleineren Formen von weiblichen Exemplaren stammen sollten. Weiterhin rekonstruierten sie aus den Fossilien beider Fundstätten eine einzige neue Art (*Australopithecus afarensis*). Nach heutiger (fundierter) Sichtweise erscheint die Erschaffung dieser «Fossilchimäre» in mehrfacher Hinsicht zweifelhaft: Zum einen liegen Hadar und Laetoli nicht nur geographisch weit auseinander, sondern besaßen damals auch ein unterschiedliches Klima (in Laetoli herrschten vornehmlich aride Bedingungen) wie auch jeweils andere Vegetationstypen (ein immergrünes Buschland in Hadar und lichte Savannenvegetation in Laetoli [4]); außerdem sind beide Fundorte auch zeitlich (etwa 500.000 Jahre) getrennt. Darüber hinaus existieren in Laetoli nur sehr wenige Fossilien (überwiegend in Form von Kieferbruchstücken, Zähnen und versteinerten Fußspuren), während Schädelfragmente, die einen höheren taxonomischen Wert besitzen, meist nicht vorhanden sind.

Bei der Vergabe eines neuen Tiernamens muß man sich strikt an die Regeln halten, die im *International Code for Zoological Nomenclature* (Internationaler Codex zur Zoologischen Nomenklatur) in allen Details aufgeführt sind [5]. Demnach muß ein neuer wissenschaftlicher Name in einer Publikation der restlichen akademischen Welt kundgetan werden. Wenn also Wissenschaftler etwas Wichtiges bekanntmachen wollen, suchen sie sich zur Veröffentlichung selbstverständlich die bestgeeignete Zeitschrift aus. Und diesen Zeitschriften sitzt normalerweise ein herausgebendes Gremium vor, das die eingereichten Artikel von mehreren gleichrangigen Experten begutachten läßt. Erst nach der Bewertung durch diese Experten wird der Artikel akzeptiert (und anschließend veröffentlicht) oder abgelehnt. Die Gutachten gehen anonym beim Herausgeber ein, der wiederum Kopien der Gutachten an den oder die Autoren schickt. Selbst wenn ein Artikel abgelehnt wird, kann der Autor oft noch davon profitieren, weil die Gutachten sowohl Verbesserungsvorschläge als auch Hinweise auf Schwachstellen enthalten. Gelegentlich wird ein Artikel auch unter Vorbehalt angenommen (d.h. der Artikel wird veröffentlicht, sobald der Autor bestimmte Änderungsvorschläge, die von den Gutachtern angemerkt wurden, ausgeführt hat).

Diese Vorgehensweise stellt zwar keine Ideallösung dar, garantiert jedoch, daß ein Manuskript vor seiner Veröffentlichung interdisziplinär und wissenschaftlich genau begutachtet und somit verbessert wird. Artikel von minderer Qualität werden auf diese Art und Weise bereits im Vorfeld ausgesondert. Einige Beispiele für Zeitschriften, die nach diesem Procedere verfahren, sind das *American Journal of Physical Anthropology*, das *Journal of Human Evolution* sowie *Science* und *Nature*. Obgleich der nomenklatorische Codex nicht vorschreibt, in welcher Zeitung man veröffentlichen sollte, bieten die genannten Blätter einen idealen Rahmen, um den Namen einer neuen Hominidenart zu publizieren. Johanson, White und Coppens entschieden sich jedenfalls für die Zeitschrift *Kirtlandia*, die sich in ihrem Impressum als «gelegentliches Veröffentlichungsorgan des Cleveland Museum of Natural History» bezeichnet, und hier wurde 1978 der Name *Australopithecus afarensis* veröffentlicht. (1982 publizierten Johanson *et al.* allerdings dann erneut im *American Journal of Physical Anthropology* eine vollständige und detaillierte Beschreibung der Hadar-Fossilien, wovon ein größerer Kreis Paläoanthropologen profitierte.)

Aufschlußreicher ist jedoch, wie diese drei Autoren auf den Artikel 13 a(i) reagierten, in dem verlangt wird, daß der «veröffentlichte Name von einer Erklärung begleitet wird, aus der Unterscheidungsmerkmale gegenüber anderen Taxa hervorgehen.» Eingedenk der wissenschaftlichen Ausbildung, die White in Michigan erhalten hat, überrascht es kaum, daß die Forscher die Variationsbreite der Merkmale ihrer Art einem ausgeprägten Sexualdimorphismus zuschrieben. Im *Kirtlandia*-Artikel wird diese Variationsbreite beim sogenannten *Australopithecus afarensis* jedenfalls folgendermaßen begründet:

> Die Autoren geben zu, daß einzelne Merkmale und sogar einzelne Exemplare dieser neuen Sammlung auch auf andere Beispiele passen, die unterschiedliche Taxa repräsentieren (z.B. *Australopithecus africanus* Dart 1925, *Homo habilis* Leakey, Tobias u. Napier 1964) [6].

Australopithecus afarensis stellte, anders formuliert, eine so variable Art dar, daß einige seiner Vertreter wie grazile Australopithecinen aussahen und andere wie *Homo habilis*.

Seitdem dies geschrieben wurde, sind die Hadar-Fossilien erneut analysiert worden, und heute geht man davon aus, daß sie aus der gleichen Zeit stammen wie die grazilen Australopithecinen aus dem südafrikanischen Makapansgat [7]. Dies stürzt den nächsten Entdecker eines fossilen Australopithecinen, der aus einer bislang unbekannten 3,2 Millionen Jahre alten Fundstätte stammt, in eine arge Zwickmühle. Welcher Art sollte dieser Fund nun zugeordnet werden, falls es sich um ein Fossil handelt, das sowohl dem Dartschen *Australopithecus africanus* wie auch dem *Australopithecus afarensis* gleicht? Nach meiner Auffassung gibt es keinen Sinn, zwei Fossilien, die identisch (und möglicherweise auch gleich alt) sind, zwei unterschiedlichen Arten zuzuordnen.

In dem von Johanson und White propagierten Stammbaummodell (das 1979 in *Science* veröffentlicht wurde) stellte ihre neue Art den einzigen Australopithecinenvertreter dar, der sich auf der direkten Entwicklungslinie zum heutigen *Homo sapiens* befand. Die Australopithecinen der anderen Wissenschaftler fanden sich auf Seitenästen wieder, die sang- und klanglos ausstarben. Mittlerweile wird es den Leser kaum verwundern, daß die «anderen Wissenschaftler» von diesem Modell nicht gerade sehr angetan waren. Einige (beispielsweise Männer wie Leakey, Tobias und Walker [9]) begannen zu argwöhnen, daß hier evtl. eine Art «Kindesverwechslung» vorläge. Doch würde das «stolze Elternpaar» Johanson und White im Anschluß an das rauschende Tauffest des *Australopithecus afarensis* auch wirklich zulassen, daß an ihrem Baby ein Bluttest vorgenommen würde?

Die Durchblutungsverhältnisse im Schädel

Meine damalige Reaktion auf diese Ereignisse bestand zunächst nur aus Verwunderung, wie rasch doch die Mehrheit meiner Kollegen die neue Art akzeptierte. Zudem war ich viel zu sehr mit der Verteidigung meines Standpunktes in Sachen Sulcus lunatus beschäftigt, als daß ich mir eine Meinung über die Einzelheiten der Hominidenabstammung hätte bilden können. 1982 wurde ich eher zufällig mit dem Thema konfrontiert, weil ich mich mit einem «Bluttest» ganz besonderer Art auseinandersetzte.

Da die Schädelreste von Australopithecinen und frühen Vertretern der Gattung *Homo* nun mal mein Spezialgebiet sind, forschte ich in jenem Sommer erneut in den Sammlungen einiger afrikanischer Museen. Erstmalig sah ich auch mehrere Endokranialausgüsse von den Schädeln der Hadar-Hominiden. Obgleich ich mich primär für Hirnwindungen und Sulci interessiere, faszinierte mich damals ein besonderes Merkmal, das bei einigen Fossilien auftauchte und mit der Durchblutung des Schädels zu tun hat.

Meine Aufmerksamkeit richtete sich auf eine auffällige Furche, die sich auf der Innenseite der hinteren Hirnschale befindet. Hierbei handelt es sich um den Abdruck eines Hirnsinussystems, das aus dem Sinus occipitalis und dem Sinus marginalis gebildet wird. Dieses Gefäßsystem wird bei Menschenaffen und Menschen selten so groß, als daß man es als Furche erkennen kann. Zu Lebzeiten der Hominiden stellte dieser Sinus primär ein Sammelgefäß dar, in dem das Blut aus dem Schädel abfloß. Das galt jedoch nur für einige Frühmenschen. Mich faszinierte vor allem, daß dieses Merkmal bei robusten Australopithecinen (von denen es sieben auswertbare Fossilien gibt) sowie bei allen (fünf) signifikanten Hominidenexemplaren aus Hadar vorkommt, während es nur bei einem der (mittlerweile) sechs unter diesen Aspekt untersuchten grazilen Australopithecinen vorhanden ist [10]. (Hierbei handelt es sich um das Kind von Taung, das wohl aufgrund seines niedrigen Lebensalters versehentlich dem grazilen anstatt dem robusten Typus der Australopithecinen zugeordnet wurde.) Im Gegensatz zu dem von Johanson und White propagierten Stammbaum, der für robuste Australopithecinen und die Hadar-Frühmenschen völlig separate Entwicklungslinien vorgibt, scheint der in beiden Gruppen vorhandene, auffällige Hirnsinus nach meiner Auffassung ein Zeichen für eine direkte Verwandtschaft zu sein.

Doch warum trat diese besondere Hirnsinusform überhaupt bei den Frühmenschen auf, und welche Funktion übte er aus? Mit diesen Fragen wandte ich mich an meinen Kollegen und Mitpaläontologen Glenn Conroy, der heute in der Anatomisch-Neurobiologischen Abteilung der Washington University School of Medicine arbeitet. Glenn stimmte mir zu, daß es weitaus mehr als ein bloßer Zufall sein mußte, diesen ungewöhnlichen Sinus bei zwei verschiedenen, nicht miteinander verwandten Hominidengruppen anzutreffen. Wir beschlossen daher, dem Problem auf den Grund zu gehen.

Da uns beiden bekannt war, daß Lucy und ihre Artgenossen zu den ersten bipeden Hominiden gehörten, fragten wir uns schließlich, ob dieser Sinus nicht etwas mit dem Ursprung des aufrechten Ganges zu tun haben könne. Zu Beginn unserer Untersuchung wollten wir zunächst herausfinden, ob beim modernen Menschen ein potentieller Zusammenhang zwischen Kopfhaltung und Blutfluß im Schädel besteht. In den folgenden Wochen sichteten wir zahlreiche klinische und physiologische Berichte und Veröffentlichungen, die für unsere Fragestellung von Belang waren. Hieraus ging hervor, daß die Richtung der Blutströme im Schädel sehr wohl von der Haltung des Kopfes abhängt, und zwar nicht nur beim Menschen.

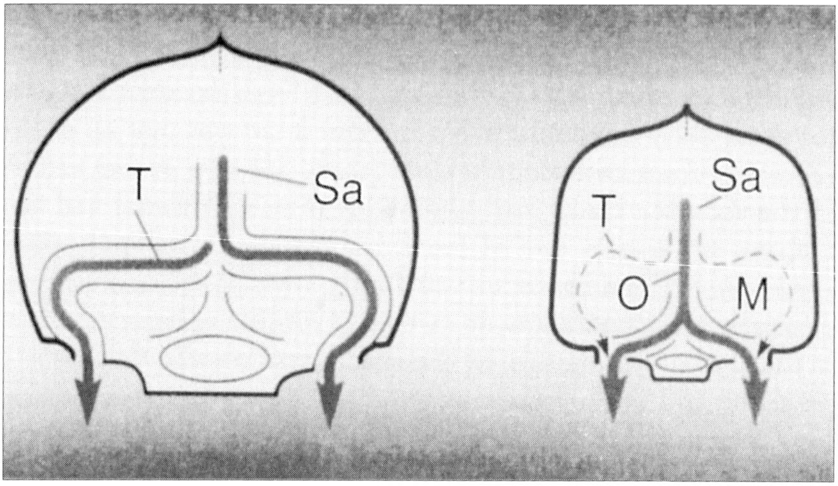

Abb. 6.3
Die Strömungsrichtung des Blutes im hinteren Bereich eines Menschenschädels (links) sowie im entsprechenden Kranialbereich bei den Hadar-Hominiden und robusten Australopithecinen (rechts). Beim Menschen verläßt das Schädelblut den Kopf über den Sinus transversus, während es im rechts abgebildeten Hominidenschädel direkt über das aus Sinus occipitalis und Sinus marginalis bestehende Gefäßsystem hinausfließt. Erklärung der Abkürzungen: M Sinus marginalis, O Sinus occipitalis, Sa Sinus sagittalis superior, T Sinus transversus.

Affen, Schlangen, Menschen und Giraffen sind allesamt den Gesetzen der Schwerkraft unterworfen. Bei diesen und anderen Tieren verändert sich der Blutfluß, wenn der Körper aus einer waagerechten Lage (z.B. wenn das Tier liegt) in eine senkrechte Lage (z.B. beim Aufstehen) gebracht wird. (Schlangen nehmen beispielsweise eine vertikale Position ein, wenn sie sich einen Baum hinaufschlängeln.) Der Hauptgrund für solche Änderungen des Strömungsverhaltens bei einer Veränderungen der Haltung, liegt darin, daß der sogenannte hydrostatische Druck (in Abhängigkeit von der Schwerkraft) unterschiedlich stark auf senkrechte und waagerechte Flüssigkeitssäulen einwirkt. (Solche Flüssigkeitssäulen sind beispielsweise Blutgefäße.)

Um dieses Phänomen nachvollziehen zu können, sollte sich der Leser einen langen Schlauch vorstellen, der zur Hälfte mit Wasser gefüllt ist. In vertikaler Position befindet sich das gesamte Wasser im unteren Schlauchende; wird der Schlauch völlig in die Waagerechte gebracht, verteilt sich das Wasser wieder über dessen gesamte Länge. Weiterhin muß man sich jetzt vorstellen, daß dieser Schlauch in regelmäßigen Abständen einige Löcher enthält, die über die ganze Oberfläche verteilt sind. In der Senkrechten fließt das Wasser dann nur durch die unteren Löcher hinaus, während es bei waagerechter Haltung des Schlauches durch sämtliche in Längsrichtung befindlichen Öffnungen ausströmt. Als Faustregel kann man sich merken, daß bei unterschiedlichen Haltungen auch verschiedene Ausflußöffnungen benutzt werden – und zwar abhängig vom hydrostatischen Druck (d.h. indirekt von der Schwerkraft).

Conroy und ich stellten fest, daß das Blut, das aus dem Schädel eines Menschen strömt, ähnlichen Gesetzmäßigkeiten unterworfen ist. Wenn ein Mensch beispielsweise völlig ausgestreckt liegt, verläßt das Blut seinen Kopf über die inneren Jugularvenen. Beim Aufstehen strömt das Blut nicht mehr über diese Gefäße, sondern schießt in ein venöses Netzwerk (Plexus venosus), das die Wirbelsäule umgibt. Dieses verzweigte Gefäßsystem nennt sich Plexus venosus vertebralis und liegt im Übergangsbereich von Schädelbasis und Wirbelsäule (siehe Abb. 7.1, Seite 167). Von dieser anatomischen Struktur hängt die Bipedie des Menschen ab. Offenbar hatten wir wirklich etwas entdeckt!

Als nächstes Ziel wollten wir herausbekommen, ob es einen Zusammenhang zwischen jenem vergößerten Hirnsinussystem und dem Plexus venosus vertebralis gegeben hat. Erneut durchsuchten wir die einschlägige Literatur – und sahen uns wiederum bestätigt. Bei den meisten Menschen sind diese speziellen Blutsammelgefäße (d.h. Sinus occipitalis bzw. Sinus marginalis) sehr klein, so daß sie keine Rillen im Schädeldach hinterlassen; allerdings bestehen zahlreiche Verbindungen mit dem Plexus venosus vertebralis. In konkreten Zahlen ausgedrückt, fand man bei Untersuchungen an 100 menschlichen Leichnamen neun Beispiele, bei denen das Sinussystem relativ groß geraten war [11]; sieben dieser neun Fälle waren mit dem Plexus venosus vertebralis verbunden. Daher konnte man höchstwahrscheinlich davon ausgehen, daß auch der wesentlich größere Sinus occipitalis und Sinus marginalis mit diesem venösen Netzwerk in Verbindung stand. Wenn letztendlich das gesamte Schädelblut (bei aufrechter Haltung eines Menschen) in den Plexus venosus vertebralis schießt, könnte man sicherlich davon ausgehen, daß das hierhin führende Gefäß bei manchen frühen «Hominiden-Zweibeinern» ebenfalls vergrößert war.

Gemeinsam veröffentlichten Conroy und ich 1983 unsere Ergebnisse in *Nature*; in diesem Artikel stellten wir die These auf, das Hirnsinussystem der Hadar-Hominiden repräsentiere die evolutionäre Antwort auf den gesteigerten Bedarf einer Durchblutung im Bereich des Plexus venosus vertebralis, der infolge der aufgekommenen Bipedie angefallen sei. Ferner war nach unserer Ansicht und entgegen der Meinung von Johanson und White *Australopithecus afarensis* nicht etwa der Vorfahr der grazilen Australopithecinen (denen die genannten Hirnsinusse überwiegend fehlen), sondern mit größerer Wahrscheinlichkeit der direkte Vorläufer des robusten Typus (bei dem das Hirnsammelgefäß deutlich ausgeprägt war). Somit hatte unser «Bluttest» ergeben, daß tatsächlich eine Kindesverwechslung stattgefunden hatte (sprich, die Stammbäume durcheinander gebracht worden waren).

Neues vom «Schwarzen Schädel»

In seinem Buch «*Lucys Kind*» schreibt Johanson:

> Tim und ich hatten eigentlich gehofft, daß die Leakeys und ihre Kollegen auf unsere Theorie in der üblichen wissenschaftlichen Weise reagieren würden – beispielsweise in Form einer Antithese, an der wir unsere Argumente erproben oder deren Argumente wir evtl. auch teilweise integrieren könnten [12].

Die von Conroy und mir erbrachten Beweise in Sachen endokranialem Blutfluß stellten wahrhaftig eine Form der Antithese dar, an der Johanson und Kollegen ihre Argumente hätten schärfen können. Doch anstatt auf unsere Argumentation einzugehen, ignorierten diese Forscher sie völlig, behaupteten gleichzeitig aber, sie ihrerseits zitiert und somit berücksichtigt zu haben [13]!

Exemplarisch versuchte daher William Kimbel, das vergrößerte Hirnsinussystem als «neutrales Adaptationsmerkmal» abzutun, das von daher zur Rekonstruktion eines Stammbaums ungeeignet sei. In seiner Argumentation ging er jedoch mit keiner Silbe auf den Plexus venosus vertebralis noch auf dessen Verbindung mit den Hinterhauptsinus ein, noch erwähnte er die hydrostatischen Druckschwankungen, die sich bei einer Veränderung der Körperhaltung einstellen. Nachdem er dem Sinus occipitalis und Sinus marginalis jeglichen Informationswert zur Klärung der verwandtschaftlichen Beziehungen der damaligen Hominiden aberkannt hatte, propagierte Kimbel erneut den Stammbaum seiner Kollegen:

> ... aufgrund des Verteilungsmusters der verschiedenen venösen Sammelgefäße bei Hominiden des Pliozäns/ Pleistozäns besteht kaum bzw. kein Anlaß, das phylogentische Konzept von Johanson und White (1979) zu revidieren ... [14].

Anders ausgedrückt, behauptete Kimbel weiterhin, robuste Australopithecinen seien aus dem grazilen Typus hervorgegangen und nicht (wie Conroy und ich postuliert hatten) aus den Frühmenschen aus Hadar.

Die Unfähigkeit Johansons und seiner Kollegen, die physiologischen, anatomischen und funktionellen Aspekte des Strömungsverhaltens der Hirngefäße bei Hominiden zu berücksichtigen, waren – gelinde gesagt – enttäuschend. In «*Lucys Kind*» behauptet Johanson:

> Inzwischen hatte Dean Falk ... die Schädelfragmente aus Hadar genauer untersucht und behauptete nun, die Konturen der Blutgefäße, die man nur schwach auf der Innenseite der Bruchstücke erkennen konnte, ließen sich eindeutig zwei Gruppen zuweisen: Die eine entspräche dem Muster von *Homo*, die andere dem der robusten Australopithecinen. [15].

Allerdings hatte ich nie behauptet, die Schädelfragmente aus Hadar ließen sich eindeutig zwei Gruppen zuweisen; denn ganz im Gegenteil hatte ich immer betont, daß alle fünf untersuchten Schädel (d.h. sechs, wenn man Kimbels Analyse von Lucy mitberücksichtigt), die aus Hadar stammen, wie die robusten Australopithecinen ein vergrößertes Hirnsinussystem aufweisen. Ein derart vergrößertes Blutsammelgefäß verdient nicht gerade das Attribut «schwach erkennbar», sondern sollte bei den genannten Fossilien erneut kritisch analysiert werden.

Jede gute Theorie sollte mehrfach geprüft werden. Falls wir mit unserer Idee in Bezug auf die Entwicklung des Hirnsinus richtig lägen, müßten die robusten Australopithecinen viel früher entstanden sein, als bisher durch Fossile belegt ist. In diesem Fall müßte man irgendwann auf einen noch älteren *robustus* stoßen. Sollte dieses Fossil dann tatsächlich so alt oder gar noch älter als die grazilen Australopithecinen sein, wäre das Stammbaummodell von Johanson und White mit einem Schlag wertlos. Und 1986 trat genau dieser Fall ein [16].

Damals entdeckte man einen hervorragend erhaltenen Robustus-Schädel, der in der Fachwelt unter der Bezeichnung KNM-WT 17000, inoffiziell aber unter dem Namen «Schwarzer Schädel» bekannt ist (weil sich im Laufe seiner Fossilisation zahlreiche Mineralien in den Schädel einlagerten und ihn dadurch völlig schwarz werden ließen). Das Fossil (das auch WT 17K genannt wird) wurde auf dem kenianischen Westufer des Turkanasees gefunden und ist mit seinen 2,5 Millionen Jahren viel zu alt, um in den Abschnitt zu passen, den Johanson und White den robusten Australopithecinen in ihrem Stammbaum zugestehen [17]. WT 17K besitzt eine geringe Schädelkapazität (410 Kubikzentimeter) und als Höhepunkt eine Merkmalskombination, die eine direkte Abstammungslinie von immerhin einigen der Hominiden aus Hadar vermuten läßt.

Die Geschichte soll hier aber noch nicht enden. Niemand habe zuvor im Traum angenommen, ein Australopithecine vom Typ *robustus* könne unmittelbar von einem Frühmenschen aus Hadar abstammen, beklagten damals viele Wissenschaftsjournalisten, auch sei das paläontologische Weltbild völlig aus den Fugen geraten; und man suchte nach Gründen, warum dieser Fund nicht prophezeit worden war. Interessanterweise hatte eine Handvoll Forscher bereits in früheren Jahren den Stammbaum von Johanson und White angezweifelt und Schädel wie den WT 17K vorausgesagt [18]. Hierzu zählen beispielsweise Adrienne Zihlman, Brigitte Senut, Christine Tardieu, Todd Olson und Russell Tuttle, die alle die Echtheit des *Australopithecus afarensis* bezweifelt hatten. (Senut und Tardieu arbeiten am Musée Nationale d'Histoire Naturelle in Paris, und Olson arbeitet am Albert Einstein College of Medicine.) Da die meisten dieser Wissenschaftler jedoch ruhige, methodische und unabhängige Forscher sind, gehören sie nicht jenem paläontologischen Klub an, der normalerweise in der Presse erwähnt wird.

Das soll nun wiederum nicht heißen, die Entdeckung des Schwarzen Schädels habe die Fachwelt nicht aufgewühlt: Tatsächlich wurden einige Stammbäume umgezeichnet, um Platz für WT 17K zu schaffen. Im allgemeinen gilt dieses Fossil als Bindeglied zwischen *Australopithecus afarensis* und den jüngeren robusten Australopithecinen Ostafrikas. Wesentlich schwieriger erweist sich dann allerdings die Unterbringung der robusten Australopithecinen Südafrikas sowie der grazilen Australopithecinen. Zahlreiche Paläontologen lösen das Problem, indem sie ihren Stammbäumen zusätzliche Äste «wachsen» lassen (d.h. sie gehen von einer zeitlichen Parallelentwicklung mehrerer Hominidenarten aus). Persönlich bewerte ich derartige Aus-

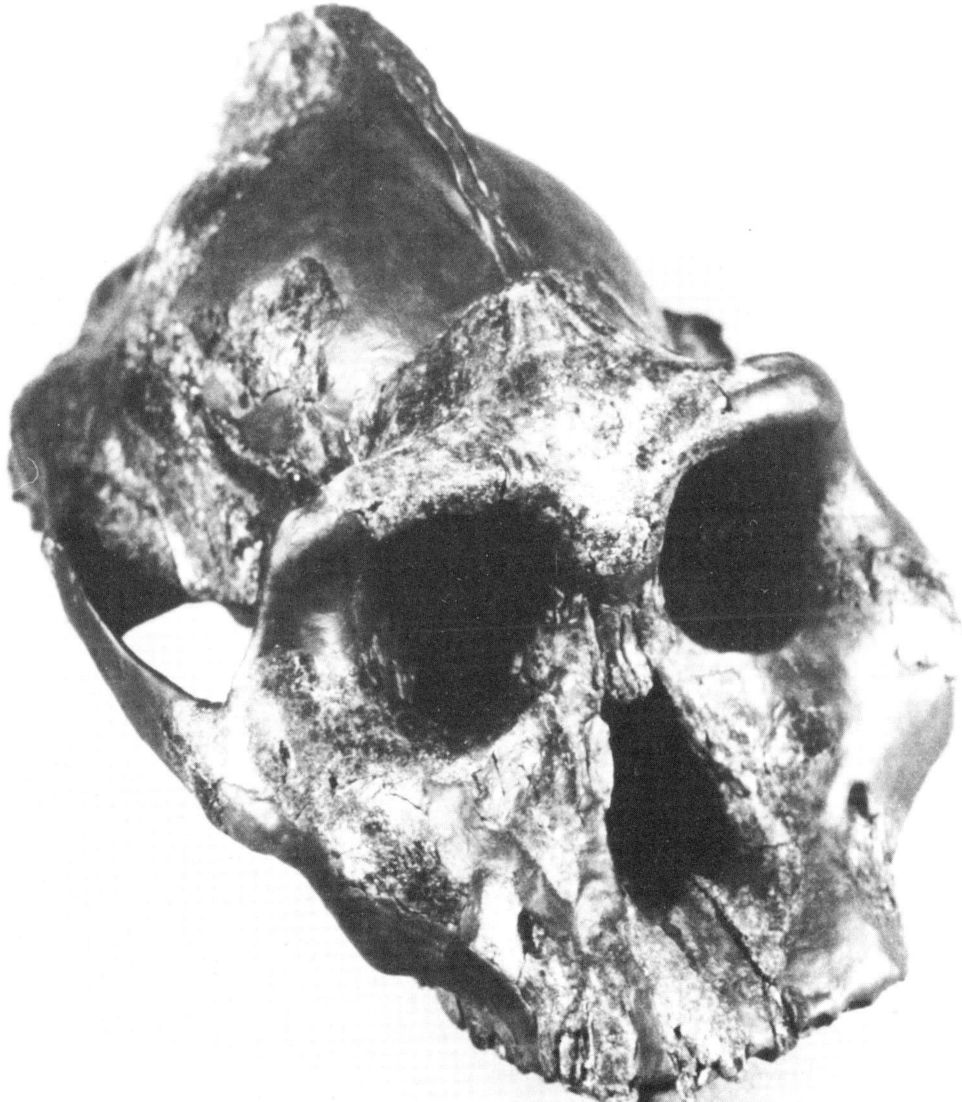

Abb. 6.4
Der sogenannte Schwarze Schädel (KNM-WT 17000) aus Kenia. Dieses 2,5 Millionen Jahre alte Fossil eines robusten Australopithecinen brachte den von Johanson und White formulierten Stammbaum zu Fall und demonstriert die Tücken, die beim Bau eines ausgetüftelten Szenarios, das auf wackeligen Beweisen steht, auftauchen können (Foto: Alan Walker; Copyright © National Museums of Kenya).

wucherungen der Hominidenstammbäume mit äußerster Vorsicht, da hier der glückliche Zufall eine wesentliche Rolle spielt (und der ist, wie man weiß, ja ziemlich dünn gesät).

Russell betrachtet die «Stammbüsche» ebenfalls mit einer gewissen Skepsis:

> Studenten, Lehrer und Freunde der Paläontologie, aufgepaßt! Denn wir befinden uns in einem neuen Zeitalter der taxonomischen Schismen; hat doch der Zersplitterungswahn, der die Klassifizierung der Hominiden während des Miozäns befallen hat, nun auch auf die Erforschung der Humanoidea übergriffen. ... Einige Paläoanthropologen ... gehen mittlerweile von nun nicht weniger als fünf verschiedenen Australopithecus-Formen aus: *Australopithecus afarensis*, *Australopithecus africanus*, *Australopithecus robustus*, *Australopithecus crassidens* und *Australopithecus boisei*. Wir sollten deshalb nicht verblüfft sein, wenn der vor kurzem entdeckte «Schwarze Schädel» (KNM WT 17000) und ein paar weitere afrikanische Fossilien als neue Art (*Australopithecus aethiopicus*) beschrieben werden, anstatt in die bereits existierenden Robustus-Arten integriert zu werden. ... [19].

Funktionelle Morphologie oder Kladistik?

An dieser Stelle soll dem Leser zur Information ein Exkurs in die Kladistik geboten werden, jenem Ansatz also, den die meisten Paläontologen zur Konstruktion ihrer Stammbäume verwenden. Die Kladisten bewerten eine entwicklungsgeschichtlich nahe Verwandtschaft zwischen zwei Arten aufgrund sogenannter abgeleiteter Merkmale, die in beiden Arten vorkommen. Je größer die Anzahl solcher gemeinsam abgeleiteten Merkmale (Synapomorphien) ist, desto enger ist der evolutionäre Verwandtschaftsgrad. Allerdings können gemeinsame «primitive» Merkmale, die keine Weiterentwicklung oder Spezialisierung darstellen (sogenannte Symplesiomorphien), bei diesem Verfahren nicht als Kriterien herangezogen werden. So kann beispielsweise die Tatsache, daß grazile und robuste Australopithecinen eine Wirbelsäule und Hände mit fünf Fingern besitzen, nicht als Bewertung eines Verwandtschaftsgrades verwendet werden, da es sich hier um typische plesiomorphe (d.h. gemeinsame, primitive) Merkmale handelt, die auch bei vielen anderen Säugetieren vorkommen. Andererseits stellt die Anatomie der Fuß- und Beckenknochen bei beiden Australopithecinenarten eine spezielle Anpassung an den aufrechten Gang dar. Deshalb handelt es sich um sogenannte apomorphe (also gemeinsame, abgeleitete) Merkmale, die (gemeinsam mit anderen Charakteristika) beide Arten als bipede Hominiden kennzeichnen; diese speziellen Merkmale haben beide sehr wahrscheinlich zu irgendeiner Zeit von einem gemeinsamen Vorfahren geerbt.

Die kladistische Vorgehensweise ist sehr formalistisch reglementiert. So darf man beispielsweise nicht jedes Einzelmerkmal, das Teil einer komplexen Funktionseinheit ist, separat aufführen (d.h. derartige korrelierte Merkmale werden immer nur als «Paket» gewichtet.) Andernfalls liefe man leicht Gefahr, einem einzelnen Körperteil zu viel Wert beizumessen – beispielsweise einem Zahn, der parallel zu einer neuen Ernährungsweise mehrere Male seine Form verändert hat. (Leider verstoßen die Hominidenforscher sehr oft gegen diese Regel.) Gelegentlich können sich die Fachleute auch nicht einigen, ob ein bestimmtes Merkmal ursprünglich oder abgeleitet ist; und zweifellos können diese Streitigkeiten auch zu Problemen bei der Aufstellung von Stammbäumen führen.

Das größte Problem im Zusammenhang mit dem kladistischen Ansatz hängt mit der Liste jener Merkmale zusammen, die jeder Paläontologe für seine Analyse benötigt. Zunächst sollte man annehmen, daß aus allen potentiellen Synapomorphien tatsächlich nur relevante Merkmale, die zur Artbeschreibung dienen, in diese Liste aufgenommen werden, um die Aussagekraft dieser Analyse zu erhöhen. Nach meinem Empfinden sind wirklich repräsentative (d.h. statistisch signifikante) Merkmalslisten in der Hominidenpaläontologie eine echte Seltenheit. Der jeweilige Stammbaum ist nur so gut wie die zugehörige Merkmalsliste, und viel zu häufig stellen die Forscher (unbewußt oder aus anderen Gründen) Listen vor, die genau zu den Stammbäumen führen, die sie eigentlich propagieren wollten – man könnte beinahe von maßgeschneiderter Kladistik sprechen. Wenn man dieses Manko der derzeitig betriebenen Kladistik beherzigt, verwundert es kaum, daß die gesamte Hominidenforschung durch das Auftauchen eines einzigen Schädels in ihren Grundfesten erschüttert wird.

Obgleich man bei den venösen Sammelgefäßen zwischen ursprünglichen und abgeleiteten Merkmalen unterscheiden kann, können diese Merkmale bei einer kladistischen Analyse nicht verwendet werden, da sie zu einer Funktionseinheit gehören, die den Rückfluß des Gehirnblutes aus dem Kopf durchführt. (Anders ausgedrückt, handelt es sich hier um korrelierte Merkmale, die in der Kladistik als Kriterien strikt verboten sind.) Andererseits verlieren diese Merkmale entwicklungsgeschichtlich betrachtet nicht an Aussagekraft – man könnte vielmehr sogar versuchen, die Evolution der abführenden Blutgefäße des Schädels als Einheit zu betrachten und nach evtl. funktionellen Veränderungen Ausschau halten. Dies ist der Weg, den Conroy und ich eingeschlagen haben. Obwohl unser Ansatz sowohl ursprüngliche wie abgeleitete Charakteristika miteinbezieht, unterscheidet er sich von der klassischen Kladistik, indem er nicht die unabhängig voneinander erworbenen Merkmale einzeln auflistet und bewertet, um zu derjenigen Phylogenie mit der höchsten Wahrscheinlichkeit zu gelangen.

Zur Zeit erlebt die kladistische Methode einen gewaltigen Aufschwung. 1986 veröffentlichte die Arbeitsgruppe um Randall Skelton (von der University of California in Davis) einen Artikel über kladistische Methodik, in dem zahlreiche paläontologische Merkmalslisten (samt der zugehörigen Stammbäume) zusammengetragen und verglichen wurden [20]. Die Gruppe kam zu dem Schluß, daß der wahrscheinlichste Stammbaum vorgäbe, daß die grazilen Australopithecinen aus *Australopithecus afarensis* hervorgegangen seien, aus dem zum einen die robusten Australopithecinen entstanden und andererseits *Homo habilis* hervorging. Die Möglichkeit, daß die robusten Australopithecinen evtl. direkt aus *Australopithecus afarensis* entstanden sein könnten, wurde kaum erwähnt und anschließend aufgrund der Mehrheit der kladistischen Analysen, die sich dagegen aussprachen, als unhaltbar dargestellt. Doch dann tauchte überraschenderweise der «Schwarze Schädel» (ein echter Robustus-Typ) auf und ähnelte im Aussehen einem direkten Nachfahren der frühen Hadar-Hominiden – genauso, wie es die Vertreter der funktionellen Morphologie prophezeit hatten. Doch trotz dieser dramatischen Wende lehnen einige Paläontologen immer noch den Beweis durch das Hirnsinussystem ab.

Australopithecus afarensis auf dem Prüfstand

Aufgrund des «Schwarzen Schädels» sind heute nur noch wenige Forscher der Überzeugung, daß sich die robusten Australopithecinen aus dem grazilen Typus entwickelten. Und obwohl heute das taxonomische Modell von Johanson und White aus dem Jahre

1979 verworfen wurde, sieht man auch in einigen neueren Stammbäumen noch Äste, die von den grazilen Australopithecinen zum südafrikanischen Robustus-Typ führen und außerdem einen völlig losgelösten Ast einzeichnen, auf dem sich aus *Australopithecus afarensis* die robusten Australopithecinen Ostafrikas entwickeln – ein wahrer «Zersplitterungswahn», wie sich Russ Tuttle auszudrücken pflegte.

In der Einführung des Symposiumsbandes des Internationalen Workshops über robuste Australopithecinen 1978 gab Clark Howell (von der University of California in Berkeley) über *Australopithecus afarensis* folgende Stellungnahme ab:

> ... offenbar herrscht darüber Einigkeit, daß es sich nicht nur um ein valides Taxon handelt, ... sondern auch die einzige Art der gesamten Hadar-Formation repräsentiert und als Hypodigma (d.h. die Summe aller Einzelarbeiten, die der Bestimmung dieses Taxons zugrunde liegen) dieser Art sicherlich beide Funde aus Laetoli und Hadar (wie schon seit längerem von D.C. Johanson und T.D. White postuliert) umfaßt [21].

Auch ich hatte an diesem Workshop teilgenommen, doch entsprach diese Stellungnahme ganz und gar nicht meiner Ansicht. Dies traf auch für zahlreiche Forscher zu, die überhaupt nicht am Symposium teilgenommen hatten: So geht beispielsweise aus Senuts und Tardieus Untersuchungen an Knie- und Ellbogengelenken hervor, daß es sich bei den Fossilien aus Hadar sowohl um Vertreter von *Australopithecus afarensis* wie auch der Gattung *Homo* handelte. (Lucy wird den Australopithecinen zugerechnet.) Weiterhin folgerte Zihlman, daß die Variationsbreite bei *Australopithecus afarensis* so enorm sei, daß man sie unmöglich ausschließlich auf geschlechtsspezifische Unterschiede zurückführen könne; und demnach müsse das Taxon aus mehr als einer einzigen Art bestehen. Tuttle haut im Prinzip ebenfalls in die gleiche Kerbe, wenn er auch (buchstäblich) auf dem Erdboden bleibt: Seiner Meinung nach können die Fußknochen, die in Hadar freigelegt wurden, keinesfalls die Fußabdrücke in Laetoli hinterlassen haben (wobei die Fährte in Laetoli höchstwahrscheinlich auf einen Homo-Vertreter zurückgeht.)

Wie sieht es nun mit der Beweislage aus, die sich aufgrund der Abdrücke der kranialen Blutgefäße ergibt? Die Situation wird in dem Moment problematisch, wenn die Frage gestellt wird, wieviele Arten nun tatsächlich unter das Taxon *Australopithecus afarensis* fallen. Bei einem ausreichend großen Exemplar aus Laetoli konnte Kimbel keinen vergrößerten Hirnsinus finden. Falls er sich nicht geirrt hat, unterschieden sich die Hominiden aus Laetoli von den fünf auswertbaren Exemplaren (bzw. sechs, wenn Lucy mitgezählt würde) aus Hadar. Dieser Befund würde nun mit der These übereinstimmen, daß die Fossilien aus Laetoli und Hadar nicht derselben Art angehörten (und in diesem Fall müßte *Australopithecus afarensis* neu definiert werden).

Die Fossilien aus Hadar bilden in dieser Hinsicht ein Kapitel für sich. Bei allen Schädeln, die groß genug waren, um ausgewertet zu werden, fand man kraniale Blutsammelgefäße vom Robustus-Typ; deshalb möchte ich diese Exemplare als frühe robuste Australopithecinen bezeichnen. (Leider kann man dieses Merkmal bei Lucy nicht untersuchen, da die entscheidenden Schädelpartien fehlen. Unterm Strich sieht die Situation für *Australopithecus afarensis* nicht besonders rosig aus; diese sogenannte «Art» könnte allerhöchstens aus zwei robusten Australopithecus-Formen und (in Laetoli) aus grazilen Australopithecinen bzw. Homo-Vertretern bestehen. Lucys angebliche Mutterschaft der Gattung *Homo* ist somit in erhebliche Gefahr geraten.

Um diesen Titel weiterführen zu können, muß Lucy erst einmal einen legitimen Nachkommen vorweisen, und diesen wollen Johanson und seine Kollegen 1986 in der Olduwaischlucht gefunden haben. Ich möchte dem Leser den Klatsch ersparen, der sich um die Gründe rankt, warum Johanson erst in der Olduwaischlucht arbeiten konnte, nachdem Mary Leakey sich aus dieser berühmten Fundstätte zurückgezogen hatte. Und schon gar nicht möchte ich auf dem abgedroschenen Thema herumreiten, wie und warum es zwischen Richard Leakey und Donald Johanson zu einer erbitterten Fehde kam; diese Details findet der interessierte Leser in anderen Büchern. An dieser Stelle möchte ich keinen Klatsch, sondern vielmehr die Fakten berichten, die sich auf Lucys sogenanntes Kind beziehen. Hierzu muß man erst einmal die Unterscheidungsmerkmale kennen, anhand deren zwischen den älteren Homo-Vertretern und den Australopithecinen unterschieden wird. Außerdem soll noch von einem weiteren aufsehenerregenden Fund aus Ostafrika die Rede sein, dem sogenannten Turkanajungen (bzw. «Strammer Bursche» oder WT 15000).

Der erste Vertreter der Gattung *Homo*

Jede neu benannte Hominidenart unterliegt dem Risiko, bei Entdeckung weiterer Fossilien erneut überpüft zu werden. Aus dieser Feuerprobe geht sie entweder gestärkt hervor – oder völlig unter. Bei derartigen «Indizienprozessen» erging es anderen Hominidenarten wesentlich besser als *Australopithecus afarensis*. Nehmen wir beispielsweise die Entdeckung und Benennung des *Homo habilis*. Diese Art ist fossil über 400.000 Jahre belegt (von 2 bis 1,6 Millionen Jahre v.h.), und gegen Ende dieser Zeitspanne war aus ihm bereits *Homo erectus* hervorgegangen. Die Frühzeit des *Homo habilis* liegt völlig im Dunkeln, und obgleich sich die meisten Paläontologen einig sind, daß diese Hominidenart aus den grazilen Australopithecinen hervorging, ist der genaue Zeitpunkt ihrer Entstehung ungewiß. Daher gestatten die bekannten Fossilien des *Homo habilis* (die nur in Afrika entdeckt wurden) nur einen flüchtigen Blick auf die ersten Hominiden, die man als echte Menschen bezeichnen kann.

Das fossile Material, auf dem die Benennung dieses Hominiden durch Leakey *et al.* im Jahre 1964 beruht, war äußerst dürftig [22]. Leakey wählte den Namen *Homo habilis* («geschickter Mensch»), weil er angenommen hatte, den tatsächlichen Hersteller jener primitiven Olduwan-Steinwerkzeuge gefunden zu haben, die man in der Nähe der Fossilien entdeckt hatte. Zunächst hatte man die Geröllwerkzeuge den robusten Australopithecinen zugeschrieben, die fünf Jahre zuvor in der tansanischen Olduwaischlucht entdeckt worden waren. Mehrere Schädel aus der Olduwaischlucht, die zur Benenunng des *Homo habilis* dienten, lagen allerdings meist nur als Splitter und Bruchstücke vor. Die durchschnittliche Schädelkapazität wird jedenfalls mit 650 cm^3 beziffert, und sie übertrifft bei weitem die Werte, die sowohl für grazile (ca. 450 cm^3) wie robuste Australopithecinen (ca. 500 cm^3) angegeben werden. Lag da nicht die Annahme nahe, daß diese neue Art mit einem größeren Gehirn auch die gefundenen Werkzeuge hergestellt hatte?

Neben einem größeren Hirn verfügte *Homo habilis* offenbar auch über größere Schneide- und Eckzähne (im Vergleich zu den Backenzähnen) als die Australopithecinen. Allerdings sind sich *Homo habilis* und die grazilen Australopithecinen aus Südafrika im Bau dieser Zähne recht ähnlich. Aus diesem Grund lehnten viele Paläontologen zunächst die These ab, bei den Fossilien aus der Olduwaischlucht handele es sich um eine neue Art. Statt dessen propagierten sie den Gedanken, Leakeys sogenannter *Homo habilis* sei lediglich eine weitere ostafrikanische Version eines grazilen Australopithecinen, allerdings mit einem größeren Gehirn. Die Zukunft sah für *Homo habilis* damals nicht sehr rosig aus. Würde die neue Spezies weiteren Tests standhalten?

Die Beweise, die den Status des *Homo habilis* bekräftigten, kamen aus der Omo-Region in Äthiopien und vom Turkanasee in Kenia. 1972 wurde beispielsweise ein (wie man heute weiß) knapp zwei Millionen Jahre alter Schädel (der später die Katalognummer KNM-ER 1470 erhielt) am Ostufer des Turkanasees gefunden, der die äußerst beachtlich Schädelkapazität von 650 Kubikzentimetern aufwies. Dieser Hominide unterschied sich nicht nur in Bezug auf sein großes Gehirn von den Australopithecinen, sondern auch im Bau der Zähne, des Schädels und der Gesichtsknochen. Wie bereits erwähnt sah auch der Endokranialausguß von ER 1470 im Bereich des Frontallappens menschenähnlicher aus als in den Endocasts der Australopithecinen. Weiterhin gelangten Phillip Tobias und ich unabhängig voneinander zu der Überzeugung, daß die Hominiden, zu der ER 1470 zählte, aufgrund der Anatomie des linken Frontallappens evtl. schon über eine Art (wenn auch rudimentäre) Sprache verfügten.

Heute gilt *Homo habilis* definitiv als der älteste Vertreter der Gattung *Homo*. Obwohl man aufgrund der bruchstückhaft vorhandenen Extremitätenknochen aus Turkana wohl weiß, daß *Homo habilis* größer und von leichterem Körperbau als die Australopithecinen war, stammen die eindeutigsten Unterscheidungsmerkmale zwischen beiden Gattungen aus der Schädelpartie: Abgesehen von den relativ großen Schneidezähnen, war bei *Homo habilis* auch das Schädeldach größer und dicker sowie Gesicht und Kiefer etwas kleiner. Im wesentlichen beruhte also die Identifizierung von *habilis* als eigene Art auf Zahn- und Schädeldeckenmerkmalen.

Ein *Homo erectus* namens WT 15000

Das wohl am vollständigsten erhaltene Skelett eines Frühmenschen wurde zehn Jahre nach der Entdeckung Lucys gefunden. Im Sommer 1984 gruben Richard Leakey und Alan Walker dieses prachtvolle Fossil unter den Wurzeln eines Akazienbusches hervor, der in dem Schädel wie in einer Art Blumentopf gekeimt war. Da der Fundort dieses Hominiden am Westufer des Turkanasees (in Kenia) lag, erhielt er die Archivnummer KNM-WT 15000 (Kenya National Museums, West Turkana 15000) [23]. Bei dem etwa 1,6 Millionen Jahre

Abb. 6.5
Der Schädel eines fast zwei Millionen Jahre alten *Homo habilis* (KNM-ER 1470) aus Kenia. Aufgrund des Windungsmusters auf dem linken Frontallappen erscheint der Endokranialausguß dieses Schädels eher menschenähnlich als menschenaffenähnlich (Foto: John Reader; Copyright © 1992/Science Photo Library).

alten Fossil handelt es sich um das beinahe vollständige Skelett eines zwölfjährigen Jungen. Der allgemeinen Lehrmeinung zufolge entwickelte sich aus *habilis* der *Homo erectus*, und aus diesem ging wiederum der *Homo sapiens* hervor. Aufgrund der Form seines Schädels und seiner Zähne gilt WT 15000 als der älteste bekannte Vertreter des *Homo erectus*, der in dieser Entwicklungsreihe unmittelbar in die Fußstapfen des *Homo habilis* trat.

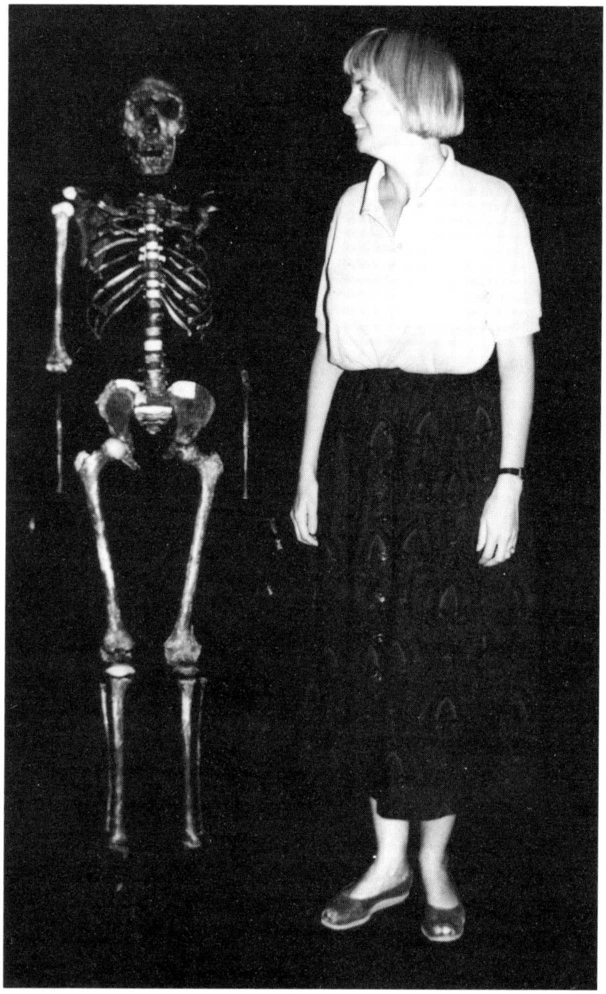

Abb. 6.6
Auf dem Foto steht die Paläoanthropologin Pat Shipman (knapp 1,65 Meter groß) neben dem Skelett eines jugendlichen *Homo erectus* (KNM-WT 15000), der als Erwachsener vermutlich eine Körpergröße von 1,80 Metern erreicht hätte (Foto: Alan Walker; Copyright © National Museums of Kenya).

WT 15000 war zweifellos eine außerordentlich bedeutende Entdeckung, die noch für einige Überraschungen sorgen sollte. Als zwölfjähriger Junge hatte dieser *Homo erectus* bereits eine Körpergröße von knapp 1,63 Metern erreicht und wäre als Erwachsener vermutlich

1,80 Meter groß geworden. Weitere Fossilientrümmer bestätigen, daß einzelne *Homo erectus* größer waren, als man zuvor für möglich gehalten hatte. Auffällig ist auch, daß Arme und Beine bei WT 15000 – völlig anders als beispielsweise bei der langarmigen Lucy – fast genauso proportioniert waren wie beim modernen Menschen. Bis zur Entdeckung dieses Fossils waren die Paläoanthropologen davon ausgegangen, der hohe menschliche Wuchs sei ein entwicklungsgeschichtlich relativ junges Merkmal, das zum Teil auch von Umweltfaktoren (wie beispielsweise guter Ernährung) abhängt. Der junge Hüne vom Turkanasee demonstriert, daß ein paar Menschengruppen bereits seit den Tagen des ersten *Homo erectus* einen hohen Wuchs erreichten. Somit können wir auch die Auffassung zu Grabe tragen, unsere Vorfahren seien kleiner als wir gewesen.

Der Kindertausch in der Olduwaischlucht

An dieser Stelle möchte ich ein 1,8 Millionen Jahre altes Fossil aus der Olduwaischlucht kritisch betrachten, das offiziell unter der Archivnummer OH 62 (von Olduvai Hominid 62) bekannt ist, im Volksmund jedoch «Lucys Kind» heißt. Denn immerhin plädiert das Beweismaterial, das Johanson und seine Kollegen bei der Wahl dieses Namens beeinflußte, auch für eine denkbare Kandidatur Lucys (sprich des *Australopithecus afarensis*) als Mutter der Gattung *Homo* [24]. Johanson verwendet die Beweise aus OH 62 gleich zweifach: Zum einen versucht er, das Fossil anhand des Schädels als *Homo habilis* zu klassifizieren; andererseits deutet er den übrigen Körper als Indiz, daß es sich um einen Nachkommen von Lucy handele. Folglich wäre aus *Australopithecus afarensis* der *Homo habilis* hervorgegangen.

Zunächst sollten wir uns den Kopf vornehmen. Nun ist das Schädelmaterial bei OH 62 recht dürftig und besteht hauptsächlich aus Gaumenbein, Kieferknochen (vor allem vom Oberkiefer), einigen Zahntrümmern und einem Splitter des unteren Gesichtsknochens. Von der Schädelkapsel ist leider zu wenig erhalten geblieben, als daß man daraus die Gehirnkapazität bestimmen könnte. Dies ist ein sehr unglücklicher Umstand, da man *Homo habilis* und die Australopithecinen am deutlichsten an der Gehirngröße, der Schädelform und der Morphologie der Endokranialausgüsse auseinanderhalten kann. Doch wie steht es um ein weiteres wichtiges Kriterium, die Zähne? Wie wir bereits wissen, sind die vorderen Zähne bei *habilis* (relativ zu den Australopithecinen gesehen) größer als seine hinteren. Die Arbeitsgruppe um Johanson bestimmte die Zahnproportionen und fand heraus, daß sie für einen robusten Australopithecinen groß seien, für einen Vertreter der Gattung *Homo* jedoch im unteren Bereich lägen. Aufgrund der traditionellen Hauptkriterien (d.h. Gebiß und Schädeldecke) läßt sich OH 62 also nicht als *Homo habilis* klassifizieren. (Obwohl Johanson *et al.* meinen, keine der für *robustus* wie *gracilis* charakteristischen Gesichtsmerkmale gesehen zu haben, läßt sich diese Behauptung nur schwer aufrechterhalten, da die Gesichtsknochen überwiegend fehlen.)

Vom Hals an abwärts vergleicht Johanson das 1,8 Millionen Jahre alte Fossil aus Tansania mit der 3,2 Millionen Jahre alten Lucy aus Äthiopien. Wie wir bereits erfahren haben, war Lucy kleinwüchsig und besaß lange Arme. Nun besaß der wesentlich kleinwüchsigere OH 62 zwar noch längere Arme, doch sollte dies Johanson nicht davon abhalten, «verblüffende Übereinstimmungen in der Anatomie und den Proportionen» zwischen beiden Fossilien festzustellen. Und obwohl es unmöglich ist, die Gehirnkapazität bei OH 62 zu bestimmen, behauptet Johanson:

> ... erfolgte die Differenzierung kleiner Individuen wie *Australopithecus* oder *Homo habilis* anhand der Gehirnkapazität, jedoch nicht über die Körpergröße. Hierdurch wird erneut die These bekräftigt, gegen Ende des Pliozäns sei die Enzephalisierung (d.h. die Entwicklung des Gehirns) primär für die Evolution der Hominiden verantwortlich gewesen [25].

Anders gesagt: Wenn man in der Lage gewesen wäre, das Gehirn von OH 62 zu vermessen, wäre es sicherlich groß gewesen (da es sich ja um einen Vertreter der Gattung *Homo* handeln mußte). Da der Körper dieses Hominiden so klein war, mußte seine Enzephalisierung (d.h. seine relative Hirngröße) bereits einen hohen Stand erreicht haben. Die Logik dieser Argumentation scheint offenbar ein Zirkelschluß zu sein.

Ein weiteres Problem stellt der junge *Homo erectus* (WT 15000) dar, der zeitlich (knapp 200.000 Jahre später) wie räumlich (in Kenia) nicht allzu weit von OH 62 entfernt gelebt hat. Er wäre als Erwachsener 1,80 Meter groß gewesen, und seine Arme wären wie bei einem modernen Menschen proportioniert gewesen. Deshalb erscheint es mir höchst unwahrscheinlich, daß der langarmige, zwergenhafte

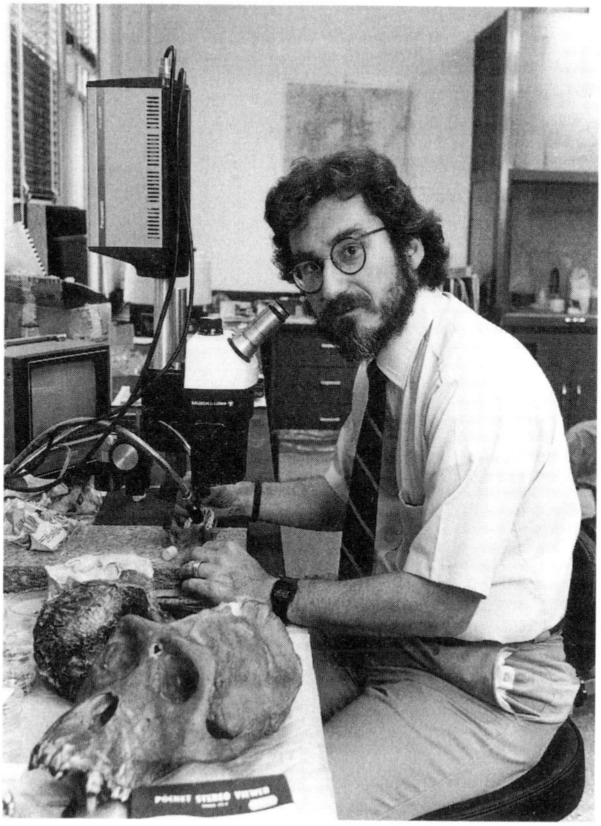

Abb. 6.7
Glenn Conroy von der Washington University School of Medicine. Gemeinsam veröffentlichten Conroy und ich unsere Ergebnisse über das Hirnsinussystem der Hominiden in der britischen Ausgabe der Zeitschrift *Nature*.

OH 62 (mit einer Körpergröße von knapp einem Meter) der Vorfahre dieses Riesen gewesen sein soll.

Summa summarum scheint also wirklich eine Verwechslung auf der Säuglingsstation stattgefunden zu haben: Demnach ist OH 62 kein *Homo*, sondern ein Australopithecine. Falls dies stimmen sollte und – wie Johanson meint – Lucy die Vorfahrin dieses Fossils war, müßte man sich nach einem anderen eindeutigen Vorfahren der Gattung *Homo* umsehen. Als Gegenbeweis könnte mich allerhöchstens ein Skelett wie das von OH 62 umstimmen, das einen relativ vollständigen Schädel mit eindeutigen Merkmalen von *Homo habilis* besitzt.

Derweil sind die langen Arme an OH 62 das einzig Interessante an diesem Fossil; denn diese könnten ein Hinweis sein, daß die Australopithecinen auch kurz vor ihrem Aussterben noch in Baumnestern schliefen. *Homo* mit seinem großen Gehirn hingegen suchte andere Schlafstätten auf; sein Leben spielte sich von nun an auf dem Erdboden ab – und in der prallen Sonne.

Kapitel 7

Die «Kühlertheorie» zur Evolution des Gehirns

1986 stellte die Entdeckung des «Schwarzen Schädels» in Kenia die gesamte Systematik der Hominidenforschung auf den Kopf. Denn durch diesen Fund wurde klar, daß mehrere bisherige Versuche, den Gesamtverlauf der menschlichen Evolution über verschiedene Zahn- und Knochenmerkmale zu bestimmen, zu Trugschlüssen geführt hatten; und auch heute noch finden die Wissenschaftler nur schwer einen gemeinsamen Konsens, wenn es um den Stammbaum der Hominiden geht. Das gegenwärtige Chaos in diesem Bereich der Paläontologie beruht teilweise darauf, daß sich die Kladistiker vor allem auf leicht zu handhabende Listen mit Spezialmerkmalen stützen. Die Kehrseite dieser Medaille (d.h. einer scheinbar leichteren Methode) sieht jedoch so aus, daß der Einfluß, den die Evolution auf komplexe Systeme ausübt, ziemlich vernachlässigt wurde. So ist sicherlich keine menschliche Linie ausgestorben, weil ihren Zähnen oder Knochen plötzlich bestimmte Rillen fehlten, und genauso wenig führten größere Veränderungen wie etwa in der Proportion der Gliedmaßen oder der Backenzahngröße zu dramatischen Folgen für ihre Gesamtevolution. Vielmehr reagierte jedes Mitglied einer Hominidenpopulation mit all seinen individuellen Fähigkeiten auf die vorgegebenen Umweltparameter und führte dementsprechend mal ein längeres, mal ein kürzeres Leben. Deshalb wirkt ein bestimmter Selektionsdruck primär auf die Gesamtheit eines physiologischen Systems (wie es beispielsweise ein Mensch darstellt).

Nach meinen Erfahrungen aus der Zeit der Red Cave (siehe Kapitel 1) war ich nicht mehr so naiv zu glauben, die Paläoanthropologen akzeptierten bereitwillig neue, aussagestarke Fossilbelege, die womöglich eine ihrer heiligen Kühe schlachten könnten. Damals war Holloway nämlich skrupellos über meine Theorie zur Evolution des menschlichen Gehirns hergefallen, während die übrigen Paläoanthropologen als teilnahmslose Beobachter der hitzigen Verbalschlacht (die sich über zehn Jahre hinzog) agierten. Deshalb sah ich es als einen glücklichen Zufall an, mich aus dem Kampfgetümmel um die Endokranialausgüsse der Australopithecinen zurückziehen zu können, um auf ein scheinbar sichereres Terrain (d.h. die Erforschung von Hirnblutgefäßen) überzuwechseln.

Eigentlich hätte ein derart auffälliges Merkmal, wie es dieses große Hirnblutsammelgefäß darstellte, die Paläontologen vor Neugierde platzen lassen müssen; zumindest hätten sie gespannt darauf warten sollen, welche Bedeutung in der Funktion dieses Sinus steckte. Derartige Reaktionen blieben jedoch aus; hierüber war ich aufgrund meiner bitteren Erfahrungen mit den Kollegen nicht sonderlich verwundert, sondern quittierte das ausbleibende Echo mit leichtem Zynismus. Fazit blieb jedoch, daß die Paläontologie nicht mehr über die entwicklungsgeschichtliche Relevanz komplexer physiologischer Systeme (wie am Beispiel dieses Sinus demonstriert) hinwegsehen konnte.

Zu den positiven Seiten der Forschungsarbeit gehört beispielsweise, daß sie sich selbst permanent neue Impulse gibt. Aus der Beantwortung eines komplizierten, arbeitsaufwendigen Problems ergeben sich, ohne daß man eine Pause einlegen kann, sofort neue Fragestellungen. So erging es mir auch bei der Erforschung der Blutgefäße im Schädel, denn plötzlich mußte ich mich mit weit komplexeren Fragestellungen befassen: Warum nahm erst eine Millionen Jahre, nachdem die Frühmenschen den aufrechten Gang erfunden hatten, bei *Homo* die Gehirngröße plötzlich so rapide zu? Aus welchen Gründen erfolgte die Evolution, bei der sich die Füße zuerst entwikkelt hatten, schubweise? Wie können wir uns die kompliziert verlaufende Entstehung unserer eigenen Gattung erklären?

Neue Fragen warf auch die Erklärung auf, anhand derer wir die Funktion des Sammelgefäßes im Schädel einiger Hominidengruppen erläutern wollten. Falls dieses vergrößerte Sinussystem, wie Conroy und ich behauptet hatten, die Evolutionsantwort auf den aufrechten Gang der Frühmenschen darstellte, wieso kommen solche Gefäße dann bei den bipeden Jetztmenschen kaum noch vor? Diese wichtige Frage wollten wir unbedingt klären, und einen Teil der Antwort sollten wir in Afrika finden.

Wenn ein Mensch aufsteht, fließt sein Blut nicht über die Jugularvenen (Halsvenen) aus dem Schädel ab, sondern strömt in ein Venengeflecht im oberen Halsbereich (der Plexus venosus vertebralis posterior), ein venöses Gefäßsystem, das den oberen Bereich der Wirbelsäule umschließt (siehe Abb. 7.1). Diese Tatsache stellte eine wichtige Information dar, um die Funktion des venösen Gefäßsystems bei den frühen Hominiden zu verstehen. Doch wie gelangt das Blut bei einem heutigen Menschen, der aufsteht, in dieses Venengeflecht? Das Sinussystem, das bei den frühen Hominiden gut entwickelt war, ist schließlich bei ihm verkümmert. Zur Klärung dieser Frage mußte ich erst einmal einen Anatomiesaal besuchen (in dem ich damals Medizinstudenten in die Geheimnisse des menschlichen Körperbaus einzuweihen versuchte) und natürlich mehrere Lesestunden in der Bibliothek einlegen.

Die theoretischen und praktischen Ergebnisse dieser Bemühungen lieferten sehr viele Informationen. So transportiert auch dieses (stark reduzierte) Sinussystem beim heutigen Menschen einen Teil des Hirnblutes in den Plexus venosus vertebralis, doch das meiste Blut fließt über zahlreiche zusätzliche Venen. Demnach erfolgte dieser spezielle Bluttransport bei den frühen Hominiden noch über eine einzige große Passage, während dieselbe Aufgabe bei uns von einem komplizierten Venennetzwerk übernommen wird. Eigentlich könnte man auch von zwei verschiedenen bipeden Hominidengruppen reden, bei denen sich ein unterschiedliches Gefäßsystem zur Entsorgung des Gehirns entwickelt hat.

Diese Hypothese klang nicht schlecht, doch war sie auch beweisbar? Venen können schließlich nicht versteinern. Aber man muß manchmal auch eine Portion Glück haben. Dieses Glück bestand darin, daß einige Äderchen und Hirngefäße, die zum Venenplexus ziehen, den Hinterschädel durch kleine Öffnungen (Foramina) verlassen. Diese Venen werden von den Medizinern als Emissarien bezeichnet und heißen beispielsweise Vena emissaria mastoidea (am Hinterrand des Ohres) oder Vena emissaria parietalis (in der Nähe des Scheitelbeins). Nicht alle Schädelvenen besitzen eine eigene Austrittstelle (Foramen), doch kann man anhand der vorhandenen Emissarien einen Einblick in das gesamte Gefäßsystem gewinnen. Weiterhin bieten diese Foramina im Schädel den Vorteil, oft auch noch bei Fossilien sichtbar zu sein.

Nach meinen Überlegungen sollte es daher möglich sein, anhand der Häufigkeit der Austrittsöffnungen in den Schädeln von Menschenaffen, fossilen Hominiden und moderner Menschen festzustellen, wie die Evolution dieses Sinussystems verlaufen ist. Ein Vorteil dieser Methode liegt darin, sowohl Informationen über lebende wie auch ausgestorbene Arten zu gewinnen. Den ganzen Sommer des Jahres 1984 verbrachte ich also damit, in den Primatenschädeln aus diversen europäischen und afrikanischen Museen nach kleinen Löchern zu suchen und diese zu zählen.

Bei dieser Sisyphusarbeit untersuchte ich die Schädel der verschiedensten Arten, u.a. jeweils 50 Schädel von heutigen Schimpansen, Gorillas und Menschen. Weiterhin überprüfte ich jedes Schädelfragment von Hominiden, dessen ich habhaft werden konnte: grazile Australopithecinen, robuste Australopithecinen, *Homo habilis, Homo erectus,* Neanderthaler und urtümliche *Homo sapiens* (z.B. Cro-Magnon-Mensch). Da mir dies noch nicht ausreichte, nahm ich sämtliche relevanten Daten aus der Literatur in meine Arbeit auf und berücksichtigte sie bei der Auswertung.

Im wesentlichen lieferten drei Merkmale die meisten Informationen: das vergrößerte Hinterhauptsinussystem sowie die Austrittstellen der beiden Emissarien aus dem Warzenfortsatz (Processus mastoideus, einem Knochen der Ohrkapsel) bzw. dem Scheitelbein (Os parietale, einem Deckknochen des Neurocraniums) [1]. Bei den afrikanischen Menschenaffen (die dem ursprünglichsten Typus entsprechen) waren alle drei Merkmale nur schwach ausgebildet [2]. Die beiden Austrittstellen kamen bei robusten Australopithecinen auch nur selten vor (ähnlich wie bei Schimpansen und Gorillas).

Komplizierter, aber auch interessanter sahen die Ergebnisse für die Entwicklungslinie aus, die von den grazilen Australopithecinen zu *Homo sapiens* verläuft. Das Sinussystem kommt bei den grazilen Australopithecinen fast noch genauso häufig wie bei den Menschenaffen vor, nimmt jedoch bei den später lebenden Hominiden kontinuierlich ab. (Die Häufigkeit beträgt anfangs noch etwa 50 Prozent und nimmt bei modernen Populationen sehr niedrige Werte an.) Dieser rückläufige Entwicklungstrend setzt sich auch bei *Homo* fort. Parallel nimmt die Häufigkeit der beiden Emissarien (Vena emissaria parietalis, Vena emissaria mastoidea) bei den Hominiden drastisch zu, insbesondere bei *Homo*. Unter der Prämisse, daß parallel zu diesen nachweisbaren Adern vermutlich auch die Zahl der übrigen (nicht fossil erhaltenen) Hirngefäße anstieg, so kann man davon ausgehen, daß das gesamte Blutgefäßsystem im Hominidenschädel eine explosionsartige Evolution durchmachte. Demnach wurde es mit fortschreitender Entwicklung in Richtung *Homo sapiens* immer komplexer, vor allem während der vergangenen zwei Millionen Jahre.

Diese Ergebnisse stimmten mit unserer früheren Veröffentlichung zum Thema Hominidensystematik überein; damals hatten

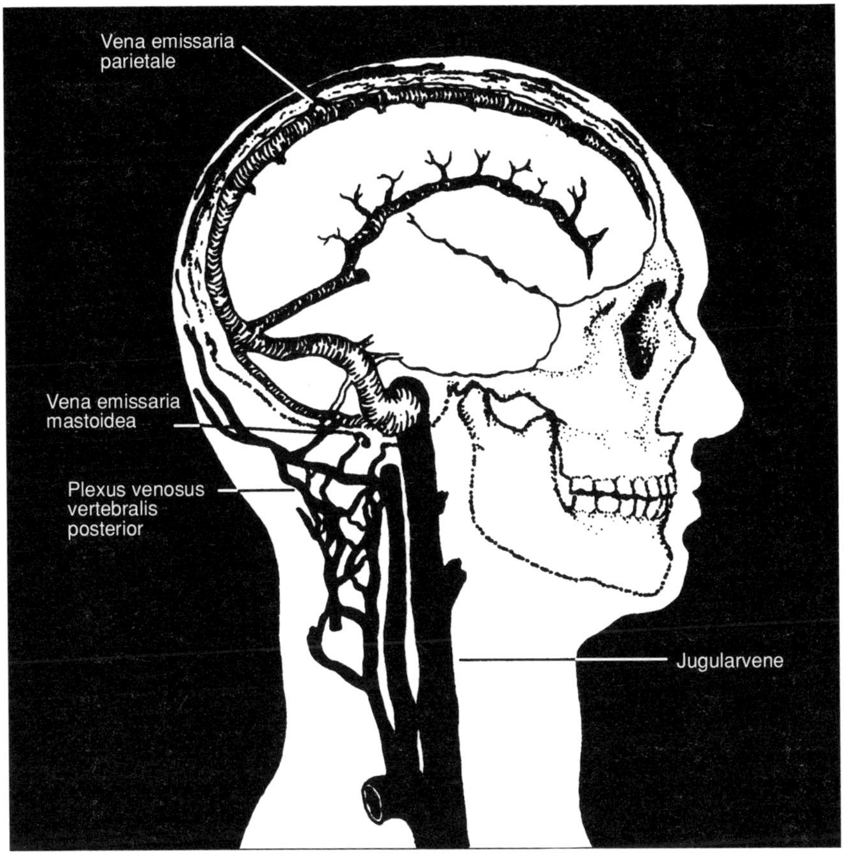

Abb. 7.1
Das Gehirn ist von einem sehr verzweigten Venennetz, das miteinander über Anastomosen in Verbindung steht, überzogen. Einige Blutgefäße, die Emissarien, verlassen den Hinterschädel durch Foramina (Austrittsöffnungen).

Conroy und ich behauptet, es gäbe zwei verschiedene Hominidenlinien mit einem jeweils unterschiedlichen Blutgefäßsystem, um venöses Blut während des aufrechten Ganges aus dem Schädel abfließen zu lassen. Die ältere Linie (frühe Hominiden, robuste Australopithecinen) besaß nur ein einziges Sammelgefäß, die zweite Linie (die Vertreter der Gattung *Homo*) verfügten hingegen über ein komplexes venöses Netzwerk.

Nachdem ich diese Erkenntnisse gewonnen hatte, meinte ich, das Thema kraniale Blutgefäße zu den Akten legen zu können. In dieser Hinsicht sollte ich mich jedoch gewaltig täuschen.

Über Autokühler und Briefe aus Frankreich

Mein größtes «Aha-Erlebnis», das durch eine Kette verrückter Zufälle ausgelöst wurde, stand nämlich noch aus. Alles begann damit, daß der Motor meines uralten Mercedes (Baujahr 1970) dringend überholt werden mußte. Ich brachte den Wagen zu Walter Anwander in Lafayette (Indiana), einem Mechaniker (und Zauberkünstler in Sachen Autos), der den Motor komplett auseinandernahm und wieder zusammensetzte. Während Walter mir eines Tages all die Wunder unter der Motorhaube aufzählte (ein wenig Nachhilfeunterricht kann ja nie schaden), zeigte er auf den Kühler und meinte: «Der Motor darf nur so groß sein, daß der da ihn noch kühlen kann.» Damals dachte ich nur wenig über diesen Satz nach.

Zur selben Zeit, als mein Mercedes in der Werkstatt war, erhielt ich einen Brief des französischen Physiologen Michel Cabanac, der heute an der School of Medicine der Université Laval in Quebéc arbeitet. In diesem Schreiben, das am 13. Januar 1987 datiert wurde, teilte er mir mit, er habe meine Publikation über die Evolution der Schädelvenen mit großem Interesse gelesen, da sich seine Arbeitsgruppe mit den gleichen Blutgefäßen beschäftige. Am Bericht Cabanacs überraschte mich besonders der Nachweis des Franzosen, daß die beiden Emissarien bei einer Überhitzung des Körpers auch dazu dienen, das Gehirn kühl zu halten.

Das Gehirn ist ein sehr hitzeempfindliches Organ. Hierzu die bekannte Gefäßphysiologin Mary Ann Baker:

> Ein Anstieg der Körpertemperatur um vier bis fünf Grad Celsius über den Normwert reicht schon aus, die Gehirnfunktionen zu beeinträchtigen. Hohe Fieberschübe werden bei Kindern oft von Gehirnkrämpfen begleitet; hierbei handelt es sich um die Symptome, daß die Nervenzellen im überhitzten Gehirn nicht mehr normal funktionieren. So ist möglicherweise die Temperatur der ausschlaggebende Faktor, ob Menschen oder andere Tiere in einem heißen Habitat überleben können [3].

Cabanac wollte gemeinsam mit seinem Kollegen Heiner Brinnel (vom Hôpital-Maternité im französischen L'Arbresle) in Erfahrung bringen, wie das menschliche Gehirn kühl bleiben kann, während sich der restliche Körper erhitzt – beispielsweise bei starker körperlicher Anstrengung. Also untersuchten sie experimentell an sechs gesunden männlichen Testpersonen, welche Beziehungen zwischen einer variierenden Körpertemperatur und der Strömungsrichtung in den Schädelvenen (die keine Venenklappen besitzen) bestehen [4]. Probanden, die unterkühlt werden sollten, hielten sich eine halbe Stunde bei 0 Grad Celsius in einer Kühlkammer auf. In diesem Stadium der sogenannten Hypothermie zogen sich ihre Blutgefäße zusammen, die Männer zitterten, und ihre Körpertemperatur sank auf 36,3 Grad Celsius (±0,05 Grad Celsius; orale Messung). Um andererseits die Verhältnisse bei Hyperthermie (Überhitzung) zu bestimmen, traten die Testpersonen 20 bis 30 Minuten lang in die Pedale eines Trainingsgerätes; anschließend schwitzten sie stark, und ihre Körpertemperatur betrug bereits 37,6 Grad Celsius (±0,18 Grad Celsius; ebenfalls oral gemessen).

Unmittelbar nach der körperlichen Betätigung bzw. Unterkühlung wurde die Fließrichtung des Blutes in den austretenden Venen (der Vena emissaria mastoidea, Vena emissaria parietalis) gemessen. Hierzu setzte man den Probanden eine sogenannte Doppler-Sonde genau an der Stelle auf die Kopfhaut, wo die Vene aus der Schädeldecke austritt. (Glücklicherweise besaßen vier Probanden eine Glatze.) Die Ergebnisse waren verblüffend: Bei den unterkühlten Testpersonen floß das Blut langsam aus dem Schädel heraus – strömte also vom Gehirn in die Haut. Umgekehrt war es bei den Männern mit Hyperthermie, bei denen das Blut schnell aus der Haut ins Gehirn transportiert wurde. Dies korrelierte auch mit den Ergebnissen einer früheren Studie, in der für eine dritte Emissarie (Vena emissaria ophthalmica), die im Bereich der Augenhöhle austritt. Nach Überhitzung des Körpers kehrte sich die Fließrichtung des Blutes in allen drei Venen um. Demnach kann auf diese Weise kühles Blut, dessen Temperatur infolge starker Transpiration auf Kopf- und Gesichtshaut gesunken ist, in die Schädeldecke zurückfließen.

Während ich lediglich vermutet hatte, daß die Emissarien mit einem komplizierten venösen Netzwerk in Verbindung stünden, hatten Cabanac und Brinnel meinen Verdacht tatsächlich beweisen können. Außerdem fanden sie heraus, daß im menschlichen Schädel unzählige winzige Emissarien vorkommen, und stellten ferner fest, daß das venöse Netzwerk der Diploe-Venen, die das Schwammgewebe der Schädelknochen durchziehen, nach innen wie nach außen offen ist (so daß auch hierüber ein Wärmeaustausch erfolgen kann). In einem Experiment massierten die beiden Franzosen vorsichtig die Kopfhaut eines wenige Stunden alten Leichnams von außen; anhand des austretenden Blutes bewiesen sie, daß Blut über das gesamte venöse Netzwerk (Diploe-Venen und Emissarien) auf die Schädelinnenseite gelangen kann.

Die drei genannten Hauptemissarien sitzen an verschiedenen Stellen des Schädels, am Auge (V. emiss. ophthalmica), am Ohr (V. emiss. mastoidea) und auf dem Scheitel (V. emiss. parietalis). Cabanac und Brinnel gehen nun davon aus, daß das Blut nicht nur durch diese drei Venen, sondern gleichzeitig auch über das gesamte venöse Gefäßsystem in den Schädel strömt. Offenbar stammt das «Kühlblut», das die Überhitzung des Gehirns verhindern soll, aus der gesamten Oberfläche des Schädels. Das Phänomen tritt allerdings nur auf, wenn der Körper überhitzt ist. (Die Physiologen sprechen von einer sogenannten «Selektiven Abkühlung des Gehirns».) Die Ergebnisse von Cabanac und Brinnel wurden später auch durch andere Arbeiten im Experiment bestätigt – obgleich das Thema weiterhin heiß diskutiert wird [5]. Fazit: Ein Gehirn und ein Auto brauchen beide ein Kühlsystem.

In jedem Fitness-Studio kann man beobachten, wie ein solcher «Schädelkühler» funktioniert. So gehe ich beispielsweise mit mehreren anderen jeden Sonntag in den Sweat Shop in Albany. Dort werden wir von unserer Aerobic-Lehrerin Judy Torel, der das Studio gehört, 105 Minuten ohne Unterbrechung zu sportlichen Höchstleistungen angetrieben. Zu Beginn machen wir ein paar leichte Übungen zum Aufwärmen; die meisten Teilnehmer sind noch kalt, und niemand trägt ein Stirnband. Auf dieses «Muskelgeplänkel» folgen 60 Minuten Non-Stop-Hochleistungs-Aerobic, unterlegt von flotter Disco-Musik. Nach und nach perlen die ersten Schweißtropfen vom Oberkörper (jetzt hat sich das zentrale Körperkühlsystem eingeschaltet). Mit fortschreitender Aerobic-Stunde werden die Schweißflecken größer, irgendwann erscheinen die ersten Stirnbänder, und nach einer Dreiviertelstunde trägt auch Judy (die offenbar überhaupt nicht schwitzt) ein Stirnband. Kurz vor dem Ende der ersten Stunde laufen die «Schädelkühler» auf Höchsttouren, die Gesichter sind rot und erhitzt (da die Gesichtsgefäße geweitet sind, um möglichst viel Transpirationsoberfläche – und somit mehr Verdunstungskälte – zu erzielen). Von der einen oder anderen Stirn läuft der Schweiß in Bächen ab, und während ein Dutzend Köpfe im Rhythmus der Musik hin und herzucken, fließt kühles Blut ins Schädelinnere, um dort die Temperatur des leicht überhitzten Gehirns «herunterzufahren».

Doch zurück zur Wissenschaft, in der es etwas ruhiger zugeht. Cabanacs Brief hatte mich nachhaltig beeinflußt, und daher möchte ich eine wichtige Passage zitieren:

> Möglicherweise entstanden die Emissarien, um das Gehirn vor Überhitzung zu schützen. Parallel zur Enwicklung der Bipedie wurde auch das Gehirn immer größer; deshalb wurde mit zunehmendem Gehirnvolumen auch der Bedarf nach einem stärkeren «Kühlaggregat» größer. … Diese Hypothese widerspricht keinesfalls Ihren Thesen, sondern könnte sie ergänzen. Daher warte ich mit großem Interesse auf Ihre Antwort.

Cabanac fügte seinem Schreiben ein paar Sonderdrucke verschiedener Artikel bei, die er verfaßt hatte. Zwar habe ich diese sofort begierig gelesen, und eigentlich hätte ich ihre Bedeutung sogleich erkennen müssen. Doch dauerte es noch drei Tage, bis mir endlich ein Licht aufging.

Irgendwann in der Nacht wachte ich auf, weil mir die Bedeutung von Cabanacs Untersuchungen mit einem Schlag klargeworden war. «Allmächtiger, Cabanacs Arbeit könnte die entscheidende Erklärung liefern, warum die Bipedie vor der Größenzunahme des Gehirns entstanden ist!» In dieser Situation blieb nur eine Alternative; ich stand auf, zog mich an und fuhr ins Labor, um die Schädelkapazitäten der Hominiden in Korrelation mit den Daten der Schädelvenen auszuwerten. Wie sich herausstellen sollte, hatte sich die Fahrt durch die Nacht gelohnt.

Während der vergangenen zwei Millionen Jahre hatte die Anzahl der Venenaustrittstellen im gleichen Tempo wie das Wachstums des menschlichen Gehirns zugenommen. Gehirn und Schädelvenen hatten eindeutig eine gleichzeitige, rasch verlaufende Evolution durchgemacht. Auch Cabanac hatte mit seinem Brief recht behalten, daß ich unwissentlich in meiner ersten Publikation über Schädelforamina die «Kühlertheorie» der Gehirnevolution ins Leben gestoßen hatte. Genau wie ein Automotor darf auch ein hitzeempfindliches Gehirn nicht eine bestimmte Größe überschreiten, damit es von seinem «Kühlsystem» noch ausreichend gekühlt wird.

Doch warum nahm die Größe von Gehirn und «Kühlaggregat» nur in einer menschlichen Entwicklungslinie zu, nämlich bei der Gattung *Homo*? Wie paßten Faktoren wie Bipedie oder Schwerkraft in dieses Konzept? Sollte meine Theorie stimmen, dann wäre die Thermoregulation der entscheidende Parameter für die Evolution des Menschen, wenn nicht sogar für die eigentliche Menschwerdung gewesen. Zu dieser Theorie gibt es zahlreiche Mutmaßungen und sogar ein paar konkrete Anhaltspunkte.

In der Glut der Savanne

Vermutlich waren schon die Prähominiden, die Vorläufer der Hominiden, vor mehr als fünf Millionen Jahren halbaufrecht gegangen oder hatten aufgrund ihrer Abstammung von den Primaten bestimmte Voraussetzungen für die Bipedie erfüllt. Ähnlich wie heutige Zwergschimpansen konnten sie wahrscheinlich kurzfristig auf dem Boden oder im Geäst auf zwei Beinen laufen. Im Laufe der nächsten Jahrtausende entwickelte sich allmählich der vollständig bipede Gang. Gleichzeitig veränderten sich auch die Hirngefäße, da nun aufgrund der aufrechten Körperhaltung andere Druckverhältnisse im Schädel herrschten. Die wichtigste Aufgabe dieser Venen, die ihre Funktion bis heute beibehalten haben, bestand darin, Blut in das venöse Gefäßnetz zu transportieren – und dabei war es völlig gleichgültig, ob der Kopf senkrecht oder waagerecht gehalten wurde oder ob er sich im Schatten bzw. in der Sonne befand.

Wie es schien, behielten die robusten Australopithecinen während ihrer gesamten Evolution einen kühlen Kopf. Ihre ersten Vertreter besaßen gekrümmte Finger- und Zehenknochen, mit denen sie sich bequem durch das Geäst des schattenspendenden (!) Bäume hangeln konnten, die im damaligen Buschland der Hadar-Region wucherten. Elisabeth Vrba von der Yale University meint, daß auch die entwicklungsgeschichtlich jüngeren Australopithecinen Ostafrikas in bewaldeten Uferregionen lebten. (Aus unterschiedlichen Gründen kann man über die Beschaffenheit der Lebensräume, in denen der südafrikanische Robustus-Typ beheimatet war, leider keine Aussage treffen.) Zudem ernährten sich diese Frühmenschen hauptsächlich vegetarisch. Daher bestand für sie kein Anlaß, in der prallen Sonne auf die Jagd zu gehen. Die robusten Australopithecinen waren erfolgreich an ihr Schattendasein angepaßt – wenn man natürlich davon absieht, daß sie nur ein relativ kleines Gehirn besaßen und irgendwann ausstarben.

Bei den grazilen Australopithecinen sehen die Verhältnisse schon ganz anders aus, denn in Bezug auf ihr Gebiß und Schädelgefäßsystem hoben sie sich deutlich von ihren robusten Vettern ab. So findet man unter sechs ausgewerteten Gracilis-Exemplaren nur beim «Kind von Taung» einen Hirnsinus, wie ihn die robusten Formen aufweisen. (Wobei man noch bedenken muß, daß es sich bei diesem Fossil sehr wahrscheinlich um einen noch nicht ausgewachsenen *robustus* handelt.) Außerdem findet man bereits bei den grazilen Australopithecinen, nicht jedoch bei robusten Formen, ein stärker verzweigtes Gefäßsystem, das zur Kühlung des Gehirns in der Lage gewesen wäre. Insgesamt liegen daher mehrere Anhaltspunkte dafür vor, daß sich beide Australopithecinenformen zu dem Zeitpunkt, der das Alter der ersten Gracilis-Fossilien markiert, bereits seit längerem getrennt hatten – zumindest schon so lange, daß in jeder Gruppe ein eigenes Hirngefäßsystem entstanden war.

Wie kam es nun zu dieser Aufspaltung? Normalerweise erfolgt eine Artenbildung immer dann, wenn Teile einer Population einen anderen Lebensraum (Habitat) besiedeln. Falls sich dieser neue Lebensraum grundlegend vom ursprünglichen Habitat unterscheidet und die «Emigranten» über einen längeren Zeitraum von der Ursprungspopulation getrennt sind, dann schlagen beide Gruppen separate Evolutionswege ein. Im Verlauf der Zeit verstärken sich die Unterschiede, bis sich die Tiere der Teilpopulationen eines Tages nicht mehr miteinander paaren können. In diesem Moment sind zwei neue Arten entstanden.

Meiner Meinung nach besaßen die Hominiden nur ein effektives Mittel, mit dem sie neue Lebensräume erreichen konnten: Ihren aufrechten Gang. Diese besondere Form der Fortbewegung, die auf zwei Beinen begann und in der modernen Variante auch die Fahrt im ICE oder Flugzeug beinhaltet, erlaubte es im Prinzip jedem Abenteurer, zu neuen Ufern – in diesem Fall, ökologischen Nischen – aufzubrechen. Im Pliozän-Pleistozän bestand die afrikanische Heimat dieser Hominiden aus einem Mosaik verschiedenartiger Waldgebiete, die von Savannenstreifen durchzogen waren. Hier fristeten einerseits die robusten Australopithecinen ein ruhiges (und anscheinend erfolgreiches) Leben im Schatten der Waldbäume, während die grazilen Formen vermutlich eine ähnliche Lebensweise wie die heutigen Paviane vorzogen: Wenn sie aktiv waren, entfernten sie sich von den Waldgebieten und zogen zu Fuß über die heiße Savanne. Auf diese Weise wurde ihr aufrechter Gang mit der Zeit immer besser.

Auf der glühendheißen Savanne waren die Hominiden (und zwar Frauen wie Männer) sogleich einem doppelten Streß ausgesetzt: zum einen durch den veränderten Gefäßdruck (da die Schwerkraft bei aufrechter Kopfhaltung die Blutgefäßwände anders belastet), zum andern durch die starke Hitze, die den ganzen Organismus betraf. Mehrere Forscher, u.a. auch Zihlmann und Cohn, legten daher überzeugend dar, daß Schweißdrüsen, eine reduzierte Körperbehaarung sowie eine dunkle Hautpigmentierung quasi als gebündelte Reaktion auf den Hitzestreß, verbunden mit dem harten Leben in der schattenlosen Savanne, entstanden sind [6].

In Bezug auf die Adaptation der Hominiden an das Leben in der heißen Savanne geht Pete Wheeler sogar noch einen Schritt weiter. Er glaubt, daß die Hominiden bei ihrer Nahrungssuche im afrikanischen Busch die Hitzebelastung durch eine veränderte Körperhaltung verringerten. Das erreichten sie, indem sie sich vor allem während der heißen Tagesstunden häufiger biped bewegten und auf diese Weise eine geringere Körperoberfläche dem direkten Einfall der Sonnenstrahlen aussetzten. Somit sieht Wheeler auch die Bipedie als adaptative Reaktion auf den Hitzestreß an. In seine Theorie integrierte er übrigens auch Aspekte wie die Entstehung von Schweißdrüsen oder die Rückbildung der Körperbehaarung, sogar des Körperfetts.

Beim Lesen der Thesen Wheelers muß ich jedesmal an ein Erlebnis denken, das mir auf La Parguera, einer Insel vor der Südwestküste Puerto Ricos, wiederfuhr. Zu Beginn der 80er Jahre war diese von Menschen unbewohnte Insel ein Schutzgebiet für eine große Anzahl Husarenaffen (*Erythrocebus patas*), einer Altweltaffenart mit rotblondem Fell. In ihrem natürlichen Verbreitungsgebiet, der afrikanischen Savanne, durchstreifen Husarenaffen auf allen Vieren ihr Revier. Im allgemeinen gelten sie als leise, außerordentlich schnelle Läufer, die man in freier Wildbahn oft aber auch auf zwei Beinen laufen sieht. Die Primatenforscher deuten diese Körperhaltung als Ausdruck des Sicherns («Posten stehen»), um beispielsweise nach Raubtieren Ausschau zu halten.

Bei meinem Besuch auf La Parguera herrschte eine unerträgliche Hitze. Gegen Mittag begab ich mich (gut versorgt mit mehreren Flaschen Mineralwasser) in einen schattigen Beobachtungsstand, der Ausblick auf ein großes Gehege mit mehreren Dutzend Husarenaffen gab. Das Gehege war von einem hohen Wellblechzaun eingefaßt und enthielt keinen einzigen Baum, der den Tieren hätte Schaten spenden können. Obwohl mir das sogenannte Wachposten-Verhalten dieser Affenart aus Büchern bekannt war, überraschte es mich doch, wieviele Tiere an diesem Tag aufrecht standen. Damals vermutete ich, daß die Husarenaffen über den Zaun schauen wollten; da dieser jedoch viel zu hoch war, erschien es mir im Grunde genommen seltsam. Als ich Jahre später Wheelers Hypothese las, kam mir der Verdacht, die Affen hätten sich aus dem einfachen Grund aufgerichtet, weil sie auf diese Weise weniger Sonnenschein aufnahmen. (Spontan denke ich aber auch daran, wie grausam es doch ist, die armen Affen derartig einzusperren.)

Eine Kurzfassung der «Kühlertheorie»

Im Prinzip ergibt eine Zusammenfassung aller bisherigen Informationen in diesem Kapitel bereits eine Kurzfassung der «Kühlertheorie». In ihrer Kernaussage erklärt sie, warum sich die Bipedie entwickelte, bevor das Gehirn der Gattung *Homo* an Größe zunahm, und sie schildert, warum sich bei den Australopithecinen kein großes Gehirn entwickelte. Fangen wir zunächst von hinten an: Das Wachstum des Gehirns wird durch die Fähigkeit des Organismus begrenzt, dieses Organ ausreichend kühl zu halten. Da diesem Hominidentyp geeignete Hirngefäße fehlten, konnte sein Gehirn niemals ein größeres Volumen als 600 cm^3 erreichen. Zwar besaßen die robusten Australopithecinen ein relativ großes Blutsinusystem, jedoch fehlte ihnen ein venöses Netzwerk, das dem Gehirn ausreichend Kühlung verschafft hätte. Dementsprechend veränderte sich die Größe des Gehirns innerhalb dieser Hominidengruppe so gut wie überhaupt nicht.

Die grazilen Australopithecinen waren aus zweierlei Gründen schon aufrecht gegangen, bevor bei ihren Nachkommen (d.h. der Gattung *Homo*) das Gehirn explosionsartig zu wachsen begann. Zunächst einmal wirkt sich die Schwerkraft (in Form veränderter Druckverhältnisse) bei bipeden Tieren anders auf den Blutfluß aus als bei Vierfüßlern. Daraus ergibt sich zwangsläufig, daß das Blut durch andere Bahnen (sprich neue Venen und Blutsinus) fließen muß. (Da man ein derart vergrößertes Gefäßsystem auch bei den robusten Australopithecinen antraf, stellte dieses Merkmal zwar eine notwendige Bedingung, jedoch nicht die einzige Voraussetzung dar, um das Gehirn später größer werden zu lassen.) Zweitens erlaubte es die Bipedie dem grazilen Typus, sich im Lebensraum Savanne auszubreiten, was allerdings mit einer vermehrten thermischen Belastung verbunden war. Sollte Wheeler recht behalten, dann hätte auch das neue Habitat mit seinem Hitzestreß dazu beigetragen, daß die Frühmenschen vermehrt aufrecht liefen. (Das ist zwar ein Zirkelschluß, aber dennoch logisch.) Auf diese Weise bewirkten die beiden Selektionsfaktoren (Hitzestreß, Schwerkraft), daß das Gefäßsystem der grazilen Australopithecinen parallel zur Verbesserung ihrer Bipedie immer komplexer wurde. Zunächst entstand dabei in ihrem Schädel ein venöses Gefäßsystem, das zwei Funktionen besaß: Zum einen Blut aus dem Schädel in den Venenplexus im Nacken zu transportieren, zum anderen das Gehirn bei starker körperlicher Belastung kühl zu halten. Nachdem sich dieses «Kühlsystem» einmal etabliert hatte, konnte es auch verändert werden. Auf diese Weise waren plötzlich die thermischen Beschränkungen beseitigt, die einer Ausdehnung des Gehirns bisher entgegengestanden hatten, so daß dieses Organ nun bei *Homo* tatsächlich auch wachsen konnte. Den ersten Schritt mußten jedoch die Füße machen, denn erst nachdem die Australopithecinen in den heißen Grassteppen biped geworden waren, entstand der Bedarf für ein größeres «Kühlvenennetz».

Die «Kühlertheorie» im Kreuzfeuer

Wie bereits erwähnt wurde, hatten die meisten Hominidenforscher Conroys und meine Arbeit über den Blutfluß innerhalb der Schädelvenen schlichtweg ignoriert. Weil aber die «Kühlertheorie» sehr komplizierte, weitreichende Konsequenzen beinhaltete, war ich mir ziemlich sicher, daß sie ein breites Diskussionsfeld eröffnet hätte – wenn ich seinerzeit die damaligen taxonomischen Modelle für die Hominidenevolution bereitwillig akzeptiert hätte, anstatt sie in Frage zu stellen. So aber fürchtete ich aufgrund des üblichen Verhaltens meiner Mitpaläontologen, daß die «Kühlertheorie» wie ihre Vorgängerin mit Nichtachtung gestraft werde. Und was nützt das schönste theoretische Modell, wenn das Echo ausbleibt?

Aus diesen Gründen ging ich davon aus, daß die «Kühlertheorie» am besten vor einem mehrköpfigen Fachgremium abschneiden würde, dessen Mitglieder ihre einzelnen wissenschaftlichen Aspekte zu würdigen verstünden und nicht wie die renommierten Paläontologen einen Ruf oder eine eigene Theorie zu verteidigen hätten. Deshalb beschloß ich, erstmalig einen Artikel bei der renommierten Zeitschrift *Behavioral and Brain Sciences* einzureichen und darin meine Theorie vorzustellen. Wenn der Artikel dort angenommen würde, würde er nicht nur veröffentlicht, sondern auch durch viele Experten aus der Medizin, Neurologie, Physiologie, Anthropologie und Psychologie begutachtet. Die Kritik wäre sicherlich sehr scharf, doch hätte ich auch Gelegenheit, auf diese Kommentare zu antworten. Dies würde anschließend zusammen mit dem Artikel abgedruckt werden.

Meine Motive, diesen Weg zur Veröffentlichung einzuschlagen, begründeten sich vor allem auf der Erkenntnis, daß die «Kühlertheorie» auf alle Fälle von der interdisziplinären Kritik profitieren werde. Denn wenn meine Hypothese vor den kritischen Augen all dieser Wissenschaftler (insbesondere der Angiologen) Anerkennung fände, so könnten auch die Paläoanthropologen sie nicht mehr ignorieren.

Die «Kühlertheorie» bekam eine faire Chance und bestand die Feuerprobe mit Bravour. Die meisten Gutachter äußerten konstruktive Kritik, und viele warteten mit Ergänzungen, Zusatzinformationen und sogar Anregungen für weitere Fragestellungen auf. Dank der *Behavioral and Brain Sciences* wurde die «Kühlertheorie» bekannt und viel diskutiert. Allerdings gab es unter den Kritiken auch einige Negativbeispiele, die zeigen, wie emotionsgeladen gerade die Diskussion unter Paläontologen verlaufen kann – so etwa die Äußerung William Kimbels: «Falk verliert sich kopfüber in einem See aus Spekulationen und konstruiert eine äußerst dürftige Hypothese, die so stabil wie ein Kartenhaus ist.» Und mein alter Freund Ralph Holloway meinte:

> Auf dieser Ebene der Spekulation könnte auch ich leicht behaupten, im Verlauf des Pliozän seien die Abstände zwischen den Schatten der einzelnen Bäumen infolge zunehmender Aridität größer geworden, worauf die Hominiden mit dem bipeden Gang reagierten. Auf diese Weise konnten sie leichter während der Mittagsglut im Schatten sitzen bekamen seltener einen Hitzschlag und hatten plötzlich freie Hände, mit denen sie die ersten Sombreros flochten.

Stammbaum oder Stammkaktus?

Schon Tuttle hatte festgestellt, daß wir uns im Zeitalter des «Zersplitterungswahns» befinden. Dementsprechend gilt es unter Paläoanthropologen als chic, stark verzweigte Hominidenstammbäume zu entwerfen. Eine wesentliche Ursache für dieses «Buschwerk» liegt in der kladistischen Methode, die spezielle abgeleitete Merkmale (Synapomorphien) als Grundlage für das Verzweigungsmuster verwendet. Wenn man anstelle dieser Synapomorphien jedoch komplette physiologische Systeme (z.B. Blutkreisläufe, Bewegungseinheiten oder Nervensysteme) als Kriterien heranzieht, so erhält man ein relativ unverzweigtes Konzept der Hominidenevolution. In diesem Zusammenhang soll daher der Feigenkaktus *Opuntia vestita* – sozusagen allegorisch – als eine Art beschnittener Stammbaum des Menschen herhalten (siehe Kapitel 1, Abb. 1.3, Seite 25).

Dieser «Stammkaktus» ergänzt die «Kühlertheorie» und John Robinsons ältere Ideen über die Evolution der Hominiden. Wir beide gehen davon aus, daß sich die ältesten Frühmenschen in zwei Hauptgruppen aufspalteten, die robusten und die grazilen Australopithecinen, und daß aus der zweiten Gruppe später die Gattung *Homo* hervorging. Den genauen Zeitpunkt, wann sich *Homo* vom Stamm «abzweigte», kann auch das Kaktusmodell nicht festlegen, doch sind die ältesten bekannten Homo-Fossilien etwa zwei Millionen Jahre alt. Weiterhin läßt der Kaktus auch zu, daß die letzten grazilen Australopithecinen (wie etwa ER 1805) zur gleichen Zeit wie *Homo* (hier: WT 15000) leben konnten, obwohl diese Gattung aus dem Gracilis-Typ hervorging. Eine Population kann sich auch dann noch weiterentwickeln, nachdem andere Populationen einen separaten Weg eingeschlagen haben.

Auf dem unteren rechten Kaktusstamm befinden sich die robusten Australopithecinen aus Süd- und Ostafrika; ferner die Hadar-Hominiden, die meiner Meinung nach die Vorfahren der ostafrikanischen Populationen waren. Soweit dies feststellbar war, besaßen alle drei Gruppen dieses Kaktusabschnitts ein vergrößertes Hirnsinussystem. Die groben Armknochen und gekrümmten Zehen- und Fingerknochen sind mögliche Indizien, daß sich diese Hominiden ebenso gerne auf Bäumen wie auf dem Boden aufhielten. Der ostafrikanische (evtl. auch südafrikanische) Robustus-Typus bewohnte zudem schattige Baumhabitate, und beide Formen ernährten sich nur vegetarisch. Aufgrund der Gebißform, Hirngefäße und Lebenweise kann man die Hominiden auf diesem Teil des Kaktus als eigenständige Gruppe auffassen, die auf den Schatten angewiesen waren.

Süd- und ostafrikanische Robustus-Formen sind in meinem Kaktus nicht als zwei unterschiedliche Arten, sondern als verschiedene Rassen (Subspecies oder Unterarten) einer einzigen Art abgebildet. Das liegt vor allem daran, daß die Australopithecus-Formen trotz ihrer Verschiedenheit im Prinzip gleich waren. Viele Paläoanthropologen würden dies natürlich lauthals abstreiten – und tatsächlich brachten es einige Wissenschaftler sogar fertig, nach der Entdeckung des Robustus-Schädels WT 17000 (der zur Überraschung vieler Paläontologen wie der potentielle Nachkomme der Hominiden aus Hadar aussah) beide Formen als zwei verschiedene Entwicklungslinien zu interpretieren!

Meiner Meinung nach deuten die körperlichen Unterschiede vielmehr auf eine echte Rassenbildung hin: In zwei geographisch getrennten Lebensräumen (Süd- und Ostafrika) paßten sich zwei Populationen derselben Art (*Australopithecus robustus*) ihrer Umwelt an und wurden so zu zwei separaten Unterarten. Dieser Gedanke dürfte insofern nicht sehr verwunderlich sein, weil eine ähnliche Variationsbreite in den physischen Merkmalen ja auch die unterschiedlichen Rassen des heutigen *Homo sapiens* erklärt.

Solche Rassenunterschiede bei *Australopithecus robustus* werden durch Fossilien belegt, die wiederum darauf hinweisen, daß sich in Süd- wie Ostafrika die jüngeren Fossilien regional gegenüber älteren Exemplaren kaum verändert haben. In Ostafrika stellen beispielsweise Hadar, WT 17000 und ER 406 in etwa eine Entwicklungslinie dar. Analog enthält das südafrikanische Fossil Stw 252 (aus Swartkrans) Merkmale, die es nach Auffassung Ron Clarkes (University of Witwatersrand, Johannesburg) an den Anfang der robusten Australopithecinen aus dieser Region stellen. Vermutlich bestand zwischen beiden afrikanischen Populationen noch so viel genetischer Austausch, daß gemeinsame Merkmale ähnlich blieben und eine Trennung in zwei Arten ausblieb.

Die ältesten Fossilien, die auf dem linken unteren Kaktusstamm abgebildet sind, werden durch die Fußspuren aus Laetoli repräsentiert. Die dort lebenden grazilen Hominiden zogen über weite Savannen, deren Klima arider als im äthiopischen Hadar war – insgesamt führten sie also ein sonnenreiches Leben. Außer jenen berühmten Fußspuren fand man in Laetoli auch noch ein paar Kieferfragmente und Zähne. Wie bereits oben erwähnt, setzten Johanson und White die Laetoli-Fossilien mit den Funden aus Hadar zu einer Art Hominiden-Collage, dem *Australopithecus afarensis*, zusammen. In meinen Augen sprechen jedoch drei Argumente gegen eine solche «Hadar-Laetoli-Chimäre»: Punkt 1: Die in Laetoli gefundenen Zähne sind eindeutig größer als ihre Pendants aus Äthiopien. (Da die ostafrikanischen Funde gut eine halbe Million Jahre älter als die Zähne aus Hadar sind, könnte man die kleiner werdenden Zähne als rückläufiges Merkmal des Evolutionsprozesses deuten.) Punkt 2: Laut Tuttle konnten die Laetoli-Fußspuren keinesfalls von den Hominiden aus Hadar hinterlassen worden sein, da ihre Fußknochen hierfür viel zu stark gekrümmt waren; vielmehr müßten sie von einem wesentlich «moderneren» Fuß stammen. Unter den etablierten Paläoanthropologen stößt Tuttles Hypothese nicht gerade auf große Sympathie (zumal er dadurch auch einige Stammbaummodelle in Frage stellt), doch finde ich seine Ansichten durchaus plausibel. Punkt 3: Das Fossil LH 21 war das einzige Schädelfragment unter den Laetoli-Fossilien, bei dem man nach einem evtl. vorhandenen, vergrößerten Hirnsinus (wie er für robuste Australopithecinen typisch war – siehe Kapitel 6) hätte forschen können, doch leider fehlte ihm dieses Merkmal. Aus diesen drei Gründen stellen die Laetoli-Spuren nach meiner Sicht eine

Verbindung zwischen Gracilis-Typus und den ersten Homo-Vertretern dar.

Mein Kaktus enthält im oberen Bereich des Gracilis-Zweiges ein weiteres Fossil (ER 1805), bei dem es sich um einen sehr umstrittenen Schädel aus Kenia handelt. Aufgrund der Schädelform und des Zahntyps wird es von einigen Paläontologen als *Homo habilis* klassifiziert; allerdings deutet die menschenaffenähnliche Form des Frontallappens, der über einen Endokranialausguß bestimmt wurde, auf einen Australopithecinen, nicht aber auf einen Homo-Vertreter hin. Deshalb habe ich den ER 1805 auf meinem Kaktus zu den grazilen Australopithecinen gesetzt.

Die grazilen Australopithecinen, aus denen später die Gattung *Homo* hervorging, lebten in den verstreuten Wäldern und offenen Savannen Afrikas, wo sie sich von der restlichen Jagdbeute der Raubtiere ernährten oder selbst auf die Jagd gingen. Während ihrer weiteren Evolution durchliefen sie mehrere physiolgische Veränderungen, die zusammen mit dem immer besser werdenden aufrechten Gang aufkamen: Die Körperbehaarung ging verloren, die Haut wurde dunkler, Schweißdrüsen und Unterhautfettgewebe entwickelten sich, um angesichts der großen Hitzebelastung als «innere Thermostate» die Körpertemperatur zu regulieren. Gleichzeitig entwickelte sich im Schädel auch ein venöses Netzwerk (ebenfalls zur Kühlung), das sehr wahrscheinlich den größten Einfluß darauf hatte, daß der letzte Zweig meines Kaktus emporwuchs – und auf diesem Zweig saßen die Vertreter des *Homo*.

Der *Homo*-Zweig des «Stammkaktus»

Die menschliche Linie, die durch diesen Kaktuszweig repräsentiert wird, reiht übergangslos die Arten *Homo habilis*, *Homo erectus* und *Homo sapiens* aneinander. Da man den genauen Zeitpunkt, zu dem *Homo habilis* aufgekommen ist, nicht kennt, habe ich den Homo-Zweig geschickterweise hinter dem linken Hauptstamm des Kaktus hervorsprießen lassen. Wie man sehen kann, lebten kurz vor dem Aussterben von *robustus* die ersten Homo-Vertreter, robuste und (meiner Meinung nach) auch grazile Australopithecinen zur selben Zeit nebeneinander.

Vor knapp 1,6 Millionen Jahren tauchte plötzlich der erste *Homo erectus* (WT 15000) in Afrika auf. Da sich die zwei Arten *Homo erectus* und *Homo habilis* wohl überkreuzt haben, erfolgt die genaue Benennung eines Fossils, das eine Merkmalskombination beider Arten besaß, eher willkürlich. Zudem tauchen immer wieder neue Fossilien auf, die den Graben zwischen zwei Arten füllen und sich später als Übergangsform herausstellen; diese Formen werden je nach Laune der Paläontologen entweder der älteren oder der jüngeren Art zugerechnet. Andere Forscher umgehen das Problem auf elegante Weise und bezeichnen alle Fossilien aus dem fraglichen Zeitabschnitt mit dem Gattungsnamen *Homo.*

Das bisher beste bekannte Fossil eines *Homo habilis* ist ER 1470, ein zwei Millionen Jahre alter Schädel aus Kenia. Wichtig erscheint mir in diesem Zusammenhang, daß es noch einige andere frühe Homo-Fossilien (deren Datierung allerdings unsicher ist) gibt, die jedoch interessanterweise auf Java – also weit von Afrika entfernt – entdeckt wurden. Demnach hätte Louis Leakey seinen *Homo habilis* («der geschickte Mensch») besser *Homo migrans* («der wandernde Mensch») nennen sollen. Schließlich war es wohl einer der ältesten Vertreter von *Homo* (vielleicht sogar *Homo erectus*), der Afrika als erster Mensch mit unbekanntem Ziel verließ. Dieser Wandertrieb sollte ihn so bald nicht verlassen, denn bereits im Mittelpleistozän hatte der Urmensch (*Homo erectus*) neben Teilen Afrikas auch zahlreiche Regionen in Asien und Europa besiedelt.

Die ersten Vertreter des *Homo* unterschieden sich von den Australopithecinen nicht nur in Bezug auf ihre ausgesprochene Wandernatur, sondern auch in anderen markanten Eigenschaften: Wie aus dem Endokranialausguß von ER 1470 hervorgeht, besaß er nicht nur ein größeres Gehirn, sondern bereits einen ausgeprägten Frontallappen mit Broca-Zentrum. Tobias und ich vermuten deshalb, daß *Homo habilis* über eine rudimentäre Sprache verfügte. Unsere Folgerung stimmt auch mit den Ergebnissen des Archäologen Nicholas Toth von der University of Indiana überein, der in ostafrikanischen Grabungsstätten zahlreiche, etwa zwei Millionen Jahre alte Steinwerkzeuge untersuchte, die ganze Werkzeuginventare darstellten. Toth ist der Überzeugung, daß die Hominiden, die diese Werkzeuge anfertigten, Rechtshänder waren. Da das Broca-Zentrum und der Cortexbereich, der die Bewegungen der rechten Hand kontrolliert, direkt nebeneinander liegen, überrascht es kaum, daß man gleichzeitig Hinweise auf zwei Fähigkeiten (Sprache und Rechtshändigkeit) in einem einzigen Fossil findet. Darüber hinaus ist ein aus großen Felsbrocken zusammengesetzter, vor 1,8 Millionen Jahren in der Olduwaischlucht angelegter Kreis ein möglicher Beweis, daß sich *Homo habilis* evtl. schon einen Unterstand gebaut hat!

Wie man aufgrund der bisher gefundenen Fossilien weiß, lebte *Homo erectus* bis vor 300.000 Jahre. (Aus dieser Zeit sind ebenfalls mehrere Übergangsformen bekannt, die man nicht eindeutig einer der beiden Arten zuordnen kann.) Während seiner mehr als eine Million Jahre andauernder Herrschaft nahm sein Gehirnvolumen von 800 cm^3 auf 1100 cm^3 zu, gleichzeitig wurde sein Schädel länglich, flach und kräftig. Ein *Homo erectus* aus Fleisch und Blut erschiene uns sicherlich sehr merkwürdig: In seinem Steckbrief fände man z.B. Merkmale wie eine fliehende Stirn, große Schneide- und Eckzähne, einen kurzen, stämmigen Nacken und kräftige (wohlmöglich noch dicht behaarte) Augenbrauenwülste. Zudem waren schon die ersten Vertreter dieser neuen Art um einiges größer als ihre Vorfahren – man erinnere sich nur an den Turkanajungen.

Zum Alltag des *Homo erectus* gehörte auch die Fertigung von Steinwerkzeugen. Sein handwerkliches Repertoire umfaßte insbesondere die Fertigung von Jagdgerät, u.a. von Halbkeilen (oder Choppern), Faustkeilen, Spaltbeilen, Kratzern, Bolasteinen (oder Sphäroiden) und Pfeilspitzen. Im Laufe der Zeit entwickelte sich dieser «Werkzeugkasten» – ganz im Gegensatz zu den Körpermaßen von *Homo erectus* – jedoch kaum weiter. Mit diesen Waffen wurde unser Hominide zu einem der ersten Großwildjäger, wie ein Beispiel aus Spanien demonstriert: Damals wurde sehr wahrscheinlich eine Elefantenherde von einer Jägergruppe in einen Sumpf getrieben. Vermutlich hat man das erbeutete Fleisch gebraten verzehrt, denn aus dieser Zeit stammen die ersten Anzeichen, daß *Homo erectus* das Feuer nutzte. Gleichzeitig mit dieser Entwicklung begann er auch, sowohl in Hütten als auch in Höhlen zu wohnen.

Um nicht den Eindruck zu erwecken, *Homo erectus* sei bereits ein hoch zivilisierter Bursche gewesen, will ich nun ein, zwei Punkte nennen, in denen er sich noch verbessern konnte. Zunächst ein etwas anrüchiges Thema: In den Hütten, deren Überreste man beispielsweise in Frankreich gefunden hat, gab es keinerlei Anzeichen, daß die Hominiden so etwas eine Toilette kannten. Offenbar ist diese Form der Hygiene eine noch sehr junge Erfindung des Menschen. Gravierender ist allerdings die Tatsache, daß *Homo erectus* gelegentlich zum Kannibalismus neigte, wie aus Endokranialausgüssen und Fossilien des sogenannten Pekingmenschen, einem recht populären Erectus-Exemplar, hervorgeht. (Die Originalfossilien gingen leider während des Zweiten Weltkrieges verloren, als die USA sie 1941 – unmittelbar nach der Kriegserklärung gegen Japan – aus Peking in die Staaten evakuieren wollten.)

Vor einigen hunderttausend Jahren entwickelte sich aus dem Urmenschen *Homo erectus* der moderne Mensch *Homo sapiens*. In der Übergangszeit findet man wiederum zahlreiche Fossilien, die man teilweise als fortschrittliche Erectus-Form, andererseits auch als primitiven *sapiens* interpretiert. Dieses Chaos wird noch durch die Rassenbildung bei beiden Arten vergrößert, da sich die Hominiden an die unterschiedlichen Lebensräume in Afrika, Europa und Asien angepaßt hatten [7]. Im allgemeinen wirkt *Homo sapiens* zierlicher als frühere Homo-Arten. Sein Gehirn ist jedoch wesentlich größer und weist ein durchschnittliches Volumen von 1350 bis 1400 cm^3 auf. Zu der vergrößerten Schädelkapsel kommen noch Merkmale wie ein runderer Kopf, eine höhere Stirn und ein viel flacheres Gesicht als bei *Homo erectus* hinzu. Doch nicht nur der Gehirnschädel (Neurokranium), auch Gebiß und Kiefer sind zierlicher geworden, ferner sind die Arm- und Beinknochen weniger robust als bei älteren Hominiden. Das auffälligste Merkmal ist allerdings nicht, wie man vermuten würde, sein großes Gehirn, sondern sein Kinn, das nun aus dem flacher gewordenen Gesicht hervorragt.

Unter den fossilen Sapiens-Rassen gibt es eine Gruppe, die leider sehr oft mißverstanden wurde – die Neanderthaler, die vor 125.000 bis 36.000 Jahren gelebt haben. Zunächst einmal bildeten sie eine Ausnahme, da sie keineswegs zierlich aussahen, sondern ein rauhes Gesicht, eine wulstige Nase, ein fliehendes Kinn und kräftige Gliedmaßenknochen besaßen. Der klassische Neanderthaler lebte während der Kalt- oder Eiszeiten in Europa. Einige Forscher, wie etwa C. Loring Brace von der University of Michigan, interpretieren die groben Körperzüge des *Homo sapiens neanderthalensis* als Anpassungen an seinen rauhen, kalten Lebensraum. Trotzdem ist es gerade die Robustheit des Neanderthalers, die ihn nach Ansicht einiger physischer Anthropologen als direkten Vorfahren des *Homo sapiens sapiens* disqualifizieren. Gegenwärtig wird heftig darüber diskutiert, in welchem Umfang die Neanderthaler am Genom der heutigen Menschheit beteiligt sind. So vertreten beispielsweise Christopher Stringer vom British Museum of Natural History und Rainer Grün von der University of Cambridge die Ansicht, die Ablösung des Neanderthalers durch den modernen *Homo sapiens* sei «nicht über Nacht geschehen». Vielmehr «wurden die Neanderthaler nach und nach in Randgebiete oder unwirtliche Lebensräume verdrängt ...» Abschließend kommen die Autoren zu dem Fazit: «Die Neanderthaler sind wahrscheinlich nicht mit einem großen Tusch, sondern eher sang- und klanglos von der Weltbühne abgetreten [8].»

Seit je her wurden die armen Neanderthaler als grobe Gesellen verschrien, denen man abwechselnd fälschlicherweise nachsagte, sie seien dumm, gingen vornübergebeugt und könnten beim Gehen nicht einmal ihre Füße richtig heben. Sogar heute behaupten noch einige Paläontologen, Neanderthaler wären nicht in der Lage gewesen, richtig zu sprechen. Im Hinblick auf ihre kulturellen Errungenschaften ist eine derartige Äußerung mehr als unfair. Die Steinwerkzeuge der Neanderthaler, insbesondere ihre Klingen und Abschlagwerkzeuge, waren vielseitiger und mit größerer Kunstfertigkeit bearbeitet als die Geräte ihrer Vorgänger. Die Neanderthaler begruben auch als erste Hominiden ihre Toten, ein Vorgang, der häufig mit Totenritualen verbunden war. (Der Verstorbene wurde von Tierhörnern umzäunt beigesetzt, oder sein Leichnam wurde mit Blumen bestreut.) An verschiedenen Fundstätten gab es Anzeichen eines Bärenkultes oder anderer Jagdrituale, bei denen die Neanderthaler Rötel (eine rote Ockerfarbe) verwendeten. Gelegentlich kam bei es ihnen – wie schon bei *Homo erectus* – zu Kannibalismus. Insgesamt mochten sie zwar etwas primitiver als andere Hominidengruppen wirken, doch war ihre Kultur bereits sehr gut entwickelt. Außerdem besaßen sie die höchste bekannte Schädelkapazität, die sogar noch diejenige des modernen Menschen übertraf.

Als sich vor etwa 40.000 Jahren das Klima erwärmte, erschienen plötzlich die ersten Vertreter des modernen Menschen (*Homo sapiens sapiens*), die auch unter dem Namen Cro-Magnon-Menschen bekannt sind. Über den Ursprung dieser Rasse weiß man heute genauso wenig wie über die evtl. vorhandenen Verwandtschaftsverhältnisse zum Neanderthaler. Eines ist allerdings gewiß – der kulturelle Fortschritt dieser Menschen war geradezu revolutionär, so daß der Wissenschaftsautor John Pfeiffer sogar von einer Explosion der Kreativität spricht [9]. In dieser letzten Phase des Paläolithikums verbesserte sich die Werkzeugproduktion, und die verwendeten Rohmaterialen wurden ebenfalls vielfältiger: Stein, Knochen, Zähne, Holz und Horn. Die Menschen lebten hauptsächlich von der Jagd, insbesonders auf Rentiere, aber auch der Fischfang gewann an Bedeutung. Aus dieser Zeit stammen die ersten Kunstwerke: Viele Gerätschaften wurden durch Schnitzereien verziert, und die Menschen begannen, Körperschmuck anzufertigen und zu tragen. Damals tauchten auch die ersten Höhlenmalereien sowie kleine Tier- und Menschenfiguren auf. Vor etwa 30.000 Jahren wurden vor allem sogenannte Venus-Statuen, die gelegentlich als Fruchtbarkeitsgöttinnen interpretiert werden, angefertigt. Außerdem schien *Homo sapiens* die Wanderlust der frühen Hominiden geerbt zu haben, denn vor etwa 40.000 Jahren besiedelte er Australien und machte sich kurze Zeit später (vor ca. 20.000 Jahren) auf, um über die Landbrücke der Beringstraße nach Nordamerika zu ziehen.

Gegenwärtig sitzen wir also ganz oben auf dem Kaktus und haben es (so unwahrscheinlich es auch klingt) tatsächlich fertig gebracht, daß eine einzige Primatenart die gesamte Welt beherrscht. Meiner Meinung nach war *Homo sapiens* dazu nur in der Lage, weil sein Gehirn während der vergangenen zwei Millionen Jahre eine so dramatische Evolution durchlaufen hat. Außerdem glaube ich, daß es niemals wirklich zu diesem enormen Gehirnzuwachs gekommen wäre, wenn sich nicht bei den Australopithecus-Vorfahren des Menschen ein Blutgefäßsystem zur Kühlung dieses vergrößerten Gehirns ausgebildet hätte. Diese inneren Vorgänge, die zur Neustrukturierung des permanent wachsenden Gehirns geführt haben, möchte ich als *Braindance* bezeichnen.

Kapitel 8

Braindance oder das Hirn der schönen Künste

Der «Braindance» ist ein sehr lebhafter Tanz, getrieben von einem flotten Rhythmus. Im Verlauf der letzten beiden Millionen Jahre wuchs beispielsweise das menschliche Gehirn beinahe auf das Doppelte an (von 700 auf 1400 cm^3). Obwohl im Rahmen der Evolution auch der Körper des Menschen größer wurde, ist das Wachstum des Gehirns nicht zwangsläufig an diesen Prozeß gekoppelt – somit stellt auch der «Braindance» keine evolutionäre Reaktion auf diese Entwicklung dar. Offenbar handelt es sich also um etwas Einmaliges in der Geschichte der Säugetiere.

Einige Phasen – Tanzschritte, um bei der Metapher zu bleiben – des «Braindance» sind sicherlich vertraut: Analog zur progressiven Entwicklung anderer Säugerhirne wuchsen auch beim menschlichen Gehirn die Nervenzellen, und die Windungen des Cortex wurden ebenfalls ausgeprägter. Derartige Prozesse waren zu erwarten – wie auch die Tatsache, daß das menschliche Gehirn prinzipiell keine neuen Bestandteile enthält. Wie schon in der Einführung erwähnt, kann bei einem Step-Tanz durch Veränderung der Nuancen innerhalb einer bestimmten Schrittkombination der gesamte Ablauf als völlig neu empfunden werden. Demnach können zwei Choreographien mit identischen Schrittfolgen aufgrund von unterschiedlichen Zählweisen in zwei gänzlich verschieden wirkenden Tänze resultieren. (Beim Step-Training werden übrigens genau solche Nuancen während der Aufwärmphase geübt.) Für den Step-Tanz wie auch für andere Standardtänze gilt somit, daß nur die Choreographie in ihrer Gesamtheit einmalig ist, nicht jedoch die einzelnen Schritte.

Zurück zum «Braindance»: Parallel zum Wachstum des Gehirns kam es auch zu anderen, insbesondere funktionellen Veränderungen, die schließlich in drei auffällige Merkmale unseres heutigen Gehirns mündeten: die Frontallappen, der Assoziationscortex und die Gehirnlateralität (oder -asymmetrie). Selbstverständlich nahm die Anzahl der Furchungen (Sulci) und Windungen (Gyri) der menschlichen Großhirnrinde – wie bei jedem größer werdenden Gehirn zu erwarten war – zu. Allerdings beinhaltete diese Tanzroutine (das cerebrale Wachstum) zwei Emphasen, die einmal auf den präfrontalen Cortex, zum anderen auf die hinteren Assoziationsfelder gesetzt wurden. Die Windungen dieser beiden Hirnregionen entwickelten sich während der Evolution besonders [1].

Bekanntlich war bereits bei den Vorfahren der Frühmenschen das Gehirn schon teilweise asymmetrisch gebaut. Möglicherweise begannen bei *Homo* plötzlich beide Hemisphären, sich in einem unterschiedlichen Tempo zu entwickeln, bis diese anfänglich leichte Diskrepanz schließlich zu einer deutlichen Lateralität des Gehirns führte. So furcht sich beispielsweise die rechte Hemisphäre nachweislich vor der linken, was wiederum damit übereinstimmt, daß die Neuronen des (links gelegenen) Broca-Zentrums mehr Dendriten besitzen als ihre Gegenstücke auf der rechten Gehirnhälfte. Demnach bildet sich das Broca-Zentrum in seiner Komplexität offenbar erst, nachdem die Entwicklung seines rechten Pendants abgeschlossen ist (d.h. zu dem Zeitpunkt, wenn die Dendriten und – damit verbunden – die Sprachfunktionen gebildet werden [2].)

Einen wichtigen Beitrag, den «Braindance» auf einer anderen Ebene zu verstehen, erbrachte die Arbeitsgruppe von Stanley Glick, die den Einfluß von Neurotransmittern auf die Gehirnlateralität bei Ratten und Menschen untersuchten. Während im Verlauf der Evolution neue motorische Abläufe und Verhaltensweisen entstanden (wozu im weiteren Sinne auch die Sprache gehört), kam es in den beiden Hemisphären sehr wahrscheinlich zu geringfügigen Verlagerungen der Rezeptoren für bestimmte Neurotransmitter, wie beispielsweise Dopamin. (Rezeptoren sind Bestandteile des Nervensystems, an denen Reize aufgenommen werden.) Die so entstandene Asymmetrie der Rezeptorverteilung bewirkte letztendlich, daß der Mensch heute (von Ausnahmen abgesehen) vollendet sprechen kann. Wiederum veränderte eine leichte Variation des Grundthemas (sprich, der Entwicklung des Gehirns) die gesamte Choreographie des «Braindance».

In der Evolution des Gehirns spielten demnach geringfügige Veränderungen in der zeitlichen Abfolge (wie erwähnt das neuronale

Wachstum oder die Rezeptorverteilung) eine wichtige Rolle. Doch der «Braindance» verwendet nicht nur bekannte Schritte, sondern erfand ein paar neue Kombinationen, die den tänzerischen Gesamteindruck verändern sollten: Während das Gehirn relativ schnell auf sein dreifaches Ausgangsvolumen anwuchs, vergrößerte sich auch der Cortex in der präfrontalen Region (in der sowohl das Ego des Menschen steckt als auch permanent Ideen bereit gehalten werden) sowie in den hinteren Assoziationsbereichen (in dem die Gedanken praktisch umgesetzt werden).

Allerdings wurde die Evolution des menschlichen Gehirns nicht allein von inneren Vorgängen (wie den oben geschilderten) gesteuert, da diese eigentlich nur die Instrumente und nicht den Motor bildeten. Die primären Auslöser dieser Entwicklung stellten vielmehr bestimmte Verhaltensweisen der ersten Hominiden dar, die von der natürlichen Selektion gefördert wurden.

Und welche Rolle spielte in diesem Zusammenhang das oben erwähnte Blutgefäßsystem, das den Schädel der Hominiden kühlte? Als Antwort müßte man entgegnen, daß es sich weniger um eine primäre Auslöse- als vielmehr um eine primäre Ventilfunktion handelt. Denken Sie an folgendes Beispiel: Sie besitzen einen sehr lebhaften Welpen, und im Stadtpark, in dem Sie ihn Gassi führen, herrscht strenge Anleinpflicht. Tag für Tag müssen Sie beide an zahlreichen Hunden vorbeigehen, die immer, wie es sich gehört, an der Leine laufen. Obwohl Ihr Welpe ein ziemlich ungestümes Kerlchen ist, das die Ursache jedes interessanten Geruchs oder Geräuschs umgehend erkunden will, hat die Leine bisher alle Ausreißmanöver verhindern können. Eines Tages haben Sie ihn jedoch aus irgendeinem Grunde nicht an die Leine genommen. Zunächst bemerkt Fiffi seine neugewonnene Freiheit überhaupt nicht und trottet im normalen Tempo an Ihrer Seite. Plötzlich bemerkt er etwas interessantes im Gebüsch – und bevor Sie reagieren können, ist Fiffi schon außer Sichtweite! Der eigentliche Grund, warum der Hund wegrannte, ist sicherlich nicht, daß Sie ihn nicht an die Leine genommen haben. Dieses Säumnis war letztlich nur das «Ventil», das dem Tier seine Handlung (die Verfolgung) ermöglichte; der Auslöser war vielmehr das Geräusch im Gebüsch (ein Kaninchen, ein anderer Hund). Analog verhält es sich mit unseren «kühlenden» Schädelvenen, die ein vermittelnder Faktor beim Wachstum des Gehirns waren. Die eigentlichen «Auslöser» liegen jedoch irgendwo in der Geschichte der Hominiden während der vergangenen zwei Millionen Jahre verborgen.

Seit Darwins Zeiten hat man sehr viele, zum Teil recht phantastische Hypothesen über den Auslösefaktor für die Evolution des menschlichen Gehirns aufgestellt. In diesem Zusammenhang werden u.a. Krieg, manuelle Tätigkeit, Sprache, Werkzeugfertigung, Wurfgeschick oder Jagd besonders oft als Impulse für diese Evolution diskutiert. Aus diesen Beispielen ist schon ersichtlich, daß man als auslösende Parameter tendentiell solche Tätigkeiten bevorzugt, die weniger von Frauen, sondern vor allem von Männern ausgeübt werden. Da heute auch sehr viele junge Wissenschaftlerinnen auf dem Gebiet der Paläoneurologie arbeiten, konnte dieses männliche Vorurteil glücklicherweise etwas korrigiert werden. (Bedeutende Beiträge zum Verständnis der Evolution haben u.a. Este Armstrong, Beatrice Gardner, Kathleen Gibson, Melissa Hines, Doreen Kimura, Mary Leakey, Marjorie LeMay, Sue Savage-Rumbaugh, Denise Schmandt-Besserat, Brigitte Senut, Pat Shipman, Holly Smith, Elisabeth Vrba, Betty Zimmerberg und Adrienne Zihlman geleistet. Allerdings sollen deswegen die Verdienste der männlichen Kollegen keinesfalls geschmälert werden.)

Während dieser teilweise sehr spekulativen Diskussion bestand eine gewisse Abneigung gegen die (meines Erachtens einfachste) Erklärung, der Hauptauslöser dieser Gehirnentwicklung sei der evolutionäre Bedarf nach zunehmender Intelligenz gewesen. Obwohl das größere Gehirn des modernen *Homo sapiens* nicht automatisch mit einer gesteigerten Intelligenz korreliert (wie man alltäglich beobachten kann), ist die ablehnende Haltung gegenüber dieser Theorie aus mehreren Gründen verwunderlich. Wie Harry Jerison (University of California in Los Angeles) gezeigt hat, nimmt die relative Hirngröße bei vielen Säugern während der unabhängig voneinander ablaufenden Evolution dieser Gruppen zu. Da bei einigen Affen diese relative Größenzunahme mit einer gesteigerten Neugierde einhergeht, könnte die Evolution bei anderen Primaten (und möglicherweise auch bei weiteren Säugergruppen) ebenfalls ein bedeutender Evolutionsfaktor gewesen sein [3].

Relativ einfach lassen sich auch die Adaptationsvorteile der verschiedensten Intelligenzformen vorstellen. Die natürliche Selektion beträfe natürlich nur Hominiden, die einerseits überlebt hatten, sich andererseits aber auch erfolgreich fortpflanzten. Derartige Selektionsprozesse würden verständlicherweise durch verschiedene Formen der Intelligenz erleichtert werden. Einige Forscher gehen beispielsweise davon aus, daß soziale Intelligenz von der Selektion gefördert wurde, da solche Hominiden, die ein intelligenteres Sozialverhalten

Abb. 8.1
Harry Jerison, vor dem mehrere Endokranialausgüsse aufgereiht sind. Jerison, der eine Kapazität auf dem Gebiet «Gehirn und Intelligenz» darstellt, zeigte in seiner Arbeit, daß sich während der Evolution vieler Säugetiere deren Gehrin vergrößert (Foto: H. Jerison).

zeigten, eine reichere Auswahl in Bezug auf Geschlechtspartner und Nahrung nutzen konnten. Analog profitierten auch Frühmenschen mit gutem Sprachvermögen und Sprachverständnis von ihren Talenten. Die in der linken Hemisphäre entwickelte Fähigkeit, zeitliche Folgen zu verarbeiten, führte zu einer Verbesserung der Sprachqualität, möglicherweise auch zu der Befähigung, Zeit als abstrakten Begriff zu verstehen [4].

Aus diesem Zeitverständnis ergäbe sich auch die Befähigung, über den Tod nachzudenken (und dementsprechend einen Totenkult zu pflegen), sich über die Zukunft Gedanken zu machen (z.B. potentielle Fluchtwege auszusuchen) und vorsorglich nach beiden Richtungen Ausschau zu halten, bevor man ein ausgetrocknetes Flußbett (oder eine verkehrsreiche Straße) überquert. Sicherlich handelt es sich hierbei um Adaptationen. Im Gegensatz zu den übrigen Primaten, sogar den Schimpansen, sind diese Eigenschaften (d.h. Gedanken, die die konkrete oder abstrakte Zukunft betreffen) typisch menschlich. Aus diesem Grund möchte ich sie nun in ihrem evolutionären Zusammenhang betrachten, da nach meiner Ansicht das gesteigerte Talent, Informationen zu verarbeiten (ein anderer Ausdruck für Intelligenz), die Triebfeder der menschlichen Gehirnevolution bildete.

Erste Vorstellungen vom Jenseits

Wenn man bei einem Menschen Teile seines präfrontalen Cortex entfernt, so wird diese Person nicht nur ihren Ehrgeiz, sondern auch die Fähigkeit verlieren, in die Zukunft zu planen – sie wird vielleicht sogar all ihre Sorgen vergessen. Dieser Hirnabschnitt bildet demnach den Sitz der eigenen Persönlickeit. Wie mein Kollege Gordon Gallup gezeigt hat, erkennen sich auch Schimpansen und Orang Utans im Spiegel wieder; sie besitzen demnach wie der Mensch eine Form des «Ich-Bewußtseins». Aus Gallups jüngsten Untersuchungen, die er zusammen mit Jack Maser vom National Institute of Mental Health durchführte, geht hervor, daß sich bei *Homo* die Fähigkeit, Gedanken zu verarbeiten, die um das eigene Bewußtsein kreisen, mit zunehmender Hirngröße stärker ausprägte [5].

Gallup definiert Bewußtsein (dem ich wahrscheinlich eher die Definition «soziale Intelligenz» gäbe) als die Fähigkeit, einerseits «persönliche Gedanken und Gefühle zu durchdenken (d.h., sich der *Gedanken bewußt sein*)», andererseits «diese Befähigung aber auch mit der Absicht zu benutzen, auf die Erfahrungen anderer zu schließen.» Obgleich man den ersten Punkt bei Menschenaffen nur sehr schwer untersuchen kann, gelang es in einigen interessanten Experimenten, den zweiten Teil der Definition bei Schimpansen nachzuweisen. Bei einem der ersten bekannten Versuche dieser Art brachte der inzwischen verstorbene Wolfgang Köhler die Schimpansin Chica in einen Käfig und gab ihr zwei Stöcke, mit denen das Tier, wenn es sie richtig zusammengesetzt hatte, Früchte aus einer Kiste angeln konnte [6]. Als Köhler klar wurde, daß Chica die Aufgabe nicht bewältigen würde, gab er die Stäbe dem Schimpansen Sultan, der das Experiment durch die Gitterstäbe des Käfigs hindurch beobachtet hatte. Sultan steckte die Teile zu einem Stab zusammen; dann versuchte er jedoch nicht, selbst an die Banane zu gelangen, sondern drückte statt dessen Chica den Stab in die Hände, damit sie dies selbst erledige. Köhler folgerte daraus, daß aus Sultans Sicht «die Aufgabe nur aus der Perspektive des anderen Tieres bewältigt werden könne.» Im Anschluß an Köhlers unvergeßliche Arbeiten bestätigten noch viele andere Veröffentlichungen, daß Schimpansen genau wie der Mensch eine Vorstellung von den Gedanken anderer entwickeln können.

Allerdings ist es bisher nur dem Menschen gelungen, seine soziale Intelligenz auf ein Niveau zu bringen, auf dem er Gedanken an eine göttliche Instanz entwickelt. Hierzu Maser und Gallup:

> ... Gott, in seiner Funktion als oberste Instanz, stellt letztlich eine natürliche Extrapolation des Gedanken dar, über unsere eigene geistige Position nachzudenken. Charakteristischerweise verwenden wir diese Überlegungen als Modell, mit dem wir uns die Gedanken Dritter vorstellen. Allerdings verwendet man diese Befähigung auch als logische Extrapolation, um aus jenen Gedanken die geistige Existenz einer göttlichen Wesenheit abzuleiten [7].

Demnach besitzt nur der Mensch die kognitive Befähigung, sich Gott vorzustellen, wobei das «Ich-Bewußtsein» laut Masers und Gallup hierfür eine notwendige, jedoch nicht ausreichende Voraussetzung bildet.

Doch warum konzipierte der Mensch im Gegensatz zu anderen Tieren ein göttliches Wesen? Die Antwort liegt meiner Meinung nach in den relativ großen präfrontalen Großhirnrindenbereichen versteckt, in denen mentale Prozesse wie Zeitverständnis, Sorgen und Zukunftsplanung beheimatet sind. Sobald dem Menschen, so Maser und Gallup, sowohl seine eigene Existenz wie auch der Tod anderer bewußt werden, wird das eigene, unvermeidliche Ende zu einer Quelle ständiger Sorgnis. Demnach «werden unsere kognitiven Fähigkeiten vor allem durch den eigenen Tod dazu motiviert, ein Gotteskonzept zu entwickeln» [8]. Die Religion (als der große Trostspender) stellt nur die adaptiven Mittel, mit denen der Mensch seine Existenzängste bewältigt, die letztlich nur ein mentales Konstrukt seiner hochentwickelten Frontallappen sind. (Selbstmord wäre demnach ein unzureichendes Mittel, um mit existentiellen Problemen fertig zu werden.)

Maser und Gallup haben letztlich nur einen grundsätzlichen, auf höheren kognitiven Eigenschaften beruhenden Verhaltenskomplex erkannt, der wiederum durch einen größeren präfrontalen Cortex ermöglicht wurde. Aus Sicht der Paläoneurologen war und ist religiöses Verhalten ausschließlich auf den Menschen beschränkt. Doch läßt sich das auch fossil belegen? Obwohl der genaue Zeitpunkt, ab dem der Mensch erste Vorstellungen vom Jenseits entwickelte, unbekannt bleiben wird, gibt es jedoch ein paar Fossilien, die Aufschlüsse über deren Anfänge geben können.

Ganz sicherlich besaßen die Neanderthaler, die als erste Hominiden ihre Toten begruben, eine Art Religion. Da es damals sehr kalt und der Boden gefroren war, legten die «Altmenschen» kleine Gräber an, in denen sie ihre Toten in halbwegs kauernder Stellung bestatteten. Beim Anlegen dieser Gräber spielten aber wohl nicht nur praktische Überlegungen eine Rolle; denn wie aus der Analyse von Pollen hervorgeht, die man in einer Höhle bei Shanidar im Nordosten Iraks gefunden hat, war dieses gut 50.000 Jahre alte Grab eines erwachsenen Mannes mit zahlreichen bunten Blumen bedeckt worden.

Nach heutigen, westlichen Vorstellungen müßten wir jedoch andere Formen des Totenkultes der Neanderthaler als geschmacklos oder sogar grauenvoll bezeichnen. Nehmen wir beispielsweise das Flachgrab eines jungen Mannes, das in der Nähe des russischen Teschik-Tasch gefunden wurde und von zahlreichen Ziegenhörnern eingefaßt war. Eine weitere interessante Entdeckung wurde in der italienischen Höhle Monte Circeo gemacht: Hier lag, umgekehrt inmitten eines Steinkreises, der Schädel eines Neanderthalers, dessen Schädelbasis gewaltsam entfernt worden war, so als ob man gezielt das Hirn entfernt hätte [9]. Dieser Fund war allerdings nicht der älteste Hinweis auf einen potentiellen Kannibalismus, da *Homo erectus* bereits gut 500.000 Jahre zuvor das Gehirn seiner toten Artgenossen verzehrt hatte.

Manch einer mag vielleicht bei dem Gedanken, Kannibalismus sei ein Indiz für höhere kognitive Fähigkeiten, zurückschrecken; jedoch ist beispielsweise historisch belegt, daß der Mensch gegen Ende des 19. und in der ersten Hälfte des 20. Jahrhunderts Kannibalismus eher anläßlich religiöser Zeremonien als aus reinen Ernährungszwecken betrieben hat. Verständlicherweise sind solche sensationslüsternen Berichte über Menschenfresser immer etwas mysteriös und lassen sich nur schwer interperetieren. Allerdings gibt es in Berichten über Kannibalismus bei australischen Ureinwohnern, die im Regenwald leben, einige übereinstimmende Punkte: Zum einen kam Kannibalismus nur sehr selten vor. Sollte es doch einmal zu einer solchen Handlung kommen, so wurden eher Frauen und Kinder als Männer verzehrt, wobei die Opfer in der Regel aus Nachbargruppen stammten. Darüber hinaus durften Frauen und Jungen nicht bei der Zeremonie zuschauen. Tatsächlich ist die Tatsache, daß ausschließlich erwachsene Männer Formen des Kannibalismus betreiben, der deutlichste Hinweis auf eine kultische Handlung:

> ... noch 1940 ... (wenn ein Mann, der beispielsweise eine Vergewaltigung begangen hatte, hingerichtet werden sollte) war es erforderlich, daß ein Mann das Blut des Opfers, das verzehrt werden sollte, getrunken hatte, bevor er den Status eines Gubis (ein Gubi ist eine Art Schamane) erlangen konnte. Außerdem waren Fälle bekannt, in denen eine Person, die mehrfach gegen den Sittenkodex verstoßen hatte, von den älteren Männern des Stammes getötet, ihr Fleisch verzehrt und ihr Blut den jüngeren Männer zum Trinken gegeben wurde [10].

Selbstverständlich weiß man heute nicht, wie *Homo erectus* über den Tod und ein mögliches Jenseits dachte. Allerdings gibt es meiner Ansicht nach zu viele gewaltsam geöffnete Schädel dieses Hominiden (z.B. in Java und China), als daß man auf einen reinen Zufall tippen könnte. In Wirklichkeit könnte *Homo erectus* den Kannibalismus aus kriegerischen Gründen, persönlichem Rachedurst oder als Akt der Bestrafung betrieben haben; doch könnte es hierzu auch bei rituellen Handlungen gekommen sein, beispielsweise bei Ritualen anläßlich einer Geburt, bei Erreichen des Mannesalters, Hochzeit oder Todesfällen. Möglicherweise hat *Homo erectus* auch nur das Gehirn seiner Gegner gegessen, damit deren Kräfte in ihn übergingen. Alles in allem scheint er demnach eine Vorstellung vom Jenseits gehabt zu haben, was für ein Gehirn, dessen Kapazität gerade einmal 1.000 cm^3 betrug, eine beachtliche intelligente Leistung darstellte.

Die Sprache als Krönung der Gehirnevolution

Doch gibt es ältere Anzeichen, die bereits eine recht frühe Intelligenz (sprich, eine bessere cerebrale Informationsverarbeitung) vermuten lassen. Schließlich weisen die Ergebnisse aus Toths Versuchen, in denen er Steinwerkzeuge zurecht schlug, bereits auf eine Rechtshändigkeit hin, die vor gut zwei Millionen Jahren bei Hominiden (evtl. *Homo habilis*) vorkam. Bei einem dieser Frühmenschen (dem

Fossil KNM-ER 1470) weist der linke Frontallappen ein Windungsmuster auf, wie es für das Broca-Zentrum beim heutigen *Homo sapiens* typisch ist. Demnach wären die ersten Entwicklungen, die zu einer größeren Gehirnasymmetrie führten, zu Lebzeiten von ER 1470 bereits abgeschlossen gewesen. Da die Schädelkapazität bei diesem Hominiden nur 775 cm^3 betrug (was eindeutig größer als das Gehirn eines Australopithecinen, jedoch nur halb so groß wie ein heutiges Durchschnittshirn ist), scheint ein kleines Denkorgan kein Hinderungsgrund gewesen zu sein, beim «Braindance» mitmachen zu dürfen.

Harry Jerison bezeichnet Sprache als den «Rolls Royce unter den Adaptationen des Gehirns». Hierin stimme ich ihm zu, da auch die menschliche Sprache (als eine Form der Informationsverarbeitung) einen einzigartigen Luxusgegenstand darstellt. Schließlich wurde ein Klassewagen wie der Rolls ja auch nicht von einem Tag auf den anderen in all seiner Perfektion entworfen, sondern über Generationen verbessert – wobei sicherlich auch eine Prise Stolz beteiligt war. Die Fossilien der Hominiden zeigen nach meiner ganz persönlichen Ansicht, daß die Entstehung der Sprache gleichfalls ein solcher Reifeprozeß war.

Mehrere Kollegen dürften dieser Meinung widersprechen, da in ihren Augen erst *Homo sapiens* in der Lage war, eine Symbolsprache zu entwickeln. Dieses Talent, das sich in seiner sprachlichen Perfektion erst mit Aufkommen der Höhlenmalerei, Fischereitechnik und von persönlichen Schmuckgegenständen manifestierte, entwickelte der moderne Mensch während des Jungpaläolithikums (vor gut 35.000 Jahren). Obgleich die kulturellen Artefakte des *Homo habilis* vergleichsweise nicht sehr elegant wirken, erscheint es mir merkwürdig, daß etwas so Komplexes wie Sprache quasi aus dem Nichts aufgetaucht sein soll. Hiermit soll ER 1470 und seinen Artgenossen nicht etwa die Verwendung einer Hochsprache unterstellt werden, doch war *Homo habilis* sicherlich in der Lage, einige Grundschritte des «Braindance» aufs Parkett zu legen.

Einige Fragen zu den Anfängen der Sprache (z.B. nach der Form dieser «Ursprache» oder den Gründen für ihre gut zwei Millionen Jahre dauernde Evolution) erschienen auf den ersten Blick unlösbar; doch besitzen wir heute erste Erkenntnisse auf diesem Gebiet, was wir wiederum der Forschungsarbeit einer Frau verdanken.

Die Evolution der Schrift

Verständlicherweise bestanden die ältesten Teile jener Ursprache aus einzelnen gesprochenen Wörtern. Zum Leidwesen aller Forscher, die sich mit dem Ursprung der Sprache beschäftigen, gibt es keine fossilen Aufzeichnungen oder Tonaufnahmen jener Lautfolgen, die der Frühmensch von sich gegeben hat. Jedoch ist nicht alles verloren gegangen, denn immerhin gibt es in der Entwicklungsgeschichte der Sprachaufzeichnung einige archäologische Spuren, und zwar in Form geschriebener Worte. Obgleich die Schrift erst vor etwa 3.500 bis zur Vollendung entwickelt wurde, halte ich die beachtliche Arbeit der Archäologin Denise Schmandt-Besserat, die erste Vorläufer der Schriftsprache beschreibt, für den richtigen Ansatz, um die frühe Evolutionsphase der gesprochenen Sprache verstehen zu können [11].

Während mehrerer Ausgrabungsarbeiten in Syrien, Palästina, der Türkei und dem Irak (d.h. im Gebiet des ehemaligen fruchtbaren Halbmondes) stieß Schmandt-Besserat (die an der University of Texas in Austin lehrt) immer wieder auf kleine Tongegenstände. Da ihnen niemand besondere Bedeutung beimaß, wurden sie unter variierenden Bezeichnungen in verschiedenen Sammlungen katalogisiert. Demnach waren es in den Augen einiger Archäologen Amulette oder Schleudersteine, während andere annahmen, daß es sich um ein Spielzeug oder ein Phallussymbol handelt. Da Schmandt-Besserat dies alles sehr merkwürdig vorkam, untersuchte sie die unscheinbaren Tonsteinchen genauer – und stieß auf eine wahre Goldgrube. Vor ihr lag eine Erklärung, wie die Schrift entstand und sich entwickelte [12].

Schmandt-Besserat zeigte, daß die Schrift aus einer frühen Form der Inventarisierung hervorging – somit also aus praktischen Gründen erfunden wurde. Vor 5.000 Jahren hatten Fortschritte in der Metallverarbeitung und der Landwirtschaft die ersten Stadtkulturen hervorgebracht, wie beispielsweise die Reiche der Sumerer in Mesopotamien. Der Handel war bereits voll erblüht, und die Menschen entwickelten ein sehr genaues Buchführungssystem, um den Austausch von Nutzvieh und anderen Waren nachvollziehen zu können. Um diese Listen führen zu können, benötigte man Zahlen, so daß man das Zählen als Vorläufer der Schrift bezeichnen kann.

Die ältesten Artefakte, die man mit einer einfachen Zählweise in Zusammenhang bringen kann, sind Knochen mit mondförmigen Einkerbungen, die als einzelne «Registrierungsmarken» interpretiert werden. Diese sogenannten Mondphasenkalender fand man in Höhlen des Nahen Ostens, die vor 12.000 bis 17.000 Jahren bewohnt

Abb. 8.2
Denise Schmandt-Besserat. Aus unscheinbaren Tonsteinchen entwickelte sie eine Erklärung über die Ursprünge und Evolution der Schrift (Foto: Denise Schmandt-Besserat).

wurden, sowie in der Nähe des französischen Abri Blanchard (hier sind die Funde etwa 30.000 Jahre alt). Konkrete Zählweisen, bei denen Zug um Zug addiert und der zu zählende Gegenstand mit einer Zuordnung bedacht wird, entwickelten sich jedoch erst vor 10.000 Jahren – also etwa zu der Zeit, in der Schmandt-Besserats Tonfigürchen geformt wurden.

Alle Tonfigürchen repräsentierten jeweils eine Art Gutschein, der in Form und Größe variierte, und jede Form stand für ein bestimmtes Nutztier oder Hohlmaß. So wurden drei Rinder beispielsweise anhand von drei Zylindern registriert, drei Scheffel Korn anhand von drei Kugeln usw. Im Laufe der nächsten fünf Jahrtausende verbreiteten sich diese Tongutscheine über den gesamten Nahen Osten und wurden mit zunehmendem Handel und Vergrößerung der Stadtkulturen immer komplizierter.

Laut Schmandt-Basserat waren vor 5.000 Jahren die Sumerer für drei sprungartige Entwicklungen verantwortlich, die mit der Erkennung von Sprache zusammenhängen. Zunächst wurden die dreidimensionalen Tonzeichen durch zweidimensionale Bildsymbole (Piktogramme) ersetzt, die mit Hilfe eines Griffels auf eine Wachs- oder Tontafel gezeichnet wurden. Als nächstes ging man dazu über, in den Tabellen Formen, mit denen man zuvor bestimmte Hohlmaße (z.B. Scheffel) beschrieben hatte, als Zahlensymbole zu verwenden, so daß man nicht mehr direkt addierte. Beispielsweise bedeutete ein Keil eine Eins, ein Kreis stand für eine Zehn usw. Auf diese Weise entstanden die abstrakten Zahlen.

Vor 5.000 Jahren gab es als einzige Schriftstücke nur Handelsregister, in denen Warenbezeichnung und Warenmenge aufgelistet waren. Zu dieser Zeit setzte der dritte kognitive Entwicklungsschub ein: Mit Hilfe von zweidimensionalen Piktogrammen wurden nun Eigennamen und später auch andere Begriffe lautmalerisch dargestellt. An einem Beispiel Schmandt-Besserats soll dies veranschaulicht werden: Wenn in einem Namen eine Silbe auftaucht, die phonetisch dem sumerischen Wort für «Öl» entsprach, so konnte man das Bildsymbol für «Öl» im Namen dieser Person verwenden – selbst wenn dieser ursprünglich nichts mit Öl zu tun hatte. Dies sind die Anfänge der Lautschrift, die vor 3.500 Jahren von den Phöniziern entwickelt wurde.

Begleiterscheinungen der Sprachevolution

Schmandt-Besserats Ausführungen über die Evolution des geschriebenen Wortes können uns auch indirekte Anhaltspunkte über die Entwicklungsvorgänge vermitteln, wie es noch vor der Schrift zur Ausbildung der Sprache kam. Aufschlußreich ist beispielsweise, daß die Evolution der Schrift so lange dauerte: Über 7.000 Jahre nach den ersten lebensechten Abbildungen eines Stieres und eines Hirschen am Eingang der Beldibi-Höhle (Türkei) tauchten abstrakte Tonfiguren auf, die anstelle echter Tiere gezählt und registriert wurden. Nach weiteren 5.000 Jahren machten die Menschen einen kognitiven Entwicklungsschub und verwendeten von nun an (anstelle der «Tongutscheine») zweidimensionale Piktogramme, Zahlwörter und Phoneme, und schließlich brauchten sie noch einmal 1.500 Jahre, um ein

Lautalphabet zu entwickeln. Obwohl die Schrift eine sichtbare Kunst ist und folglich auch leicht erkennbare (zeitliche) Spuren hinterlassen kann, blickt sie auf eine lange Entwicklungsgeschichte zurück.

Im Vergleich zur Schrift läßt sich die Evolution der gesprochenen Sprache (oder Informationstechnologie, um Schmandt-Besserats Bezeichnung zu gebrauchen) wesentlich schwieriger verfolgen, da sie rein akustisch abläuft und somit auch keine Spuren hinterläßt. Das menschliche Gedächtnis muß sich viel intensiver abmühen, neue Sprechtechniken quasi ohne «Spickzettel» an andere Menschen zu übermitteln, als dies beispielsweise bei der Entwicklung einer neuen Schrift der Fall wäre (wo man im Zweifelsfall immer noch auf seine Tonmännchen – als «Notizen» – zurückgreifen kann). Denn obwohl man beim Sprechen einzelne Informationen wesentlich leichter über Ausdruck, Tonfall und Betonung modulieren und somit präziser formulieren kann, bietet das Schreiben auch Vorteile. Wie jeder Student bestätigen wird, kann man sich am besten auf eine Prüfung vorbereiten, indem man die Notizen und Kommentare zu einer Vorlesung durchgeht anstatt sich nur auf sein Gedächtnis zu verlassen, in dem der Stoff (sofern man die Vorlesung besucht hat) akustisch abgespeichert ist. Das alte Sprichwort «Aus den Augen, aus dem Sinn» beschreibt im Prinzip dieses Problem, das wohl auch einer der Gründe gewesen sein wird, warum die Schrift erfunden wurde.

Sicherlich wird es bei der Evolution der gesprochenen Sprache auch bestimmte kognitive Entwicklungsschübe (wie beim Schreiben) gegeben haben. Wann diese allerdings eingetreten sind, und ob sie möglicherweise den gesamten Entwicklungsprozeß verzögert haben, da das menschliche Gehirn evtl. nicht mithalten konnte, ist und bleibt ungewiß. Auch über die Beschaffenheit der ersten Wörter kann man nur spekulieren: Wenn schon die ersten, in den Ton gekratzten «Worte» lebensecht waren, so wurden vielleicht auch die ersten Wortäußerungen rein onomatopoetisch (durch Lautnachahmung) gebildet. Schließlich liegen 7.000 Jahre Entwicklung zwischen einem realistischen Stierbild in Beldibi und einem abstrakten, aus Ton geformten Ochsen. Wieviel länger hat es dann wohl gedauert, bis aus dem echten «Muh» eines Wildrindes das von der Realität losgelöste, doch von allen Mitgliedern einer Sprachgemeinschaft verstandene Wort «Kuh» (mit allen geistigen Assoziationen) wurde? Verglichen mit der nicht gerade raschen Entwicklung der Schrift muß die Evolution ihres Vorläufers, der gesprochenen Sprache, um etliches länger gedauert haben. Deshalb wäre die Vermutung einleuchtend, den beachtlichen Zuwachs des menschlichen Gehirns auf einen andauernden Selektionsdruck nach Informationsverarbeitung zurückzuführen, was wiederum mit einem gesteigerten Sprachvermögen gekoppelt war.

Die Evolution der Kunst

Während des Jungpaläolithikums (vor 35.000 bis 10.000 Jahren) fand in Europa eine Art prähistorische Kulturrevolution statt. Die Kreativität dieser Cro-Magnon-Menschen brachte Abertausende von Höhlengemälden, kleinen Statuetten und kunstvoll verzierten Alltagsgegenständen hervor. Einige Kollegen behaupten nun, die plötzliche Entstehung der jungpaläolithischen Kunst falle zufällig mit dem Aufkommen der menschlichen Sprache zusammen. Warum soll dann, da ich diese Meinung bekanntlich nicht vertrete, an dieser Stelle über die Kunst des Jungpaläolithikums gesprochen werden?

Zunächst ist die Behauptung, Sprache sei erst mit Auftauchen der Kunst entstanden, wieder einmal typisch für unsere heutige Weltanschauung. Zudem hört man unterschwellig die fälschliche Annahme heraus, die gestaltende Kunst sei ein direkter Beweis der sprachlichen Fähigkeiten. Die Ergebnisse aus den Untersuchungen der Gehirnasymmetrie ergeben jedoch ein gegensätzliches Bild: Große Kunstwerke (und Musikstücke) wirken aus dem Grunde so stark auf unsere Emotionen, weil sie hauptsächlich von der rechten Gehirnhälfte des Künstlers (u.a. durch räumliches Vorstellungsvermögen, Intuition, holistische Konzipierung) entworfen wurden, primär aber auch die rechte Hemisphäre des Betrachters ansprechen. Im Vergleich zur restlichen Bevölkerung findet man tatsächlich auch mehr linkshändige Künstler. Demnach sagt die explosionsartige Entwicklung der jungpaläolithischen Kunst mehr über den Zustand der rechten Hemisphäre als über ihr linkes Pendant (mit dem Sitz des Sprachzentrums) aus. (Da jedoch beide Hälften eine funktionelle Einheit bilden, könnte man indirekt argumentieren, die «Kultur» der rechten Hemisphäre spiegele sich in den gesteigerten Talenten der linken Hälfte wider.)

Die ältesten Kunstwerke wurden in Kalkstein geritzt und bilden hauptsächlich nackte Frauen und Tiere ab. Diese beiden Themen, die in allen Arbeiten jener Epoche betont wurden, sagen sehr viel über die Kultur des Oberen Paläolithikums aus. Von Rußland bis nach Frankreich hin ziehen sich die Fundorte sogenannter Venus-Figuren, die meist sehr klein und stark stilisiert sind [13]. Während Brüste, Oberschenkel, Hüften und Bauchbereich der nackten Figuren oft

Abb. 8.3
Einige Beispiele für Schnitzereien und Skulpturen aus dem europäischen Jungpaläolithikum (Foto: Department of Library Services, American Museum of Natural History).

übergroß dimensioniert sind, fällt der meist gesenkte Kopf in der Regel recht klein aus. Die Arme fehlen häufig oder ruhen auf den Brüsten, die Unterschenkel laufen meist verjüngt aus, und die ein oder andere dieser Venus-Statuen besitzt X-Beine. Während das Gesicht oft nur konturenhaft vorhanden ist, wurde das Haar vielfach sehr sorg-

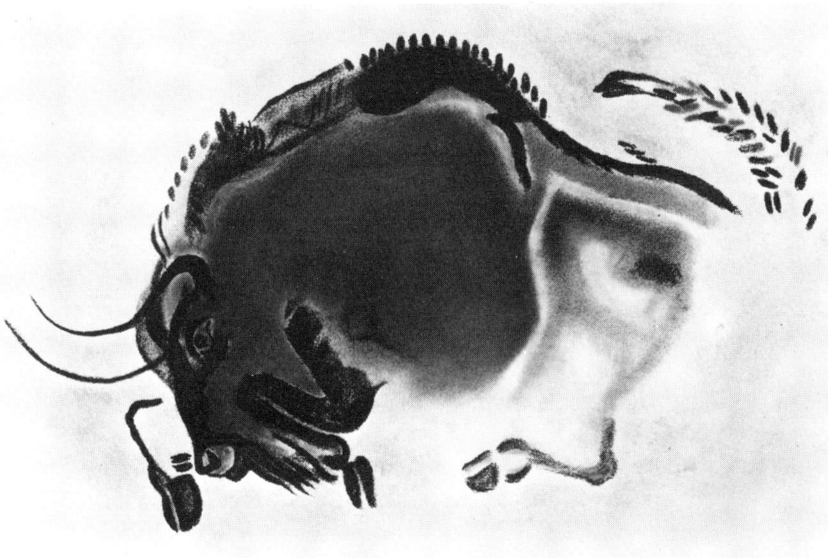

Abb. 8.4
Gemälde eines Bisous in der Höhle von Altamira, Spanien (Foto: Department of Library Services, American Museum of Natural History).

fältig gearbeitet. Im allgemeinen fand man diese Statuen in der Nähe von Siedlungen; man interpretiert sie weitgehend als Fruchtbarkeitsgöttinnen. Möglicherweise entsprachen sie dem weiblichen Schönheitsideal des Jungpaläolithikums; die Frauen, die dem Künstler Modell standen, müssen jedenfalls recht gut genährt gewesen sein – ein sichtbares Zeichen, daß ihre Männer gute Jäger waren und häufig fette Beute heimbrachten.

Womit wir beim zweiten Thema, den Tierabbildungen, wären. Sie entsprechen dem Beutespektrum des Cro-Magnon-Menschen: Am häufigsten findet man das Rentier, gefolgt von Wisent, Auerochse, Steinbock, Pferd und Mammut. Tierbilder wurden z.T. auf Knochen eingeritzt, man findet sie aber auch als Schnitzereien auf einigen Waffen, z.B. Speerschleudern. Die Wände von teilweise kaum zugänglichen Höhlen verzierte man mit Tierbildern und verwendete dabei Farben aus Ocker, Holzkohle und Mangan. In der Höhle von Lascaux (Frankreich) findet man wohl die wunderbarsten aller Höhlenmalereien. Zumeist handelt es sich um überdimensionale Tierabbildungen, aus denen hervorgeht, daß die Künstler die Anatomie genau kannten und auch ein Gefühl für Bewegungen besaßen.

Über den Sinn und Zweck dieser unterirdischen Gemäldegalerien grübeln auch heute noch viele Anthropologen: Einige halten sie für eine Kulisse, vor der sich Initiationsriten und andere kultische Handlungen (wie beispielsweise der sogenannte Jagdzauber) abspielten. Traf sich in diesen Höhlen ein reiner «Männerklub» oder eher die örtliche «Frauengruppe»? (Schließlich findet man nur sehr selten eine Frauenabbildung, während Männer etwas häufiger in den Malereien vorkommen.)

Der Wissenschaftler und Autor Roger Lewin hat die Kunstwerke von Lascaux untersucht. Aus seinem Bericht geht ein möglicher Sinn dieser Malereien hervor:

> Endlich führt uns Marsal zum «Schacht», der wohl geheimnisvollsten und aufwühlendsten dieser Malereien. Der Schacht befindet sich nur ein paar Schritte von der Apse entfernt und kann nur durch eine Falltür erreicht werden, die Marsal gerade vorsichtig, doch erwartungsvoll, öffnet. Über eine Metalleiter gelangt man an die Sohle des knapp acht Meter tiefen Schachtes. Der Lichtkegel der Taschenlampe tanzt über glitzernde, gelb-weiße Kalzitkristalle, um dann auf eine unglaubliche Szene zu fallen.
> Vor uns setzt ein Wisent mit gespannten Vorderbeinen zum Angriff an, sein Schwanz peitscht wütend hin und her. Das Tier ist zu Tode verwundet, ein gezackter Speer steckt in seinem Körper, und seine Eingeweide quellen aus dem Bauch hervor. Ein Mann ist unter den Hufen des Rindes zu Fall gekommen und wird gleich von seinen Hörnern durchbohrt werden. Doch im Gegensatz zu den übrigen, teilweise sehr naturgetreuen menschlichen Abbildungen der Lascaux-Höhle wirkt dieser Mensch wie eine grobe Kinderzeichnung – ein Strichmännchen ohne Saft und Kraft, der so etwas wie eine Vogelmaske trägt [14].

Allein schon die Vorstellung, ohne Leiter und elektrische Taschenlampe plötzlich einem solchen Ungetüm gegenüberzustehen, verursacht mir eine Gänsehaut. Vielleicht waren die Malereien aus Lascaux und anderen Höhlen dieser Zeit nur Vorläufer der heutigen Fernseher und Kinos – quasi die ersten Theater.

Michael Zansky, einer meiner Freunde, ist von Beruf Künstler und malt schon seit seiner Kindheit. Vor einigen Jahren besuchte er eine Ausstellung über eiszeitliche Kunst im American Museum of Natural

History in New York. Später fragte ich ihn, was er davon halte. Michael antwortete mir: «Als ich in die Halle kam und mich umsah, wußte ich im selben Moment, daß sie wie wir waren.» Persönlich und auch als Wissenschaftlerin stimme ich Michael zu; aus neurologischer Perspektive war die Informationsverarbeitung im Jungpaläolithikum schon recht weit entwickelt. Der Hauptgrund, um die damalige Kulturrevolution begreifen zu können, liegt weder im Entwicklungszustand des Gehirns noch demjenigen der Sprache. In beider Hinsicht waren die Cro-Magnon-Menschen nämlich schon sehr fortgeschritten.

Der wichtigste Faktor wird wohl die anfallende «Freizeit» gewesen sein. Da Jagdwild, Beeren und Wurzeln in Hülle und Fülle vorhanden waren, brauchte *Homo sapiens* weniger Zeit für das Jagen und Sammeln aufzubringen, und einzelne Menschen hatten nun evtl. ganz andere Aufgaben. Außerdem wurden sie durch die kalte Witterung häufiger dazu veranlaßt, sich länger in der Höhle aufzuhalten. (Ähnlich ergeht es einem Kind, das an einem Regentag plötzlich wieder Malkasten und Zeichenblock hervorsucht.) Zum Glück für die Nachwelt entschieden sich einige talentierte Höhlenmenschen für die Malerei.

Vermutlich herrschte genau wie in heutigen Jäger-und-Sammler-Gesellschaften auch bei den Cro-Magnon-Menschen eine strikte Arbeitsteilung: Die Männer gingen auf die Jagd, die Frauen und jüngeren Kinder sammelten Beeren, Früchte und Wurzeln. Wie es bei solchen Gesellschaftsformen üblich ist, entwickelten die Männer spezielle Rituale, von denen Frauen und Kinder ausgeschlossen waren. Zweifellos bot eine verborgene Höhle die ideale Kulisse, um dieses Ritual in Szene zu setzen. Darüber hinaus glauben manche Paläontologen, die Künstler seien hauptsächlich Männer gewesen, da in erster Linien Frauen und Tiere die Motive der damaligen Malerei stellen. Dies erscheint auch insofern plausibel, da erwachsene Männer die körperliche Voraussetzung mitbringen, um in jene zum Teil sehr abgelegenen Höhlen zu gelangen. Jedenfalls war diese Epoche sehr aufregend, und sie stellt mit Sicherheit eine ästhetische Variation des «Braindance» dar.

Der «Braindance» geht weiter ...

Während des Jungpaläolithikums war die Entwicklung der menschlichen Informationsverarbeitung keineswegs langsamer geworden. *Homo sapiens* war zu Beginn dieser Epoche in Australien eingewandert und machte sich gerade auf, erst Nord- und dann Südamerika zu besiedeln. Nachdem der Mensch sich nun über den ganzen Globus verbreitet hatte, zerfiel die Ursprache in regionale Dialekte, aus denen eigene Sprachen und daraus wiederum neue Tochtersprachen entstanden. In der Zwischenzeit hatte man (wie Schmandt-Besserat oben erläutert hat) im Fruchtbaren Halbmond aus realistischen Objekten abstrakte Schriftzeichen, Zahlen und eine Lautschrift entwickelt. Seitdem war die Entwicklung der menschlichen Informationsverarbeitung nicht mehr zu bremsen.

Diese Entwicklung hält auch heute noch an. Nach Erfindung von Telefon, Radio und Fernsehen widmete sich unsere Art völlig neuen Gebieten der Informationsverarbeitung. Vor 15 Jahren habe ich beispielsweise meine Dissertation noch von Hand auf Lochkarten übertragen, die von einem Großrechner gelesen wurden. Heute gehe ich in mein Arbeitszimmer, schalte meinen PC an und ‹logge› mich über ein Programm namens KERMIT in den Zentralrechner der Uni ein. Dort kann ich beispielsweise in meiner Mail-Box nachschauen, ob mir Adrienne Zihlman aus Santa Cruz oder Bill Calvin aus Seattle per E-Mail (Electronic Mail, eine Form der Datenfernübertragung) eine Nachricht hinterlassen haben. Vielleicht will aber auch Stevan Harnad (der Herausgeber der Zeitschrift *Behavioral and Brain Sciences*) mit mir auf dieselbe Weise die letzten Neuigkeiten auf dem Gebiet der Neuro-Wissenschaften diskutieren. Nachdem ich den wissenschaftlichen Tratsch gesichtet habe, schalte ich wieder auf meinen PC zurück, auf dem ich meinen derzeitigen Artikel schreibe oder andere Korrespondenz aufarbeite. Diagramme und andere Graphiken stellen für meinen Rechner ebenfalls kein Problem mehr da. Hätte mir jemand vor 15 Jahren erklärt, daß Computer mit diesem Leistungsumfang zur Standardausrüstung meines Arbeitsplatzes gehören würden, so hätte ich denjenigen glattweg für einen Illusionisten gehalten.

In meiner Generation lernten wir als junge Erwachsene mit dem Computer umzugehen, und das ist kein ideales Alter, um eine Fremdsprache zu erlernen. Am einfachsten lernt man den akzentfreien Gebrauch einer Fremdsprache wie Französisch oder Spanisch, wenn man als sehr junger Mensch (idealerweise noch vor der Pubertät) dieser Sprache permanent ausgesetzt ist. Gedanken wie diese kommen mir beispielsweise jedes Mal, wenn ich einen meiner computerfreudigen Kollegen sehe, der mit seiner kleinen Tochter auf dem Schoß vor einem Terminal sitzt. Dieses Kind wird einen Computer als Selbstverständlichkeit empfinden, und so ergeht es auch jenen Zehnjährigen mit einem Nintendo-Spiel, die man heute an jeder Straßenecke trifft.

Doch finden revolutionäre Entwicklungen nicht nur auf der technischen Seite der Informationsverarbeitung statt, sondern auch im biologischen Bereich, wie das Beispiel des *Genome Project* zeigt. Die Aufgabe dieses Projektes besteht darin, sämtliche DNS-Sequenzen der abertausend Gene, die auf den 46 menschlichen Chromosomen lokalisiert sind, exakt zu bestimmen, und man hofft, dieses gigantische Projekt bis spätestens 1995 durchgeführt zu haben. Anschließend könnte man mit Hilfe dieser Karte viel rascher bestimmte Gene identifizieren, die für Krankheiten des Menschen verantwortlich sind. Somit könnten die DNS-Sequenzen medizinisch relevanter Gene entschlüsselt und die gewonnenen Informationen dazu verwendet werden, die Krankheiten auf gentechnischem Wege zu diagnostizieren und zu behandeln. Einige Gene hat man nach dieser Methode schon analysiert, wie beispielsweise das Gen für Mukoviszidose (erblich bedingte Stoffwechselstörung mit übermäßiger Produktion von zähem Speichelsekret, z.B. in Lunge, Magen und Darm). Das Projekt ist so umfangreich, daß die einzelnen Fragestellungen und Aufgaben von verschiedenen Einrichtungen angegangen werden müssen. Außerdem ist es sehr kostspielig (etwa 200 Millionen Dollar pro Jahr), jedoch lohnt sich angesichts des potentiellen Nutzens für die Gesundheit vieler Menscher diese Investition auf alle Fälle.

Doch hat diese Entwicklung auch ihre Schattenseiten. Während einerseits die Weltbevölkerung hemmungslos ansteigt, entwickelt die Gentechnologie immer rascher neue Methoden, die das individuelle Leben verlängern. Falls man nicht relativ bald bevölkerungspolitische Maßnahmen auf der ganzen Welt ergreift, wird die Gefahr einer Katastrophe immer größer. Dennoch gelang es einem politisch sehr regen Teil der US-Bevölkerung, lautstark seine konservativen Pläne zu realisieren und sowohl in den USA wie auch weltweit Maßnahmen zur Bevölkerungsbegrenzung (z.B. Geburtenkontrolle, Empfängnisverhütung) zu unterdrücken. Meiner Meinung nach ist der «Braindance» hier ziemlich stark aus dem Takt geraten. Es handelt sich um recht kurzsichtige Denkweisen, anderen Menschen bestimmte religiöse oder moralische Regeln aufzudrängen – oder anders formuliert, um die furchteinflößende, verzerrte Fähigkeit des präfrontalen Cortex, sich Zukunftsvisionen und somit auch ein göttliches Wesen zu schaffen. Auf lange Sicht wäre es besser, wenn der Mensch diese Gabe dazu verwendete, die Zukunft der diesseitigen Welt zu planen.

Bekanntlich ergaben sich aus der verbesserten Informationsverarbeitung auch weitere Gefahren für die Menschheit. Die Biotechnologie hat nicht nur medizinische Wundermittel, sondern auch neue biologische Waffen entwickelt, gegen die buchstäblich kein Kraut gewachsen ist. Mit der Absicht, sein Leben angenehmer zu gestalten, beutet der Mensch (beispielsweise durch Kunststoffsynthese oder enormen Energieverbrauch) seine Umwelt gnadenlos aus. Infolge dieser menschlichen Umtriebe sterben jedoch viele Tier- und Pflanzenarten aus, die eigentlich auch ein Teil der Zukunft von *Homo sapiens* sind [15]. Zu guter Letzt existiert dann auch trotz des Zerfalls der Atommacht Sowjetunion immer noch die Angst vor dem Nuklearkrieg – und ein atomarer «Schlußtakt» wäre fürwahr ein trauriges Ende des «Braindance».

Das emotionelle Gehirn

Der Mensch muß während seiner Individualentwicklung lernen, sein Verhalten im Umgang mit anderen Menschen zu kontrollieren. Im Rahmen der sozialen Erziehung sollte man insbesondere den Lehrsatz «Erst denken, dann handeln» beherzigen; technisch übersetzt, hieße dies dann, daß der Cortex Emotionen und Impulse kontrollieren müsse. Gelegentlich kann unter mißlichen Umständen das empfindliche Gleichgewicht zwischen Verstand und Emotionen gestört werden, so daß der Mensch dann seine Kontrolle verliert.

Die Grenzlinie zwischen Verstand und Gefühl verläuft durch das sogenannte limbische System, ein entwicklungsgeschichtlich recht alter Bereich des Gehirns, das aus mehreren Gebilden des Zwischenhirnbodens besteht. In erster Linie ist es Sitz der Emotionen, Erinnerungen und (beim Menschen allerdings nur zu einem geringen Teil) des Geruchsinns. Vom limbischen System, das das wichtigste Kontrollorgan des vegetativen Nervensystems darstellt, ziehen Fasern zu den hochorganisierten Assoziationszentren und auch umgekehrt. Ein Bestandteil des Systems, der Hippokampus, besitzt die bedeutende Aufgabe, Langzeit-Erinnerungen zu aktivieren und aufzuspüren. Eine weitere wichtige Funktion des limbischen Systems besteht darin, sensorische Informationen (Reize) aus dem Cortex mit Emotionen (die sozusagen «aus dem Bauch heraus» stammen) zu verbinden, wobei mal positivere, mal negativere Assoziationen entstehen. Diese emotionell gekennzeichneten Empfindungen werden im limbischen System gespeichert. Ferner sendet dieser Bereich Informationen über Gefühlszustände (Angst, Wut) an den Cortex, der dann in angemessener Weise reagieren kann.

In der Vergangenheit glaubten viele Forscher, das limbische System sei sehr ursprünglich, weshalb sich auch die menschlichen Emotionen im Verlauf der Evolution kaum verändert hätten. Demgegenüber kam Este Armstrong vom Armed Forces Institute of Pathology zu dem Schluß, daß dieser Gehirnbereich eine bedeutende Rolle in der Evolution der Hominiden gespielt hat [16]. Berücksichtigt man beispielsweise allometrische Faktoren, so ist das limbische System des Menschen etwa gleich groß wie das anderer Primaten. Als das Gehirn im Verlauf der Hominidenevolution immer größer wurde, wuchs auch das limbische System, das beim Menschen allerdings weniger olfaktorische Gebilde (d.h. Strukturen, die mit dem Geruchssinn assoziiert sind) gegenüber den restlichen Primaten aufweist. Andererseits findet man in einem weiteren Gebilde des limbischen Systems, dem vorderen Thalamuskern, mehr Nervenfasern und Neurone (über die emotionelle Informationen ins Bewußtsein gelangen) als man erwartet.

Der letzte Punkt ist besonders im Zusammenhang mit bestimmten Lebensweisen bei Affen interessant: Aus bisher unbekannten Gründen findet man nämlich ähnliche Verhältnisse im Bereich der vorderen Thalamuskerne bei solchen Affen, deren Paarungsverhalten nach dem Muster ein Männchen plus ein Weibchen (monogam) abläuft, aber nicht bei Affenarten, die polygam sind, also ein Männchen plus mehrere Weibchen (Haremsbildung). Die Thalamuskerne bei Affen, die sich polygyn (ein Weibchen plus mehrere Männchen) vermehren, enthalten nicht so viele Neurone. Diese Entdeckung brachte Armstrong zu der Folgerung, daß die Integrierung von Kognition und Emotion je nach Sozialverhalten der einzelnen Primatengruppen unterschiedlich ausfällt. Andere Primatenforscher bestätigten, daß das limbische System eine Rolle spiele, um die soziale Ordnung aufrecht zu erhalten. Eine Verletzung in diesem Bereich führt zu veränderten Hierarchieverhältnissen sowie gestörten Verhaltensweisen in Bereichen wie Körperpflege, Sexualtrieb, Mutterinstinkt und weiteren soziale Verhaltensformen.

Sehr wahrscheinlich spielte das limbische System auch eine bedeutende Rolle bei der Evolution der menschlichen Informationsverarbeitung. Hierzu Armstrong:

> Ein vergrößertes limbisches System, das strategisch so günstig plaziert ist, daß es ein Maximum an Informationen aus dem Assoziationscortex erhält, erlaubt eine kulturelle Adaptation, indem es einen symbolischen Zugriff auf sich

> selbst erlaubt, der seinerseits der Menge an sensorischen Informationen entspricht. Hierdurch wiederum kann ein Individuum seine Aufmerksamkeit auf willkürliche Symbole richten, diese Symbole zur Befriedigung seiner Grundbedürfnisse verwenden und kontinuierliche symbolisch-kulturelle Verhaltensformen in Gang setzen [16].

Doch dürfen wir nicht die Tatsache aus den Augen verlieren, daß unser fortschrittliches limbisches System letztlich nur eine dünne Schicht bildet, unter der ein Primatengehirn sitzt. Schimpansen können nun mal ihre Gefühle nicht sehr gut im Zaum halten; wenn daher jemand unbeherrscht reagiert, meldet sich offenbar gerade sein kleiner Schimpanse, der im Kopf jedes Menschen sitzt und lautstark Auslaß begehrt. Die Quintessenz besteht darin, daß das Ergebnis der Großhirnkontrolle auf emotionelle Impulse wahrscheinlich für die Menschheit sehr bedeutsam ist.

Kapitel 9

Brainwar oder Choreographie des Krieges

Komm heraus, mein lieber Feind,
komm, wir wollen kämpfen heut,
bring auch deine Doggenmeute,
fall in meinen Stacheldraht,
rutsch auf meinem Messerblatt
in den Folterkeller ab.
Dann sind wir munt're Feindesleut'
für heute, morgen, allezeit

Kinderlied (1990) [1]

Modeerscheinungen kommen auch in der modernen Wissenschaft vor, die zu wissen vorgibt, wie die Geschichte der menschlichen Natur aussah. In den 60er und frühen 70er Jahren behaupteten Autoren wie Konrad Lorenz («Das sogenannte Böse») oder Robert Ardrey («The Territorial Imperative»), gewaltsame und kriegerische Handlungen einzelner Arten bewiesen, daß der Mensch einen angeborenen Aggressionstrieb besitzt; dieser sei wiederum als Schutzmaßnahme der Natur entstanden, damit deren Ressourcen nicht zu stark ausgebeutet werden. Die modernen Menschen hätten demnach die Veranlagung geerbt, um Sexualpartner und Lebensräume kämpfen zu müssen.

Obwohl ihre Thesen in der Öffentlichkeit ein breites Echo fanden, wurden Lorenz und Ardrey von anderen Wissenschaftlern heftigst kritisiert, sie seien zu deterministisch und sähen den Menschen zu sehr als biologisches Wesen. Um diese Frage nach einer angeborenen menschlichen Aggression zu klären, sammelte man anthropologische Daten quer durch alle Kulturen. So griff man beispielsweise auf die Arbeiten von Margaret Mead zurück, die das Aggressionsverhalten bei unterschiedlichen urtümlichen menschlichen Gesellschaftsformen untersucht hatte und z.B. beim Stamm der Arapesh aus Neu Guinea ein ausschließlich freundliches Verhalten beobachtet hatte. Möglicherweise stellen auch die überaus friedfertigen San (oder !Kung), ein Buschmännerstamm aus der Kalahari, das ursprüngliche Verhalten dar, wie es während der jahrtausendelangen Evolution typisch gewesen war. Demnach mußte die moderne Lebensweise mit all ihrer Technologie, Überbevölkerung und sonstigen Streßfaktoren für die Gewalt, der wir heute überall begegnen, verantwortlich sein.

Auch für die übrigen Primaten besteht nach Ansicht der Vertreter der «Lerntheorie des Aggressionsverhaltens» kein Grund zur Besorgnis, daß die Tiere vielleicht größere Gewaltakte ausführen könnten. Obwohl aggressives Verhalten sowohl Menschenaffen als auch Altweltaffen durchaus nicht fremd sei, brächten sie niemals wie die Menschen ihre eigenen Artgenossen um. Außerdem gingen sie trotz ihrer hohen Intelligenz niemals auf die Jagd und fräßen auch kein Fleisch. Deshalb muß das Bild vom harmlosen Schimpansen und edlen Wilden für die Sozialforscher als schlüssiger Beweis herhalten, daß die «Unmenschlichkeit des Menschen gegen den Menschen» ein Produkt seiner Erziehung (seines Milieus) und nicht seiner Natur ist.

Doch hat sich das Blatt mittlerweile gewendet: Bei den ach so freundlichen Arapesh müssen die männliche Jugendlichen beispielsweise eine rituelle Tötung begehen, um richtige Männer zu werden, und auch bei anderen urtümlichen Gesellschaftsformen wie z.B. den !Kung liegt die Mordrate sehr hoch. Auch das Rangordnungsverhalten bei uns nahestehenden Primaten ist von Konkurrenzdenken, Statusgehabe und Aggression geprägt. Insbesondere gelang in einigen jüngeren Arbeiten der Nachweis, daß Schimpansenmännchen nicht nur auf Jagd gehen und Fleisch fressen, sondern häufig auch Verhaltensformen wie Kannibalismus, Gruppenterror und Tötung von Rivalen innerhalb der Gruppe an den Tag legen. Deshalb wird es höchste Zeit, das traditionelle Bild von der Natur des Menschen neu zu zeichnen.

Strenge Hierarchie bei Pavianen

Ich erinnere mich noch sehr lebhaft an eine Vorlesung über das Verhalten von Pavianen, die ich als Studentin in den 70er Jahren besucht hatte. Jedenfalls verließ ich den Vorlesungssaal mit einer völlig anderen Einstellung, als ich ihn betreten hatte. Viele Biologen und Anthropologen meiner Generation werden sicherlich eine ähnliche Fassung dieses fesselnden Vortrags gehört haben, der dementsprechend nachhaltig die paläoanthropologische Denkweise beeinflußt hat.

Damals erfuhren wir, daß Paviane offene Grassteppen (oder Savannen) bewohnen, die dem Habitat unserer Vorfahren ähnlich sehen. Da die afrikanische Savanne auch von zahlreichen Raubtieren bewohnt wird, ist das Leben der Paviane nicht ungefährlich und wird letzten Endes erst durch eine komplizierte Sozialordnung ermöglicht. Der sozialen Ordnung einer Pavianhorde liegt eine Hierarchie zugrunde, in der ältere Männchen dominieren; diese beschützen die übrige Horde, die über die Savanne zieht, um Nahrung und Schlafbäume zu suchen. Unter den Männchen herrscht eine stark ausgeprägte Rangordnung, in der jeder männliche Pavian den eigenen wie auch den Status der übrigen Männchen genau kennt. Das ranghöchste Männchen wird als Alpha-Männchen bezeichnet, das zweithöchste als Beta-Männchen, während alle übrigen Tiere nur noch Ziffern erhalten.

Primatenforscher ermitteln den Rang eines Männchens, indem sie genau protokollieren, wie zuvorkommend es von den übrigen Pavianen behandelt wird bzw. aus wievielen Kämpfen es als Gewinner hervorgeht. Ranghöhere Paviane erhalten überproportional viel Nahrung, Wasser und empfängnisbereite Pavianweibchen; sie überwachen die Wanderungen der Horde und verteidigen sie als erste gegen irgendwelche Angreifer. Weibchen (vor allem solche, die Nachwuchs haben) halten sich in unmittelbarer Nähe solcher dominanten Männchen auf.

Rangniedrigere Paviane, zu denen auch weibliche Tiere gehören, demonstrieren ihre Unterwürfigkeit gegenüber ranghöheren Tieren durch Gebärden (Demutsverhalten). Zum Verhaltensrepertoire gehören u.a. eine bestimmte Gesichtsmimik (die Tiere wenden z.B. den Blick ab, schmatzen mit den Lippen oder reißen den Kopf herum), das Präsentieren des Gesässes (mit einer ähnlichen Geste fordern paarungsbereite Weibchen normalerweise ein Männchen zur Kopulation) und das Lausen des Fells eines ranghöheren Pavians. Die Rangordnung innerhalb der Gruppe ist ständig im Umbruch, da einzelne Paviane durch Herausfordern und Besiegen eines Rivalen ihre eigene Position verbessern und dessen Position einnehmen; andererseits können aber auch Tiere sterben und somit freie Ränge schaffen. Demnach muß sich ein Pavianmännchen jedenfalls ein Leben lang täglich neu behaupten.

Für Pavianweibchen sollte – zumindest nach dem Modell, das man mir beigebracht hatte – diese soziale Hierarchie nicht zutreffen. Der Status eines Weibchen wird vielmehr durch Faktoren wie Fortpflanzungsfähigkeit und Mutterschaft bestimmt. Im Gegensatz zu Menschenfrauen sind weibliche Paviane nicht ganzjährig paarungs- und empfängnisbereit, sondern nur zu einer bestimmten Zeit, dem Östrus. Zu Beginn des Östrus läßt sich das Weibchen, das über bestimmte optische und evtl. auch Geruchssignale von männlichen Pavianen erkannt wird, mit rangniedrigeren Männchen ein, auf dem Höhepunkt dieser Phase (also kurz vor dem Eisprung) paart sie sich vor allem mit dominanten Männchen, insbesondere dem Alpha-Männchen.

Paarungsbereite Weibchen genießen einen höheren Status (zumindest bei Primatologen) als solche, die dies nicht sind. Ähnlich hohen Rang besitzen auch Mütter mit Neugeborenen oder ganz jungem Nachwuchs, vermutlich sogar aus einem ähnlichen Grund: In beiden Fällen steht das Weibchen im Mittelpunkt des sozialen Interesses. Weil nämlich alle Gruppenmitglieder gerne mit den Jungen zusammen sein wollen, werden automatisch auch deren Mütter häufiger besucht. Der Status eines Weibchens hängt also von ihrem «Mann» und ihren Kindern ab – zumindest galt diese Meinung noch vor 20 Jahren. (Damals wurde die Rolle der Frau ja auch noch nach ähnlichen Kriterien bewertet.) Auf diese Weise kam es zu dem Pavian-Modell, das die sozialen Gefüge in der frühen Phase der menschlichen Evolution erklären sollte.

Als ich zum ersten Mal von diesen Pavianen hörte, erwachte in mir nicht etwa die Erkenntnis, wie sich unsere Vorfahren verhalten hatten, vielmehr stellte ich deutliche Parallelen zum Verhalten einer anderen Primatengruppe fest – den modernen Menschen. Wie schon erwähnt, studierte ich damals noch, und Universitäten bieten (nicht nur in Amerika) hervorragende Gelegenheiten, eine Rangordnung zu beobachten.

Grundsätzlich muß man sich als einfache Studentin wie auch als Mitglied einer Fakultät im akademischen Dschungel durchschlagen. In allen Arbeitsgruppen, Abteilungen, Fachbereichen und Fakultäten bis hin zur Universitätsverwaltung werden die Entscheidungen jeweils (überwiegend) von einigen Männern getroffen. Jeder Student oder Akademiker hat einen bestimmten Rang inne, wobei Sinn und Zweck dieses Spieles darin liegen, möglichst weit auf der akademischen Leiter emporzusteigen. Demnach herrscht an den Universitäten ein ständiges Gerangel um Geldmittel und Fachkompetenzen, wobei die Rivalitäten jedoch streng nach vorgegebenen Spielregeln ausgetragen werden. In einem Punkte werden die Paviane jedoch noch übertroffen, da die akademischen Alpha-Männchen später nicht etwa in die Wüste gejagt werden, sondern als emeritierte Professoren ihren Rang beibehalten.

Aufgrund zahlreicher neuer Informationen aus Biologie und Verhaltensforschung (insbesondere durch Impulse aus der Soziobiologie) haben die Primatenforscher das Pavian-Modell, aber auch andere Vorstellungen über Primaten, heute korrigiert, indem sie es zu einem größeren Teil von diesem männlich geprägten Vorurteil befreiten. Galten Affenweibchen in den alten Modellen noch als passiv (oder wurden erst gar nicht erwähnt), so kristallisierte sich während der letzten 15 Jahre bei vielen Feldversuchen und Beobachtungen ein anderes weibliches Rollenbild heraus. Die Tage des Märchens vom aggressionslosen, nicht zur Konkurrenz fähigen und dummen Weibchen sind somit endgültig gezählt!

Diese Studien an zahlreichen Primaten (u.a. auch Pavianen) kehrten viele stereotype Muster für weibliches Verhalten gänzlich um [2]. Bei einigen Affen wollten sowohl weibliche als auch männliche Tiere ihren Status erhalten oder verbessern, wobei vor allem die Weibchen andere Gruppenmitglieder in dieser Beziehung geschickt zu manipulieren verstanden. Dominante Weibchen brachten eine größere und gesündere Nachkommenschaft als ihre rangniedrigeren Artgenossinnen zur Welt – d.h. sie verwendeten ihren Status, um an bessere Nahrungsquellen zu gelangen, die ihre Vermehrung begünstigten, anstatt der Strategie der Männchen zu folgen, sich mit Hilfe ihres Ranges eine höhere Zahl an Partnerinnen zu sichern. Die Weibchen griffen auch auf Promiskuität zurück, um weitere Männchen zur Pflege jener Nachkommen zu bewegen, die sie möglicherweise gezeugt haben [3].

Der Begriff «Partnerwahl durch das Weibchen» (engl. *female choice*, einem Begriff aus der Soziobiologie) beschreibt, daß weibliche Tiere offenbar wesentlich stärker als bisher vermutet entscheiden, wessen Nachkommen sie austragen wollen. Deshalb ist es wahrscheinlicher, daß nicht das Alpha-Männchen ein paarungsbereites

Weibchen erfolgreich begattet, sondern vielmehr ein Männchen, das mit dem weiblichen Tier vertraut ist. Untersuchungen an Schimpansen ergaben, daß die Weibchen wesentlich weltoffener als ihre männlichen Artgenossen waren; zudem wußten sie auch besser mit einem Hilfsmittel (Stein, Stock) umzugehen, um beispielsweise Nüsse zu knacken oder Insektenlarven auszugraben. Doch obgleich die Schimpansin vermutlich eine höhere Handfertigkeit und Abenteuerlust besitzt, ist es das Schimpansenmännchen, das gemeinsam mit seinen Kumpanen jagt – und tötet.

Killer-Schimpansen

Völlig neue Erkenntnisse über das Verhalten von Schimpansen verdanken wir Jane Goodall, die diese Tiere jahrelang im Gombe National Park von Tansania beobachtet hat. Seitdem kann man den Schimpansen, der vor fünf Millionen Jahren einen gemeinsamen Vorfahren mit dem Menschen hatte, nicht mehr als friedfertiges Wesen betrachten, das keiner Fliege etwas zuleide täte. In Wirklichkeit ist er nämlich, wie aus Goodalls Arbeit hervorgeht, genauso aggressiv wie der moderne Mensch mit all seinen Reizüberflutungen und Technologien [4].

Schimpansen jagen gerne und fressen gerne Fleisch. Zu ihrer Jagdbeute zählen u.a. Buschschweine, Nagetiere, Kitze von Kleinantilopen und natürlich andere Affen (hierbei bevorzugt Rote Stummelaffen und Paviane). Gelegentlich fallen sie auch über Artgenossen (und sogar Menschenkinder) her, die dann getötet und gefressen werden. Schimpansen können zwar auch auf sich allein gestellt jagen, in der Regel bilden sie jedoch meist aus männlichen Tieren bestehende Jagdgemeinschaften.

Bei der gemeinsamen Jagd erweisen sich die Tiere als äußerst geschickt. Häufig versammeln sie sich zuvor auf dem Waldboden, um gemeinsam nach oben spähend in den Baumwipfeln nach Beute Ausschau zu halten. Goodall hatte den Eindruck, die Tiere suchten sich ein geeignetes Opfer aus und schätzten potentielle Fluchtwege ab. Kurz vor der eigentlichen Jagdaktion stoßen die Schimpansen Grunz- und Kreischlaute aus, grinsen sich an und umarmen einander. Obwohl sie vor dem Jagen sichtbar in Aufregung geraten, können sich die Tiere lautlos anschleichen und eine erstaunliche Ausdauer beim Einkesseln und Verfolgen der Beute an den Tag legen.

Recht oft sind säugende Affenweibchen mit ihren Jungen Ziel eines Angriffs. Wenn eine Pavian- oder Stummelaffenmutter dann panisch schreit, eilen häufig Männchen ihrer Gruppe herbei, um Mutter und Kind gegen die vorrückenden Schimpansen zu verteidigen. Vielfach kommen die Helfer noch rechtzeitig, so daß den Angegriffenen die Flucht gelingt; bei anderen Gelegenheiten ist jedoch keine männliche Hilfe zur Stelle. Sehr oft entreißen die Schimpansen der Mutter ihr Junges; sie zerreißen anschließend den Körper des Opfers und fressen die einzelnen Stücke. Obgleich die meisten Beutetiere schnell getötet werden, berichtet Goodall von einem Beispiel, wo ein einziger Schimpanse ein etwa zehn Monate altes Pavianjunges fraß, das auch 40 Minuten, nachdem es gefangen worden war, noch lebte und schwach schrie. (Wenn ein Jungtier umgebracht worden ist, hält sich die Mutter oft in der Nähe versteckt und kann dann selbst ein Opfer der Schimpansen werden.)

Schimpansen fressen gerne Fleisch, und häufig kann man nach einem Beutezug beobachten, wie sie erfolgreiche Jäger intensiv darum anbetteln. Sobald die Beute verteilt ist, wird sie von den Tieren scheinbar genüßlich verzehrt. Wenn es sich um ein kleines Tier handelt, beginnt der Schimpanse, indem er ihm die Schädeldecke aufbeißt, zunächst das Blut aufleckt und dann das Gehirn frißt (das von den Tieren wohl als Delikatesse geschätzt wird). In anderen Fällen vergrößern die Affen das Hinterhauptsloch und bohren das Gehirn mit ihren Fingern brockenweise heraus.

Schimpansen jagen aber nicht um einer guten Mahlzeit willen, sondern weil ihnen offenbar das Jagen selbst Spaß macht, wie folgender Bericht von Jane Goodall demonstriert:

> Bei drei verschiedenen Anlässen jagten die Tiere (mit Erfolg) weiter, obwohl sie bereits Fleisch erbeutet hatten. In einem Fall verzehrte Figan einen Jungaffen, den er seiner Mutter entrissen hatte, und beobachtete dabei intensiv, wie die übrigen Schimpansen noch jagten. Plötzlich überließ er Humphrey, der ihn die ganze Zeit über angebettelt hatte, den gesamten Tierkadaver und ergriff einen zweiten Affen, den er dann auffraß. Humphrey wiederum tötete einen Jungaffen, während er in der einen Hand einen großen Fleischbrocken hielt. Schließlich fing auch Sherry, der mit dem Maul noch Teile eines getöteten und halb aufgefressenen Äffchens festhielt, eine adulte Äffin (die Mutter des Kleinen), als sie auf der Flucht vor einem anderen jagenden Schimpansen Sherry in die Arme lief [5].

Abb. 9.1
Fleisch ist bei Schimpansen als Nahrung sehr beliebt, und häufig kämpfen oder betteln sie darum. Auf diesem Foto frißt ein Schimpanse den Kadaver einer Schirrantilope, während ein anderer sehnsüchtig zuschaut (Foto: Curt Busse).

Abb. 9.2
Ein Schimpansenmännchen laust das Fell eines anderen Tieres, nachdem beide vergeblich versucht haben, einem dritten Schimpansen, der im Hintergund hockt, seine Beute zu entreißen. Beide Affen schreien vor Frustration und Aufregung darüber, daß sie das Fleisch zwar sehen, aber nicht erreichen können (Foto: Curt Busse).

Die Aggressivität, mit der Schimpansen Tiere anderer Arten jagen, ist im Vergleich zu der Brutalität, mit der sie aufeinander losgehen können, noch harmlos. Dies gilt besonders für Männchen, die sich beispielsweise bei Rangstreitigkeiten äußerst aggressiv verhalten können. Trotzdem lösen Schimpansen ihre Konflikte größtenteils nicht durch Kampfhandlungen, sondern über Drohgebärden. Sollte unter den Männchen jedoch tatsächlich einmal ein Kampf ausbrechen (vor allem wenn es um eine paarungsbereite Schimpansin geht), kann dieser äußerst gewaltsam geführt werden und oft auch tödlich ausgehen.

Der Holländer Frans de Waal schildert dies am Beispiel einer Schimpansengruppe aus dem Arnheimer Zoo. In seinem Buch «Peacemaking Among Primates (dtsch.: Wilde Diplomaten)» beschreibt er die brüchige Hierarchie zwischen den drei Männchen Jeroen, Luit und Nikkie [6]. Zu Beginn war Nikkie das anerkannte Alpha-Männchen, während Jeroen den größten Paarungserfolg verzeichnete; man könnte sie daher beide als Führer der Gruppe bezeichnen. Dann bildeten Nikkie und Luit eine erfolgreiche Koalition gegen Jeroen, so daß sich dieser nicht mehr paaren durfte. Gleichzeitig wurde Nikkie jedoch weiterhin durch Jeroen unterstützt, um seinen Rang gegenüber Luit behaupten zu können. Obgleich Nikkie immer noch Alpha-Männchen war, duldete er, daß sich Luit paarte, was wiederum die Spannung zwischen ihm und Jeroen erhöhte – insgesamt also eine unausgeglichene Dreierkonstellation. Die Machtverhältnisse veränderten sich abrupt nach einem unbeobachteten Kampf, der sich eines Nachts im Schlafkäfig der drei Männchen abspielte. Danach war Luit plötzlich das Alpha-Männchen.

Leider war Luits Regierungszeit, während der ein friedliches Klima herrschte, nur von sehr kurzer Dauer. Er starb an den Folgen einer weiteren nächtlichen Auseinandersetzung mit Jeroen und Nikkie, für die es ebenfalls keine Zeugen gab. De Waal berichtet, daß das Nachtquartier der Männchen voller Blut war. Als die Wärter am Morgen den Käfig betraten, hatten sich die Affen offenbar wieder vertragen. Hier nun die weiteren Geschehnisse:

> Luit bemühte sich nach Kräften, sich in der Nähe der beiden anderen Männchen aufzuhalten, was angesichts der Verletzungen, die sie ihm beigebracht hatten, recht beachtlich war. … Luits Körper wies an Kopf, Flanken, Rücken, Gesäß und Hodensack tiefe Bißwunden auf. Besonders schwer waren seine Füße verletzt (dem einen Fuß war eine

> Zehe abgerissen, am anderen fehlten gleich mehrere Zehenglieder). Außerdem war er mehrfach in die Hände gebissen worden, an denen mehrere Nägel fehlten. Die grausamste Entdeckung war jedoch, daß er beide Hoden verloren hatte. Später fand man alle fehlenden Körperteile auf dem Boden des Käfigs. Bei der späteren Obduktion entdeckte man, daß Luits Hodensack nicht, wie wir zunächst angenommen hatten, aufgerissen wurde. Statt dessen wies er mehrere relativ kleine Lochwunden auf. Unklar blieb weiterhin, wie die Hoden entfernt worden waren [7].

Mit diesem Beispiel soll den Schimpansen aus dem Arnheimer Zoo keine permanente Gewalttätigkeit unterstellt werden, da sie nach de Waals Äußerung nur selten gewaltsam handelten, solange die hierarchischen Verhältnis geklärt und stabil waren. Er betont weiterhin, daß ein friedfertiges Verhalten genauso tief in den Tieren verwurzelt ist wie ihr Aggressionstrieb. Demnach verwenden Schimpansen ein breites Repertoire an versöhnenden und beschwichtigenden Gesten, um eine angespannte Atmosphäre zu entladen. Normalerweise reichen solche Demutsgebärden (z.B. eine ausgestreckte Hand, ein präsentiertes Hinterteil, Wimmern) aus, um einen Angriff zu verhindern oder zu beenden. In anderen Situationen können Versöhnungsversuche unter rivalisierenden Männchen sehr subtil eingeleitet werden, wie das weitere Beispiel de Waals zeigen soll:

> Jeroen täuschte beispielsweise Interesse an irgendeinem Gegenstand vor, um die Spannung zu lösen und seinen Gegner anzulocken. Plötzlich entdeckte er irgendetwas im Gras, woraufhin er laut aufheulte und sich nach allen Seiten umwandte. Nun liefen mehrere Schimpansen herbei, unter ihnen auch sein Widersacher. Schon bald hatte der Rest der Gruppe das Interesse verloren und war wieder abgezogen, und nur die beiden Streithähne blieben zurück. Aufgeregt stießen sie Laute aus, während sie den Gegenstand beschnupperten und voller Konzentration hin und her drehten. Dabei streiften sich öfters ihre Schultern und Köpfe. Nach ein paar Minuten beruhigten sich beide und begannen, sich gegenseitig das Fell zu pflegen. Der Gegenstand, den ich nie zu Gesicht bekam, war vergessen [8].

Wenn das Klima in der Gruppe sehr angespannt ist, können diese «pazifistischen» Gesten versagen. Letztlich eskalierte die Gewalt unter den drei Schimpansenmännchen über Probleme wie Gruppenrang und Paarungschancen. Aus den Arbeiten Goodalls geht hervor, daß ähnliche Gründe auch zu aggressivem Verhalten bei wildlebenden Schimpansenmännchen geführt haben. Obgleich beide sozialen Verhaltensweisen (sowohl im Zoo wie in freier Wildbahn) Parallelen aufweisen, sollte man sich vernünftigerweise fragen, ob die gegen Luit ausgeübte hohe Brutalität der Schimpansen nicht etwa eine Folge der künstlichen Lebensbedingungen (d.h. Gehegehaltung im Zoo) war.

Nach Goodalls Erkenntnissen scheint dies aber nicht zu stimmen. Wildlebende Schimpansen können nach ihrer Aussage mindestens soviel, wenn nicht sogar noch größere Aggressivität an den Tag legen als die Tiere aus dem Arnheimer Zoo. Unter bestimmten Umständen, vor allem bei Angriffen durch fremde Gruppen, eskalieren Gewaltakte so stark, daß Goodall sie als besondere Angriffsform ansieht.

Territorialverhalten bei Männern

Männliche Schimpansen durchstreifen gruppenweise die Randzone ihres Territoriums, um evtl. eingedrungene Schimpansen aus Nachbargebieten zu vertreiben. Hin und wieder werden solche Patrouillen von Weibchen begleitet, die sich gerade im Östrus befinden, doch im wesentlichen ist dieses «Streife gehen» reine Männersache. Die Tiere sind auf ihren Wanderungen wachsam und ungewöhnlich still; sie vermeiden es auch nach Möglichkeit, auf trockenes Laub zu treten oder im Gebüsch zu rascheln. Wenn die Gruppe Geräusche fremder Schimpansen vernimmt, hängt die Reaktion von der Anzahl der Eindringlinge ab. Sollte die Patrouille zahlenmäßig unterlegen sein, zieht sie sich meist geräuschlos zurück. Wenn sie gleich stark sind, beginnen beide Gruppen, einen Mordsradau zu veranstalten: Sie brüllen, werfen mit Steinen und Zweigen und trommeln sich auf die Brust. Häufig enden diese «Wortgeplänkel» mit dem lautstarken Rückzug beider Truppen in ihr jeweiliges Kerngebiet.

Doch wehe dem einsamen Schimpansen, der – völlig auf sich gestellt oder nur von einem Jungtier begleitet – von einer solchen Patrouille aufgegriffen wird. Schimpansen scheinen, so Goodall, «eine angeborene Xenophobie (Fremdenhaß)» zu besitzen. Aus mehreren Beobachtungen, die Goodall und ihre Mitarbeiter gemacht haben, zeichnet sich ab, wie die Patrouille gegen fremde Schimpansen vorgeht: Meist handelte es sich um langanhaltende Attacken, bei denen der gesamte Trupp beteiligt war. Das Opfer wurde immer von einigen Schimpansen am Boden festgehalten, während die übrigen es bissen, traten und auf ihm herumstampften oder -sprangen. Häufig wurden die Fremden auch über den Boden geschleift. Obwohl die Opfer schließlich jeglichen Widerstand aufgaben und zusammengekrümmt oder apathisch auf der Erde lagen, ließen die Angreifer nicht eher von ihm ab, bis es völlig bewegungslos, nicht selten sogar tot war. Die meisten Beobachter stimmen in der Ansicht überein, daß die Attacke in der Absicht erfolgte, den Eindringling umzubringen. In einigen Fällen kehrten die Angreifer später erneut an den Schauplatz des Überfalls zurück, um den Körper ihres Opfers zu untersuchen.

In ihrem beeindruckenden Buch dokumentiert Goodall sorgfältig eine Serie von Gewaltakten, die schließlich zur völligen Ausrottung einer Schimpansenhorde (die Kahama-Gruppe) durch eine andere (die Kasakela-Gruppe) führte. Goodall interpretiert diese Vorkommnisse als ein Indiz, daß Schimpansen als Tiere mit Territorialverhalten angesehen werden müssen, obgleich ihr Verhalten in einigen Punkten von dem anderer territorial lebender Arten abweicht: So beschränken sich Schimpansen beispielsweise nicht darauf, die Eindringlinge aus ihrem Gebiet zu vertreiben, sondern führen ihre Patrouillengänge offenbar bewußt durch, um bei dieser Gelegenheit Fremde in den Randgebieten ihres Reviers zu überraschen. Auch in der Brutalität ihrer Angriffe wie auch in der Tatsache, daß sie in die Kerngebiete benachbarter Gruppen vordringen, unterscheidet sich das Revierverhalten der Schimpansen von dem anderer Tiere. Man kann sie demnach nicht als Reviertiere im ursprünglichen Sinn bezeichnen, denn wenn sie auf einen fremden Artgenossen stoßen, scheinen sie in einen wahren Blutrausch zu verfallen. Goodall unterläßt es, den Schimpansen martialisches Verhalten zu attestieren, da das Führen von Kriegen eine Sprache voraussetze, die den Schimpansen fehlt. Persönlich bin ich da anderer Ansicht. Obgleich Schimpansen, die ja unsere nächsten Verwandten sind, zum Austragen ihrer Aggressionen weder eine verbal geäußerte Strategie entwerfen noch technisch verfeinerte Waffen einsetzen, jagt mir die brutale, eiskalte Effizienz ihrer Kriegskunst einen kalten Schauer den Rücken hinunter. Meiner Meinung nach haben Menschen und Schimpansen ihre Veranlagung zu aggressiven Auseinandersetzungen von ihrem *common ancestor* geerbt [9].

Warum Männer töten …

Viele Sozioanthropologen behaupten, es gäbe keine biologischen oder evolutionsbedingten Gründe für menschliche Gewalt. In ihrer Diskussion stellen sie statt dessen das friedliche Wesen einiger heutiger Naturvölker als ein Ideal hin. Häufig behaupten sie sogar, deren Gesellschaftsform stelle den ursprünglichen Typ dar, der während der Evolution des Menschen überwiegend bestanden hat. Diese Gesellschaftsform ist durch Normen wie Gleichrangigkeit und Kooperation geprägt, und so wird beispielsweise die männliche Rolle weniger stark betont. Aber auch die gemeinsame Nutznießung wird bei diesen Menschen groß geschrieben, wie die intensiv gepflegten sozialen Kontakte und Bindungen zu benachbarten Gruppen zeigen. Nach den Worten von Bruce Knauft (Emory University) sind die !Kung aus Südafrika «ein gewaltfreies Volk», die malaysischen Semai als «gewaltloses Volk», die Waorani aus Ecuador «ein Stamm voller Harmonie», während er die Eskimos als Menschen beschreibt, die «nie in Wut geraten [10].»

Persönlich hat Knauft die Gebusi untersucht, eine kleine Volksgruppe aus dem Tiefland Neuguineas, die opportunistisch vom Jagen, Fischen und Gartenbau lebt. Knauft charakterisiert das Sozialleben der männlichen Gebusi als frei von Hierarchie und Rivalitäten. Normalerweise pflegen diese friedliebenden Menschen lockere Freundschaften und Kumpaneien, und Zorn gilt als eine gegen die Gesellschaft gerichtete und für sie bedrohliche Gemütsverfassung. Allerdings verbirgt sich unter diesem Mantel des Friedens und der Freundlichkeit eine der höchsten Mordraten, die je in einer Gesellschaft aufgezeichnet wurde.

Die meisten Morde, so Knauft, werden von Gebusi-Männern begangen; so haben bereits zwei Drittel der Männer mittleren Alters aus zwei Stämmen ein derartiges Verbrechen begangen, «u.a. einige, die selbst nach Maßstäben der Gebusi nicht als aggressiv zu bezeichnen sind [11].» Von knapp 400 registrierten Todesfällen kamen gut ein Drittel durch Mord zustande. Obwohl knapp zehn Prozent der Ermordeten auf offene Streitigkeiten zwischen zwei Gebusi aus unterschiedlichen Dörfern zurückgehen, stehen die meisten Morde mit einer mutmaßlichen Verhexung in Zusammenhang, da man den Ermordeten unterstellt, sie hätten Tod oder Krankheit einer dritten Person heraufbeschworen.

In Knaufts Augen versucht so gut wie kein Gebusi tatsächlich Zauberei. Dennoch werden schwere Erkrankungen oder der plötzliche Tod einer Person häufig einem Hexer oder einer Hexe zur Last gelegt, wobei vor allem aggressive Menschen dieses Delikts bezichtigt werden. Der Beschuldigte wird anschließend einem öffentlichen Wahrsager vorgeführt, der eine Art Orakel befragt. Falls sich daraus die Schuld des Angeklagten ergibt, stirbt er eines raschen, gewaltsamen Todes. Nach Knaufts Ansicht wirken diese Gewaltaktionen der Gebusi als starker Regulationsmechanismus, der jegliche aufkommende Form der Aggression im Keim erstickt und die friedlichen Normen der Gesellschaft bekräftigt.

Doch schließlich erbrachte eine sorgfältige Analyse der Knauftschen Studie, wo die eigentlichen Gründe für die «Mordlust» der Gebusi liegen (die diesen selbst sehr wahrscheinlich gar nicht bewußt sind): Die Gewalt entzündet sich letztlich daran, daß zwei Männer wegen einer Frau aneinandergeraten. Bei den Gebusi hängt der Mord an einem «Zauberer» beispielsweise oft davon ab, daß beim Austausch heiratswilliger Schwestern die Gegenleistungen nicht erbracht wurden. Wenn es um Frauen geht, so Knauft, scheinen auch andere sogenannte «friedfertige» Volksgruppen, wie beispielsweise die !Kung, Semai und einige Eskimostämme, vor extremer Gewalt nicht zurückzuschrecken. Obgleich den primitiven Gesellschaftsformen möglicherweise die Mittel fehlen, um Kriege im großen Stil zu führen, ist ihnen dennoch das Thema Gewalt nicht fremd. Genau wie bei den Schimpansen im Arnheimer Zoo findet man auch bei diesen uralten Gesellschaftsformen Männer, die sich gegenseitig wegen einer Frau umbringen.

Mit seinen Erfahrungen bei den Gebusi widmete sich Knauft einer umstrittenen Gewalttheorie der Soziobiologie. Einem Grundsatz dieser Disziplin zufolge versuchen alle Tiere (somit auch der Mensch), ihren Fortpflanzungserfolg zu optimieren, indem sie entweder mehr eigene Nachkommen in die Welt setzen oder die Fortpflanzungschancen ihrer Geschwister bzw. Geschwisterkinder erhöhen. Gemäß dieser Theorie sollten die Menschen nach Möglichkeit keine Blutsverwandten umbringen; falls zudem die Gewalt ein Adaptationsmerkmal darstellt, sollte man erwarten, daß ein Mörder eine größere Nachkommenschaft als seine Mitmenschen hinterläßt. Diese Theorie wurde tatsächlich für eine Volksgruppe bestätigt: Napoleon Chagnon (z.Zt. an der University of California in Santa Barbara) stellte bei dem südamerikanischen Indiostamm der Yanomami fest, daß Männer, die andere Menschen umgebracht hatten, gut zweimal so viele Ehefrauen und dreimal so viele Kinder besaßen wie andere Stammesmitglieder. Knaufts Ergebnisse konnten diese Theorie jedoch nicht bestätigen. Da die Gebusi oft eigene Blutsverwandte umbringen, scheint Knaufts Studie die soziobiologische These nicht beweisen zu können, daß nämlich Morde und Verwandtschaftsgrad miteinander korreliert sind.

Trotz ihrer Tragweite und des allgemeinen Interesses, mit dem diese Arbeit aufgenommen wurde, ist hier der soziobiologische Aspekt zu sehr betont worden, so daß die biologische Komponente zwangsläufig unterging. Obgleich Knauft die Bedeutung kultureller, ökologischer und soziologischer Faktoren für die Gewalt der Gebusi unterstrich, scheint er die Biologie zusammen mit dem soziobiologischen Bade ausgeschüttet zu haben.

Die extremen Gewaltakte solcher sogenannten «friedliebenden» Völker machen deutlich, daß die Aggression ein wesentlicher Teil des menschlichen Wesens ist, die unabhängig von einer gewalttätigen Umwelt in der ein oder anderen Form auftauchen. Dies wird noch dadurch unterstrichen, daß sich Männer u.a. aufgrund von Rivalitäten um eine Frau gegenseitig umbringen. Hierbei ist es völlig belanglos, ob beim Menschen (oder auch beim Schimpansen) eine Art «Killer-Gen» vorkommt, denn relevant ist letztlich nur, daß weltweit alle Männer eine Veranlagung zum Töten besitzen. Daran kann auch die Behauptung, Gewalt sei ausschließlich ein Produkt der Kultur, im wesentlichen nichts verändern [12]. Mit dem gleichen Vergnügen, das Schimpansen bei ihren Patrouillegängen durch den Urwald empfinden, sieht auch der männliche *Homo sapiens* einer «zünftigen Rauferei» entgegen – mit dem einzigen Unterschied, daß er sich als «zivilisiert» bezeichnet.

Mord und Totschlag in Amerika

In ihrem Buch *Homicide* stellen Martin Daly und Margo Wilson (beide von der McMaster University) fest, daß «Normale Gewalt», die nicht im Zusammenhang mit kriegerischen Auseinandersetzungen steht, nicht nur in primitiven Gesellschaftsformen, sondern in allen Kulturen vertreten ist [13]. Unter den Industrienationen sind die USA in diesem Punkt ein Spitzenreiter: Jeden Tag werden in den Vereinigten Staaten ca. 60 Menschen umgebracht. Wie sehen nun die einzelnen Gründe für diese Verhaltensweisen aus? Zur Formulierung ihrer Schlußfolgerungen greifen Daly und Wilson auf die Evolutionsbiologie und damit eindeutig auf die Soziobiologie zurück.

Vor einiger Zeit befragte ich einige Kollegen, welche Beziehung ihrer Meinung nach am häufigsten zwischen Täter und Mordopfer bestünde. Die Antworten fielen sehr breit gestreut aus: Die einen meinten, es handele sich um Verwandte, andere hingegen, es kämen nur Fremde in Betracht, die bei Einbruch oder Diebstahl ertappt würden, und ein frisch gebackener Ehemann nannte als Hauptmotiv Ehestreitigkeiten. In Wirklichkeit sieht die Antwort ganz anders aus.

Das Gewaltverhalten der meisten Amerikaner deckt sich offenbar mit der soziobiologischen Begründung, da nur ein geringer Prozentsatz der Opfer mit ihren Mördern blutsverwandt waren. Bei einer Studie in Detroit fanden Daly und Wilson unter 508 Mordfällen nur 6 Prozent Opfer, auf die dies zutraf. Die Zahlen aus Detroit entsprachen auch sonst den amerikanischen Verhältnissen: Demnach «sind Blutsverwandte weniger von einem tödlichen Risiko bedroht als andere intime Freunde» [14].

In Ländern mit hoher Mordkriminalität (auch den USA) wird Gewalt mit Todesfolge hauptsächlich durch triviale Streitfälle ausgelöst – beispielsweise Streitereien um einen freien Parkplatz oder Billardtisch oder ein Anrempeln an der Kneipentheke. Obgleich diese Ursachen unglaublich nichtig erscheinen, gelingt es Daly und Wilson, diese Ursachen von Mord und Totschlag plausibel zu erläutern:

> In den meisten Gesellschaftsschichten hängt der Ruf eines Mannes davon ab, wie glaubwürdig er Gewalt demonstrieren kann. Interessenskonflikte sind in allen Gesellschaften vorhanden, wobei eigene Interessensbereiche höchstwahrscheinlich durch Konkurrenten verletzt werden könnten, solange man diese nicht abschreckt. Eine effektive Abschreckung besteht darin, unserem Rivalen klar zu machen, daß jeder weitere Versuch, unsere Interessenssphäre zu seinen Gunsten zu schmälern, schwerwiegende Strafaktionen zur Folge hat, so daß der Konkurrent *summa summarum* schlechter als vor seinem Übergriff dasteht [15].

Obgleich die Autoren eingestehen, daß dieses «Macho-Gehabe» in der Vergangenheit durchaus zu einem höheren Fortpflanzungserfolg geführt hat, glauben sie, daß dieses Verhalten in der heutigen Gesellschaft, die neue Kanäle zur legitimen Nutzung des Aggressionstriebes gefunden hat, nur noch in abgeschwächter Form auftaucht. Abschließend meinen Daly und Wilson, da die Mordraten in zivilisierten Ländern während der letzten Jahrhunderte konstant zurückgingen, würde für das Gros der Menschheit im 21. Jahrhundert eine realistische Chance bestehen, friedlich in ihren Betten zu sterben.

Doch offenbar wußten die beiden Autoren noch nichts über «Treetop», einem Plan der US-Militärs.

Das letzte Bollwerk

Menschen- und Schimpansenmänner scheinen die Grenzen ihrer Territorien gleichermaßen gerne zu überwachen. Die Unterschiede bestehen lediglich darin, daß Männer aufgrund ihrer Sprache und des gut entwickelten Gehirns vorgeschobene Motive für ihre Rundgänge angeben: Die einen wollen ihre Angehörigen verteidigen, die anderen marschieren im Namen von Vaterland, Freiheit, Gott oder Frieden (letzteres wäre mein Marschmotto). Die Patrouillen sehen im Prinzip aber gleich aus. Wenn beispielsweise mehrere Schimpansen hierbei auf einen einzelnen Artgenossen stoßen, halten sie ihn am Boden fest. Anschließend gehen sie solange mit Zähnen, Händen und Füßen auf ihr Opfer los, bis dieses entweder völlig bewegungslos oder tot liegen bleibt. Da der Mann ein höher entwickeltes Gehirn besitzt, hat er Gebiß und Extremitäten durch hochtechnologische Waffen ersetzt, die deshalb jedoch nicht weniger effizient und tödlich sind. Die «Schimpansennatur» des Menschen trägt dann dazu bei, daß er es einfach nicht lassen kann, sein Kriegsspielzeug auszuprobieren.

Nehmen wir beispielsweise die Regierung der USA, die 1982 – damals noch unter Präsident Ronald Reagan und seinem Vize George Bush [16] – das «Defensive Mobilization Planning Systems Agency» eröffnete (ein geheimes Büro, das die Evakuierung der US-Regierung und weiterer wichtiger Personen im Falle eines Atomkriegs planen sollte). 1989 hatte man für dieses Projekt, das in Militärkreisen unter dem Kürzel COG (*continuity of government*) bekannt ist, bereits über drei Milliarden Dollar ausgegeben.

Dieses Vorhaben mit dem Codenamen «Treetop», plant minutiös die Evakuierung des US-Präsidenten – mit allen Eventualitäten, z.B. ob er sich gerade im Weißen Haus in Washington oder an einem seiner Urlaubsorte aufhält. Über eine genau geplante Flugroute wird der Präsident dann in den Kommandostand Mount Weather in Virginia oder einen der anderen etwa 50 unterirdischen Atomschutzbunker gebracht, die als geheime «Ersatzregierungssitze» über das ganze Land verteilt sind (z.B. in Raven Rock bei Camp David in Maryland, einem vollausgestatteten Bunker u.a. mit Squash-Anlage, Kapelle, Wäscherei, Krankenstation und Friseursalon).

Doch welche Amerikaner würden überhaupt in die Schutzbunker gelangen? Zunächst einmal der Präsident mit einem (streng hierarchisch geordneten) Regierungsstab aus 17 Mitgliedern, die seine potentiellen Nachfolger (in ebenfalls geordneter Reihenfolge) sind. Ferner gehören 47 hohe Pentagon-Offiziere sowie 248 Spezialisten und leitende Pentagon-Beamte dazu. Insgesamt können etwa 1000 Militärs, Politiker und Beamte evakuiert werden.

Falls der Eindruck entstanden sein sollte, die Militärs wollten angesichts einer weltweiten Nuklearkatastrophe nur ihre eigene Haut retten, so entspricht dies nicht der Absicht von «Treetop». Der ehemalige Präsident Ronald Reagan hielt beispielsweise einen Atomkrieg für gewinnbar – sofern die Regierung überlebte. Darüber hinaus muß sie laut «Treetop» auch überleben, um den Aggressoren weiterhin Widerstand zu leisten und der (übrig gebliebenen) Zivilbevölkerung zu helfen.

Diese noble Absicht verblaßt jedoch, wenn man die zukünftigen Pläne der Regierung Bush in Bezug auf die eigenen Atomwaffen im Einsatz gegen die Sowjetunion betrachtet, die 1989 beschlossen wurden [17]. Der unter der Bezeichnung «Strategic Integrated Operations Plan (SIOP-7)» bekannte Plan sieht vor, neue Zerstörungswaffen zu entwickeln, die nach Ausbruch des Konflikt unterirdische Bunker des Feindes samt der darin sitzenden sowjetischen Führerschaft vernichten sollen. Der Nutzen dieser Aktion wird von einigen Kritikern stark bezweifelt, da die Eliminierung der russischen Spitze in ihrer Sicht nur dazu beitrüge, den Konflikt auf sowjetischer Seite zu verschärfen.

Die dramatischen Ereignisse in der (mittlerweile ehemaligen) Sowjetunion und ganz Osteuropa stürzten die amerikanischen Militärexperten in ein neues Dilemma. So hoffte die Regierung Bush, daß die gegenwärtig (1992) noch etwa 28.000 atomaren Sprengköpfe in der ehemaligen Sowjetunion von einer zentralen Verwaltung kontrolliert würden, anstatt unter die einzelnen GUS-Staaten aufgeteilt zu werden.

Im Februar 1990 forderte der demokratische Senator Sam Nunn aus Georgia, man solle die Kontrollmechanismen an Nuklearsprengköpfen neu überprüfen und Sperrschaltungen einbauen, die eine abgeschossene Rakete gegebenenfalls zerstören oder wieder zurückbeordern kann [18]. Insbesondere hoffte Nunn, das Pentagon werde die lang gehegten Einwände gegen solche Technologieverbesserungen fallen lassen, mit deren Hilfe man abgeschossene Atomraketen wieder zurückholen kann. Zudem schlug er vor, den Sowjets die gleichen Geräte zu überlassen. Interessant erscheint mir in diesem Zusammenhang vor allem, daß sich hochrangige US-Generäle gegen Kontrollmechanismen für A-Raketen aussprachen.

Diese und andere Details, wie sie zum Teil auch während des Golfkrieges ans Tageslicht kamen, zeigen, daß alle Militärs im Grunde genommen voller Stolz und Genugtuung auf ihre kriegerischen Leistungen schauen. Die Annäherung der Supermächte USA und GUS (wie auch die Wiedervereinigung Deutschlands) bedroht militärische Interessensbereiche, die jahrzehntelang weltweit bestanden haben. Der nächste Schritt könnte durchaus in Richtung Abrüstung gehen, doch wie läßt sich dies mit dem (offenbar latenten) Aggressionsverhalten des Menschen vereinbaren [19]?

Obgleich die menschliche Großhirnrinde sehr hoch entwickelt ist, trennt das limbische System die Welt weiterhin in Freund und Feind. Deshalb wird der Mensch auch in Zukunft noch Patrouille laufen. Wie die Schimpansen im Gombe National Park wird er, wenn er es für nötig hält, bedenkenlos Übergriffe auf benachbarte Territorien durchführen und seine Widersacher niedermachen. Zu diesen limbischen Aktionen steuert der Cortex dank seiner Fähigkeiten u.a. hochentwickeltes Kriegsgerät, Schlachtpläne und oft auch die erforderliche Ideologie (z.B. «Deus vult» oder «Für Gott, König und Vaterland») bei.

Je nach Gutdünken könnte man die Parallelen im aggressiven Verhalten von Menschen und Schimpansen für puren Zufall halten. Doch darauf kommt es nicht an. Entscheidend ist, daß der Mensch – unabhängig von wechselnden biologischen und Umwelteinflüssen – im Grunde genommen ein angriffslustiger, territorial lebender Primat ist, der seinen sozialen Rang gegen andere Hordenmitglieder und sein Revier gegen auswärtige Feinde verteidigt. Obwohl zumeist Männer sich auf diesem Bereich engagieren, werden sie von der ganzen Gesellschaft unterstützt. Auf einen einfachen Nenner gebracht, gibt uns unser Verhalten vor, daß wir ohne ein äußeres Feindbild höchst unausgelastet wären [20].

Braindance – ein Totentanz?

Während der zwei Millionen Jahre dauernden Evolution des Menschen entstand ein perfektes Gehirn. Aufgrund seiner Größe, Anatomie und Physiologie ist der Mensch in der Lage, die tollsten Dinge zu machen: Er kann über den Ursprung des Kosmos nachdenken, die größte Primzahl suchen, bei einem traurigen Film weinen,

Gedichte schreiben und lauthals über einen guten Witz lachen. Menschen können Jazzmusik hören, Bilder malen und die Lösung eines Problems intuitiv in einer einzigen Sekunde begreifen. Außerdem sind sie die besten Step-Tänzer – und daran ist letzten Endes der *Braindance* schuld.

Doch bei all diesen menschlichen Talenten müssen wir bedenken, daß wir im Prinzip ein Primatenhirn besitzen, in dessen Mitte das limbische System lauert. Deshalb bricht auch in unseren Männchen immer wieder der Drang zu Aggression und Kriegsspiel durch. Die Gesellschaft hat dieses Verhalten zum Teil adaptiert und ein gigantisches «Atomspielzeug» entwickelt; doch leider fehlt diesem eine Sperrsicherung für Befehle fehlgeleiteter Staatsoberhäupter, die möglicherweise zum falschen Zeitpunkt und auf göttliche Eingebung hin den roten Knopf drücken. Sicherlich besitzt das menschliche Gehirn die anatomischen und neurophysiologischen Voraussetzungen, um den primatenhaften Aggressionstrieb zu unterdrücken, doch müssen diese Kontrollmechanismen immer und immer wieder trainiert werden. Die Frage lautet deshalb: Wer wird gewinnen – «Braindance» oder «Brainwar»?

Jane Goodall bemerkt in ihrem Kapitel zum Revierverhalten über den Schimpansen:

> Falls er jemals die Fähigkeit zur Sprache erlangen wird
> (und wie wir gesehen haben, ist er gar nicht so weit von
> diesem Stand entfernt), könnte er dann nicht hingehen
> und dem Menschen den Krieg erklären [21]?

Nach meinem Empfinden hat er bereits eine Sprache gefunden und ist eindeutig einer von uns. Faßt man alles Vorherige zusammen, dann könnten wir – angesichts der menschlichen Vorliebe für Gewaltakte mit katastrophalem Ende – bestenfalls hoffen, daß wir auch weiterhin unser limbisches System im Zaum halten.

Zumindest hätten wir in diesem Fall die Gelegenheit, «munt're Feindesleut' für heute, morgen, allezeit» zu sein.

Anhang

Anmerkungen

Kapitel 1

Im Innern der Red Cave

[1] Dart, R.: *Adventures with the Missing Link*. Random House, New York (1959).
[2] a.a.O., Seite 10
[3] Dart, R. A.: *Australopithecus africanus: The man-ape of South Africa*. Nature 115, 195-199 (1925).
[4] Robinson, J. T.: *Adaptive radiation in the australopithecines and the origin of man*. Aus F.C. Howell und F. Bourlieve (Hrsg.): *African Ecology and Human Evolution*. 385-416, Aldine, Chicago (1963).
[5] Findlay, J.: *Dr. Robert Broom, F. R. S., Palaeontologist and Physcian (1866-1951)*. A.A. Balkema, Kapstadt (1972).
[6] Vor kurzem gingen Foley und Lee anschaulich auf diese These ein. Siehe dazu R.A. Foley und P.C. Lee: *Finite social space, evolutionary pathways, and reconstructing hominid behavior*. Science 243, 901-906 (1989).
[7] Diese These wurde von mehreren Teilnehmern des Internationalen Workshop über die Evolutionsgeschichte der robusten Australopithecinen geäußert, der vom 27.März bis 2.April 1987 an der State University of New York in Stony Brook stattfand. Siehe hierzu auch: F. Grine (Hrsg.): *The Evolutionary History of «Robust» Australopithecines*. Aldine de Gruyter, New York (1989).
[8] Susman, R. L.: *Hand of Paranthropus robustus from Member I, Swartkrans: Fossil evidence for tool behavior*. Science 223, 781-784, (1989). Susman untersuchte vor einiger Zeit mehrere etwa 1,8 Millionen Jahre alte Fingerknochen, die bei Swartkrans in Südafrika gefunden wurden. Seiner Meinung nach stammen sie von robusten Australopithecinen und weisen außerdem daraufhin, daß die Hand dieser frühen Hominiden bereits in der Lage war, Werkzeuge herzustellen, die «sehr wahrscheinlich zum Sammeln und Zerteilen von Nahrungspflanzen dienten». Dementsprechend folgert Susman, daß die fehlende Befähigung der Werkzeugfertigung weder zum Aussterben der robusten Australopithecinen geführt hat, noch daß der Erwerb von Werkzeug die Gattung *Homo* entstehen ließ. Noch problematischer erscheint mir die etwas indirekte These, diese frühen Hominiden hätten möglicherweise schon das Feuer zum Kochen, als Wärmequelle oder

Schutz gegen Raubtiere genutzt, wie Brain und Sillen behaupten; siehe C. K. Brain und A. Sillen: *Evidence from the Swartkrans cave for the earliest use of fire.* Nature 336, 464-466, (1988). Hierbei liegt das eigentlich Problem darin, daß *Homo* sich ebenfalls in Swartkrans aufhielt und man nicht genau weiß, ob einer oder beide Hominiden das Feuer nutzten.

[9] Im Nachhinein war diese Ansicht wohl etwas überzogen, denn mittlerweile habe ich auch einige Kustoden und Kuratoren kennengelernt, wie z.B. Bob Brain vom Transvaal Museum, die durchaus nicht mit allen Mühen zu verhindern suchen, daß ihre Sammlungen einem qualifizierten Paläontologen zugänglich ist. Tatsächlich wäre mir meine Forschungsarbeit sogar unmöglich gewesen, wenn mir nicht Bob Brain, Phillip Tobias und Richard Leakey freundlicherweise fossiles Hominidenmaterial zur Ansicht überlassen hätten.

[10] In einem Brief vom 16. Januar 1991 schrieb mir Bob Brain, daß die Red Cave nicht mehr existiere. Die Forschungsabteilung des Transvaal Museum wurde größtenteils in ein neues Gebäude hinter dem alten Museum verlagert. Wie Brain weiter berichtet, «befinden sich die Hominidenfossilien nun in einem anderen Tresorraum, der zwar noch etwas steril wirkt, doch hoffentlich bald etwas Atmosphäre erhält. Unser neuer Kurator ist Dr. Francis Thackeray, und er ist jetzt auch für das ansprechende Dekor der neuen Hominidenhöhle verantwortlich.»

[11] Während der Evolution der Hominiden verlagerte sich der Sulcus lunatus dorsad, da sich der anliegende Cortex im Parietalbereich ausdehnt. Dieses Wachstum ist mit höheren integrativen Funktionen gekoppelt.

[12] Die von Holloway verwendete Argumentationsweise beruht auf einem Denkfehler, der als *argumentum ad verecundiam* oder «Schlußfolgerung aus Ehrfurcht vor einer höheren Autorität» bekannt ist.

[13] Holloway, R. L.: *Revisiting the South African Taung Australopithecine endocast: The position of the lunate sulcus as determined by the stereoplotting technique.* American Journal of Physical Anthropology 56, 43-58 (1981); s. Seite 50.

[14] Holloway, R. L.: *The role of human social behavior in the evolution of the brain.* 43. James Arthur Lecture, Seite 11-12. New York, The American Museum of Natural History (1975).

[15] Holloway, R. L.: *Revisiting the South African Taung Australopithecine endocast: The position of the lunate sulcus as determined by the stereoplotting technique.* American Journal of Physical Anthropology 56, 43-58 (1981); s. Seite 49.

[16] Falk, D.: *Apples, oranges and the lunate sulcus.* American Journal of Physical Anthropology 67, 313-315 (1985); s. Seite 315.

[17] Falk, D.: *Hadar AL 162-28 endocast as evidence that brain enlargement preceded cortical reorganization im hominid evolution.* Nature 313, 45-47 (1985).

[18] Holloway, R. L.: *Cerebral brain endocast pattern of Australopithecus afarensis hominid.* Nature 303, 420-422 (1983).

Kapitel 2

Taung kommt nach St. Louis

[1] An dieser Stelle möchte ich den National Institutes of Health für den mir gewährten Fonds NIH (RO1 NS 24904) nochmals herzlichst danken.

[2] Jerisons Buch ist ein echter Klassiker [Jerison, H.: *Evolution of the Brain and*

Intelligence. Academic Press, New York (1973)]. Er diskutiert übrigens auch die allometrische Größenbestimmung des Gehirns. Jerison, H.: *Allometry, brain size, cortical surface, und convolutedness.* Aus: E. Armstrong und D. Falk (Hrsg.): *Primate Brain Evolution: Methods and Concepts.* Plenum Press, New York (1982), 77-84.

[3] Zu weiteren Einzelheiten siehe D. Falk, C. Hildebolt und M. W. Vannier: *Reassessment of the Taung early hominid from a neurological perspective.* Journal of Human Evolution 18, 485-492 (1989).

[4] Zilles K., E. Armstrong, A. Schleicher und H. Kretschmann: *The human pattern of gyrification in the cerebral cortex.* Anatomy and Embryology 179, 1733-1779 (1988).

[5] Siehe hierzu: Armstrong E, K. Zilles, M. Curtis und A. Schleicher: *Cortical folding, the lunate sulcus, and the evolution of the human brain.* Journal of Human Evolution 20, 341-348 (1991). Ferner: Jerison, H.J.: *Fossil evidence on the evolution of the neocortex.* Aus: E. G. Jones und A. Peters (Hrsg.): *Cerebral Cortex.* 8A, Plenum Press, New York (1990), 285-309.

[6] Das älteste bekannte Fossil eines *Homo habilis* wird auf ein Alter von etwa zwei Millionen Jahren datiert. Vor etwa 1,6 Millionen Jahren tauchte dann auch *Homo erectus* auf.

Kapitel 3

Das Gehirn von Menschen und Schimpansen

[1] Diese Informationen stammen aus einem Artikel des Ehepaars Savage-Rumbaugh, der auf einem internationalen Symposium vorgetragen wurde. Hier finden sich auch Sue Savage-Rumbaughs Anmerkungen. Savage-Rumbaugh, E.S., und D. Rumbaugh: *The invention of language.* Wenner-Gren International Symposium on Tools, Language and Intelligence: Evolutionary Implications, Cascais, Portugal (1990).

[2] Die Doktoren Gibson und Boesch nahmen ebenfalls am oben erwähnten Wenner-Gren Symposium teil.

[3] Die Abbildungen wurden verändert nach: Penfield, W. und T. Rasmussen: *The Cerebral Cortex of Man.* Hafner Publishing Company, New York (1968).

[4] Der abgebildete Homunkulus entstand nach den klassischen Karten Penfields, die von mir verändert wurden. Er ist sehr stark schematisiert. Um eine gewisse Kontinuität beizubehalten, habe ich mir einige künstlerischen Freiheiten herausgenommen: So wird in der Abbildung die Zunge weit aus dem Mund gestreckt und nicht etwa als selbständiges Organ neben den Ort gesetzt, der das Gesichtfeld repräsentiert. In Wirklichkeit werden einzelne Körperteile, wie z.B. die Hand, mehrfach an verschiedenen Bereichen repräsentiert; ferner können sich sensorische und motorische Flächen überlagern und viel stärker voneinander unterscheiden, als aus dieser Abbildung hervorgeht. Die relativen Größen der einzelnen Körperteile können ebenfalls individuell anders ausfallen.

[5] Weitere Details finden sich in folgender Veröffentlichung: Zilles, K., E. Armstrong, A. Schleicher und H. Kretschmann: *The human pattern of gyrification in the cerebral cortex.* Anatomy and Embryology 179, 173-179 (1988).

[6] Goldman-Rakic, P.S.: *Circuitry of primate prefontal cortex and regulation of behavior by representational memory.* Aus V.B. Mountcastle, F. Plum und S.R. Geiger: *Handbook of Physiology – The Nervous System V.* American Physiological Society, Bethesda MD (1987), 373-417.

[7] a.a.O., Seite 374.

[8] Ein großer Teil dieses Abschnitts lehnt sich an folgendes klassische Lehrbuch: Crosby, E.C., T. Humphrey und E.W. Lauer: *Correlative Anatomy of the Nervous System.* Macmillan, New York (1962). Wer sich für neuere Arbeiten interessiert, sei auf folgende Beispiele verwiesen: Rakic, P., und W. Singer (Hrsg.): *Neurobiology of Neocortex.* John Wiley & Sons, New York (1988) sowie Edelmann, G.M., W.E. Gall und W.M. Cowan (Hrsg.): *Dynamic Aspects of Neocortical Function.* John Wiley & Sons, New York (1984).

[9] Das Wernicke-Zentrum wird von verschiedenen Wissenschaftlern unterschiedlich definiert. Viele zeitgenössische Forscher rechnen zwei Brodmann-Felder, nämlich Area 39 (Gyrus angularis) und Area 40 (Gyrus supramarginalis) dem Wernicke-Zentrum zu, obgleich Wernicke diese Bereiche selbst nicht in seiner klassischen Definition erwähnt. Dies erscheint insofern geeignet, als eine Läsion der Area 39 zu Alexie (Unfähigkeit zu lesen) führt und Schädigungen an der Area 40 beim Patienten einen starken Verlust des Sprachsymbolismus hervorruft. Eine amüsante Diskussion um den genauen Ort des Wernickeschen Zentrums findet sich bei Bogen, J.E., und G.M. Bogen: *Wernicke's region – Where is it?* Annals of New York Academy of Science 280, 834-843 (1976).

[10] Bei Untersuchungen mit Positronenemissionstomographie (PET) stellte sich heraus, daß semantische Wortassoziationen eher in der Area 47 (einem weiteren Brodmann-Feld) verarbeitet werden als im klassischen Broca-Zentrum (das aus den Areae 44 und 45 besteht). Deshalb vermuten Petersen *et al.*, daß das klassische Broca-Zentrum nicht als sprach-spezifischer Output-Bereich programmiert ist, sondern allgemeine motorische Funktionen besitzt. Siehe hierzu: Peterson, S.E., P.T. Fox, M.I.Posner, M. Mintum und M.E. Raichle: *Positron emission tomographic studies of the cortical anatomy of single-word processing.* Nature 331, 585-589 (1988).

[11] Kendon, A.: *Gesticulation and speech: Two aspects of the process of utterance.* Aus M.R. Key (Hrsg.): *Nonverbal Communication and Language.* Mouton, Den Haag (1980), 207-227; siehe Seiten 208-209.

[12] Adam Kendons Artikel mit dem Titel *Human Gesture* wurde 1990 auf dem Internationalen Wenner-Gren Symposium (s.o.) im portugischen Cascais vorgetragen.

[13] Goldin-Meadow, S., und H. Feldman: *The development of language-like communication without a language model.* Science 197, 401-403 (1977). Goldin-Meadow, S., und C. Mylander: *Levels of structure in a language developed without a language model.* Aus K. Gibson und A. Peterson (Hrsg.): *The Brain and Behavioral Development: Biosocial Dimensions.* Aldine de Gruyter, New York (1989), 315-344.

[14] Nachfolgend das Protokoll eines Gespräches mit Cynthea, in dem sie einige grundlegende Gedanken zum Step-Tanz darlegt. Außerdem zeigte das Interview, daß die Fähigkeit zum Steppen zu den positiven Seiten der menschlichen Art gehört.

Frage: «Mir ist u.a. aufgefallen, daß Du beim Erklären eines komplizierten Schrittes, beispielsweise beim Time-Step, die Schrittfolge völlig zerlegst, so daß wir zunächst die einzelnen Teile lernen, die wir dann zusammensetzen.»

Cynthea: «Richtig, bis sie schließlich zu einer einzelnen, fließenden Bewegung werden.»

Frage: «Und Du setzt erst kleinere Bruchstücke zusammen, und diese wieder zu längeren Folgen. Und so wird es allmählich flüssiger, bis man an den Punkt gelangt, wo man sich sagt, daß man ja eigentlich keinen Time-Step beherrschte, und dann braucht man nur noch an Time-Step zu denken, und der Schritt klappt. Ist das der normale Ablauf?»

Cynthea: «So habe ich es zumindest gelernt. Du machtst dies hauptsächlich für

dein Gedächtnis. Wenn Du beispielsweise den Brush-Hop lernst, dann wiederholst Du immer wieder: Brush-Hop, Brush-Hop. Dies gelangt zuerst in deinen Kopf, dann in den Körper und irgendwann auch in deine Füße und Kniee.»
Frage: «Als eine geschlossene Einheit?»
Cynthea: «Genau, als eine geschlossene Einheit. Dann brauchst Du nur weiterzumachen. Nun kommt ein Shuffle-Step. OK. Das ist jetzt im Gedächtnis verhaftet, so als wenn man sich an einen kompletten Satz erinnert. Dann fang ich wieder von vorne an und sage: OK, zuerst kommt ein Brush-Hop und als zweiter Teil ein Shuffle-Step.»
Frage: «Woran denkst Du während des Tanzens?»
Cynthea: «Ganz am Anfang dachte ich während einer Aufführung eher an den Takt oder an die einzelnen Schritte. Heute tanze ich schon jahrelang, und ich achte mehr auf die Musik. Das Gedächtnis ist nun wie bei den meisten Tänzern soweit entwickelt, daß ich nicht mehr nachdenken muß, was als nächstes kommt. Bei manchen Stücken kann es zu Platzproblemen kommen, wenn ich an einem anderen Tänzer vorbei muß. In solchen Momenten kann ich plötzlich nicht mehr der Musik zuhören, und plötzlich sage ich mir dann: Halt, wo ist sie denn nur? Verpasse ich sie vielleicht gerade? Ansonsten achte ich eigentlich immer auf die Musik.»
Frage: «Das geht also noch über das hinaus, worüber wir gerade gesprochen haben? Daß sich die ganze Sache im Prinzip nur um ‹Brush-Hop, Shuffle-Step› dreht? Wo man dann am Ende nur einen einzelnen Bewegungsfluß erreicht ...»
Cynthea: «Ja, Dein Gehirn arbeitet hier wie ein Computer, in dem alles gespeichert ist. Viele Leute fragen z.B. einen Musiker: ‹Wie kann jemand ein Konzertstück spielen, etwa eine Bachsonate, ohne die Partitur zu lesen?› Im allgemeinen geht man in ein Konzert und sieht dort niemals einen Musiker vom Blatt ablesen. Ein Musiker kennt seine Musik. Manchmal schaut er zwar auf die Noten, doch nur in solchen Fällen, in denen ihn sein Gedächtnis im Stich gelassen hat. Jedoch sollte ein Konzertpianist in der Lage sein, sich an einen Flügel zu setzen und eine komplette Sonate zu spielen. Das ist der gleiche Vorgang, es ist lediglich ein Teil seiner selbst.»
Frage: «Dann achtest Du während Deiner Tanzvorstellung tatsächlich nur auf die Musik, und das ist dann schon alles ... Aber was passiert nun bei einer Choreographie?»
Cynthea: «Bei einer völlig neuen Choreographie höre ich mir erst einmal die Musik an. Wenn ich die Augen schließe, sehe ich dann den Bewegungsablauf oder auch nur die Richtung, in die das Ganze gehen soll.»
Frage: «Tanzen wäre also Deiner Meinung nach eine visuelle Kunst?»
Cynthea: «Oh ja, es hat sehr viel mit dem Visuellen zu tun. Im Prinzip besteht Tanzen nur aus einzelnen Zeilen, obwohl sich viele Tänzer dessen nicht bewußt sind. Eigentlich ist jede Bewegung ein bestimmtes Wort, und Du willst damit etwas ausdrücken, ganz gleich, ob es sich dabei um eine richtige Geschichte handelt oder nicht. Sehr viele Tänzer merken überhaupt gar nicht, daß sie von Zeile zu Zeile springen und diese dabei zu einem Ganzen verbinden.»
Frage: «Wie bereitest Du Dich auf eine Vorstellung vor?»
Cynthea: «Nun, vor einem Konzert gehe ich nicht jeden einzelnen Part körperlich durch. Am besten ist für mich, und das werden Dir auch viele Künstler bestätigen, so etwas wie Meditation. Ich schließe die Augen und gehe jede einzelne Bewegung in einem Rutsch durch. Ich lausche der Musik, und dann fühle und sehe ich, wie mein Körper alle Bewegungen ausführt. Ich weiß automatisch, wo sich meine Finger befinden, wo mein Kopf oder mein Hals ist.
»Frage: »Und Du erlebt und spürst also tatsächlich, wie Du tanzt?«

Cynthea: «Ja, obwohl ich in gewissem Sinne völlig losgelöst bin; manchmal erscheint es mir, als ob ich jemanden im Fernsehen tanzen sehe, den ich zwar beobachte, aber gleichzeitig auch fühle …»
Frage: «Wenn Du eine Tanzaufführung siehst, hast Du dann das Gefühl, zu einem gewissen Grade mitzutanzen?»
Cynthea: «Sicherlich, wenn es sich um eine gute Tänzerin handelt. Beispielsweise bei der Makarowa, deren Technik so unglaublich ist, daß sie sich selbst übertrifft. Da sieht man die Technik, und man kann sich nicht einmal im Traum vorstellen, daß sie irgendetwas verpatzen könnte. Und dabei besitzt sie eine solche Musikalität, daß sie über sich selbst hinauswächst und einem das Gefühl gibt, ihre Bewegungen zu verspüren. Doch nur wenige Tänzer sind oder waren dazu in der Lage, zum Beispiel Fred Astaire.»
Frage: «Tanzt Du oder bewegst Du Dich in Deinen Träumen?»
Cynthea: «Nicht mehr so häufig wie früher. Als Kind hatte ich oft einen bestimmten Traum, in dem ich mich bei einem Grand Jeté durch die Luft gleiten sah. Der Grand Jeté ist ein gewaltiger Sprung, und jeder erkennt ihn wieder, sobald er ihn einmal gesehen hat. Das war wirklich ein wunderbarer Traum. Ich befand mich immer im Grand Jeté und stieß mich vom Boden ab und sprang immer weiter und sah garantiert nie nach unten. Das ist so die Sache mit dem Fliegen. Später dann, viele Jahre später, habe ich diesen Traum verloren. Seitdem habe ich nie wieder so ein Gefühl von Unendlichkeit empfunden.»
Frage: «Und wie steht es um die geistigen Aspekte beim Training?»
Cynthea: «Ein sehr wichtiger Punkt. Wenn ich Profis unterrichte, die von sehr guten Schulen kommen, und wir Pirouetten üben, sollten ihnen meiner Meinung nach drei Pirouetten hintereinander kein Hindernis bedeuten. Sie sollten eigentlich so fortgeschritten sein, und doch gelingen ihnen nur zwei Pirouetten. Da haben wir den geistigen Block. Irgendwann wurde ihnen zuviel Technik beigebracht, und so haben sie das Gefühl für eine richtige Drehung verloren. Deshalb mache ich ihnen klar, daß man sich selbst in Balance nicht gegen den Geist versperren sollte. Sie sollen es einfach nur ausführen. Anders ausgedrückt, wenn man die Stange losläßt, um seine Balance finden zu wollen, und einem die Gedanken nur so durch den Kopf schießen, dann klappt gar nichts mehr. Dabei ist es im Grunde so einfach: ‹Das muß ich jetzt machen, um dorthin zu gelangen.› Häufig behindert der Kopf den Ablauf natürlicher Bewegungen.»
Frage: «Werden Tänzer im Laufe der Zeit immer besser, und gibt es etwas wie eine Evolution des Tanzes?»
Cynthea: «Nun, wenn man sich alte Filme mit Anna Pawlowa ansieht, so gab sie sicherlich jedem Tanz ihre persönliche Note, doch von der Technik her war sie nicht mit heutigen Tänzerinnen zu vergleichen. Die Körper haben sich insgesamt weiterentwickelt. Das körperliche Leistungsvermögen der Menschen, insbesondere der Tänzer, ist heute gestiegen. Das soll allerdings nicht bedeuten, daß sie auch im Kopf weiterentwickelt sind, so daß die künstlerische Darbietung besser wird. Ich bin ganz sicher, daß wenn man den Tanz der Anna Pawlowa mit dem einer modernen Tänzerin vergleicht, die Pawlowa für inspirierter halten wird, auch wenn diese moderne Frau ihre Fußspitze an die Nase bringen kann, unendlich lange Beine besitzt und sechs Pirouetten auf einmal dreht anstatt zwei wie die Pawlowa. Die ganze Sache ist sehr individuell. Man braucht sich doch bloß mal die Jungs auf der Straße anzusehen, die ihre Turns [beim Breakdance] *nur mit dem Kopf und den Ellbogen machen!»*

Kapitel 4

Von Stammbäumen, Darwins Theorie und den Ursprüngen der Bipedie

[1] Spezifisch gesehen, bewirken Veränderungen in der Häufigkeit alternierender Allele, daß die Generationen im Laufe der Jahre ein unterschiedliches Aussehen erhalten. Wenn beispielsweise die Augenfarbe von zwei Allelen für verschiedene Augenfarben (einem für blaue Augen und einem für braune Augen) codiert würde, sähe eine Population, in der zu 95 Prozent Allele für blaue Augen vertreten sind, völlig anders aus als eine Population mit 95 Prozent Braunäugigkeits-Allelen. Demnach wären die Einzelkomponenten innerhalb beider Gruppen zwar gleich, dennoch würden die relativen Beträge der verschiedenen Alleltypen (für Augenfarbe) die Populationen – in bezug auf die Augenfarbe – generell unterschiedlich aussehen lassen (wobei Überlappungen möglich sind). In diesem Sinn kann Evolution einfach als Veränderung der Allelenhäufigkeiten verstanden werden.

[2] Soviel zur freundlicheren Seite von Malthus. Allerdings wird man in den meisten Lehrbüchern zum Thema Evolution kaum etwas über Malthus Vorschläge zur Beschränkung der menschlichen Bevölkerung finden, die er in *An Essay on the Principle of Population* (erschienen bei W. W. Norton, 1976) veröffentlichte. Er meinte, die Armen bekämen zuviele Kinder, und schlug deshalb vor, die Gesetze abzuschaffen, die den Hungertod jener armen Kinder verhindern sollten (d.h. jener Gesetze, die ihnen das Recht auf Beköstigung und Unterstützung durch die Pfarrgemeinden einräumten). Ferner schlug er vor, man sollte die unteren Klassen davon in Kenntnis setzen, daß es sittlich verwerflich sei, wenn ein Mann heiratet und Kinder in die Welt setzt, solange er nicht weiß, wie er seine Familie ernähren soll. Falls ein Armer dennoch heiraten sollte, so «müsse man ihm sämtliche Unterstützung durch die Pfarrgemeinden entziehen, und er solle allein dem Gutdünken privater Mildtätigkeit ausgesetzt sein. Man sollte ihm bewußt machen, daß er und seine Familie durch die Naturgesetze, die die Gesetze Gottes sind, zum Untergang verdammt sei, da er wiederholt gegen diese verstoßen habe, und daß er gegenüber der Gesellschaft auch nicht den geringsten Rechtsanspruch auf eine Brotkrume zu seiner Ernährung besitze ... (Seite 135-136).» Dies war selbst in der damaligen Zeit ein brisantes Thema; und vielleicht war die satirische Schrift *Modest Proposal for Preventing the Children of Poor People from being a Burden to their Parents or the Country* des Iren Jonathan Swift die wohl berühmteste Retourkutsche auf Malthus Essay. Swift schlug darin maliziös vor, die Babys der irischen Bevölkerung ordentlich zu mästen, damit sie eine schmackhafte Speise für die Reichen ergäben.

[3] Einige Wissenschaftler datieren den gemeinsamen Vorfahren auf sechs bis sieben Millionen Jahre v.h., während andere seine Entstehung eher mit vier bis fünf Millionen Jahren angeben. Nach meiner Ansicht ist der Zeitpunkt «fünf Millionen Jahren vor heute» ein guter Schätzwert.

[4] Die Baumbewohner-Theorie (engl. *arboreal theory*) wurde zu Beginn dieses Jahrhunderts durch Elliot Smith und F. Wood Jones erarbeitet. Siehe dazu auch Jones Buch *Arboreal Man*, das 1916 bei E. Arnold erschienen ist. In einer neueren Arbeit stellte Matt Cartmill heraus, daß Primaten im allgemeinen gut darauf adaptiert sind, Insekten zu erbeuten. Seine «Theorie vom Käferfang (engl. *bug-snatching theory*)» läßt die Baumbewohner-Theorie in einem neuen Licht erscheinen. Cartmill, M.: *Rethinking primate origins.* Science 184, 436-443 (1974).

[5] Siehe hierzu Zihlmann, A.: *Pygmy chimps, people, and the pundits.* New Scientist (vom 15. November 1984), 39-40.

[6] In der Diskussion um den Knöchelgang ist das letzte Wort noch nicht gefallen. Die vierte bedeutende Menschenaffenart, der Orang Utan, ist kein Knöchelgänger. Orang Utans stammen aus Asien und sind wesentlich entfernter mit dem Menschen verwandt als Gorilla und Schimpanse. Ihnen fehlen der für den Knöchelgang erforderliche Knochenbau, möglicherweise aus dem einfachen Grund, weil sie ihn niemals benötigen. Tatsächlich halten sich Orang Utans so gut wie nie auf dem Boden auf, und wenn dies doch einmal vorkommt, sitzen oder laufen sie eher auf ihren Fäusten oder Handtellern als auf den Knöcheln. Obgleich die Orang Utans keine Knöchelgänger sind, kann man dennoch die interessante Beobachtung machen, daß alle vier Menschenaffenarten auf die ein oder andere Weise ihre Hände zur Faust ballen, wenn sie sich auf dem Boden bewegen. Möglicherweise handelt es sich hier um ein Merkmal, das sie von ihrem gemeinsamen Vorfahren geerbt haben.

[7] Leakey, M.D.: *Pliocene footprints at Laetoli, northern Tanzania.* Antiquity 52, 133 (1978). Siehe auch Leakey, M.D., und R.L. Hay: *Pliocene footprints in the Laetoli Beds at Laetoli, northern Tanzania.* Nature 278, 317-323 (1979).

[8] Tuttle, R.H.: *Kinesiological inference and evolutionary implications from Laetoli bipedal trails G-1, G-2/3, and A.* Aus M.D. Leakey und J.M. Harris (Hrsg.): *Laetoli, A Pliocene Site In Northern Tanzania.* Clarendon Press, Oxford (1987), 503-523.

[9] Trotz einiger innerer Widersprüche ist Tuttles Arbeit sehr sorgfältig, und er reagierte so geschickt auf seiner Kritiker, daß er mich beispielsweise davon überzeugte, die Zehenknochen, die den Laetoli-Abdruck hinterließen, seien vermutlich nicht gebogen, sondern abgeflacht gewesen.

[10] Washburn, S.L.: *Tools and human evolution.* Scientific American 203, 63-75 (1960).

[11] Die separate Evolution einzelner Körperteile mit jeweils unterschiedlichem evolutionären Tempo wird auch als «Mosaikevolution» bezeichnet.

[12] Tatsächlich wird Sherwood Washburns Name mit beiden Theorien in Verbindung gebracht.

[13] Heute wird diese durch Linton aufgestellte These von zahlreichen Anthropologen unterstützt. Linton, S.: *Woman the gatherer: Male bias in anthropology.* Aus W. Jacobs (Hrsg.): *Women in Cross-Cultural Perpective.* University of Illinois Press, Champaign-Urbana (1971), 9-21.

[14] Boesch, C., und H. Boesch: *Possible causes of sex differences in the use of natural hammers by wild chimpanzees.* Journal of Human Evolution 13, 415-440 (1984).

[15] Shipman, P.: *Scavening or hunting in early hominids: Theoretical framework and tests.* American Anthropologist 88, 27-43 (1986).

[16] Lovejoy, C.O.: *The origin of man.* Science 211, 341-350 (1981).

[17] Zihlman, A.L.: *Gathering stories for hunting human nature: A review essay.* Feminist Studies 11, 365-377 (1985).

[18] a.a.O., 374. Auf Seite 346 seines Buches *Origin* (vgl. Anmerkung 16 aus Kapitel 4) meint Lovejoy: «Frauen sind dauernd empfängnisbereit (79) ...» In Anmerkung 79 (S. 350) heißt es «D.C. Johanson, persönliche Mitteilung.»

[19] Tanner, N.M.: *Gathering by females: The chimpanzee model revisited and the gathering hypothesis.* Aus W.G. Kinzey (Hrsg.): *The Evolution of Human Behavior: Primate Models.* State University of New York Press (1987), 3-27; s. Seiten 14, 18.

[20] Goodall, J.: *The Chimpanzees of Gombe.* Belknap Press, Cambridge (1986).

[21] Wenn ich gelegentlich etwas über die relative Größe des menschlichen Penis lese, werde ich automatisch an ein persönliches Erlebnis erinnert, das mir 1979 während eines Forschungsaufenthaltes am Smithonian Institute widerfuhr. Damals betrat ich einen großen Raum, in dem verschiedene in Alkohol konservierte

Exponate standen, und suchte nun die Regale nach Primatenhirnen ab. Während ich in einen Glasbehälter starrte, kam mir der Gedanke: «Das sieht doch aus wie ein ... nein, das kann nicht sein.» Als mein Blick zum nächsten Glas wanderte, dachte ich mir: «Komisch, das hier ähnelt ebenfalls ... Oh, nein!» Beim dritten Glasbehälter wurde mir dann klar, daß ich auf eine Sammlung konservierter Penisse gestoßen war. Zugegebenermaßen habe ich mir die ganze Kollektion mit einem gewissen Gefühl von Ehrfurcht angesehen. Die Formvielfalt bei diesem wohl wichtigsten aller tierischen Anhängsel ist doch recht beachtlich!

Nach Aussagen William G. Eberhards, einem Experten für Genitalien im Tierreich, beruht der Selektionsfaktor, der die Größe des menschlichen Penis erklärt, höchstwahrscheinlich auf der taktilen Reizung der Frau. Bei sexueller Erregung scheint der weibliche Gebärmutterhals (Cervix) tatsächlich von der Scheidenöffnung zurückzuweichen. Jedoch können sensorische Reize, die durch eine vorgestreckte Eichel des männlichen Gliedes ausgelöst werden, Kontraktionen des weiblichen Genitaltraktes auslösen, die wiederum den Transport des Spermas unterstützen, so daß die Wahrscheinlichkeit einer Empfängnis generell erhöht wird. Demnach könnte ein zusätzlicher sexueller Selektionsfaktor für die Ausbildung großer Penisse entstanden sein, indem sich die Frauen für solche Männer entschieden, die eine hinreichend hohe sexuelle Stimulierung gewährleisteten (siehe Eberhard, W. G.: *Sexual Selection and Animal Genitalia.* Harvard University Press, Cambridge (1985), 145).

[22] Sinclair, A.R.E., M.D. Leakey und M. Norton-Griffith: *Migration und hominid bipedalism.* Nature 324, 307-308 (1987).

[23] Wheeler, P.E.: *Stand tall and stay cool.* New Scientist, 62-65 (vom 12 Mai 1988).

[24] Wheeler, P.E.: *The loss of functional body hair in man: The influence of thermal environment, body form and bipedality.* Journal of Human Evolution 14, 23-28 (1985). Vergleiche auch Wheeler, P.E.: *The Evolution of bipedality and loss of functional body hair in hominids.* Journal of Human Evolution 13, 91-98 (1984).

[25] Wrangham, R.W.: *The significance of African apes for reconstructing human social evolution.* Aus W.G. Kinzey (Hrsg.): *The Evolution of Human Behavior: Primate Models.* State University of New York Press (1987), 51-71.

[26] Richards, G.: *Freed hands or enslaved feet? A note on the behavioural implications of ground-dwelling bipedalism.* Journal of Human Evolution 15, 143-150 (1984); s. Seite 146.

[27] Zur Zeit der Drucklegung dieses Buches kursieren einige Berichte, man habe in Äthiopien weitere Fossilfragmente gefunden, die *Australopithecus afarensis* zuzuschreiben sind. Anderen Gerüchten zufolge sollen diese Fossilien älter als die in der Vergangenheit entdeckten Funde von Hadar (oder Laetoli) sein.

Kapitel 5

Das Gehirn von Männern und Frauen

[1] Sperry teilte sich den Nobelpreis gemeinsam mit David Hubel und Torsten Wiesel, die auf dem Gebiet der Hirnforschung (Hirnstrukturen und Visualisierung) bahnbrechende Forschungsergebnisse leisteten.

[2] Sperry, R.W.: *Mental unity following surgical disconnection of the cerebral hemispheres.* Aus: The Harvey Lecture Series, Band 62, Academic Press, New York (1968).

[3] Sperry, R.W.: *Consciousness, personal identity, and the divided brain.* Eine öffentliche

Vorlesung, die 1977 an der Smithsonian Institution gehalten wurde. Siehe auch: Benson, D.F., und E. Zaidel (Hrsg.): *The Dual Brain*. The Guilford Press, New York (1985), 11-26; s. Seite 17.

[4] Einen Überblick über diese und andere Techniken findet man in Springer, S., und G. Deutsch: *Left Brain, Right Brain*. W. H Freeman and Co. (1989). [Dtsch. *Linkes/ Rechtes Hirn*. Spektrum – Akademischer Verlag, Heidelberg 1992] Ferner siehe McGlone, J.: *Sex differences in human brain asymmetry: A critical survey*. Behavioral and Brain Sciences 3, 215-263 (1980).

[5] Einen Überblick findet man in Falk, D.: *Brain lateralization in primates and its evolution in hominids*. Yearbook of Physical Anthropology 30, 107-125 (1987).

[6] Weitere Details finden sich bei Geschwind, N., und A.M. Galaburda: *Cerebral Lateralization: Biological Mechanisms, Associations, and Pathology*. MIT Press, Cambridge (1987).

[7] Weitere Beispiele finden sich bei Gazzaniga, M.S., und J.E. LeDoux: *The Integrated Mind*. Plenum Press, New York (1978).

[8] J.E. Bogen stellt ein Resümee zusammen in: A.G. Reeves (Hrsg.): *Epilepsy and the Corpus Callosum*. Plenum Press; New York (1985), 515-524; s. Seite 518.

[9] Ferguson, S.M., M. Rayport und W.S. Corrie: *Neuropsychiatric observations on behavioral consequences of corpus callosum section for seizure control*. Aus Reeves (Anmerkung 8, Kapitel 5), 501-514; s. Seite 504.

[10] Zur Diskussion siehe Sperry (Anmerkung 3, Kapitel 5).

[11] Zahlreiche Studien berichten über ein unterschiedlich ausgeprägtes Lateralisierungsmuster bei Musikern und unmusikalischen Menschen; ferner gibt es einige Hinweise, daß Menschen mit feinem musikalischen Gehör ihre linke Hemisphäre verwenden, um Melodien wiederzuerkennen. Ein Literaturüberblick zu diesem Thema findet sich bei Falk, D.: *Brain lateralization*. (Anmerkung 5, Kapitel 5).

[12] Sperry (Anmerkung 3, Kapitel 5), Seite 23.

[13] Hyde, J.S., und M.C. Linn: *Gender differences in verbal ability: A meta-analysis*. Psychological Bulletin 104, 53-69 (1988).

[14] Hyde, J.S., E. Fennema und S.J. Lamon: *Gender differences in mathematics performance: A meta-analysis*. Psychological Bulletin 107, 139-155 (1990).

[15] Ein Überblick erfolgt in Falk, D.: *Brain lateralization*. (Anmerkung 5, Kapitel 5).

[16] Diese Abbildung stellte Roland Guay freundlicherweise zur Verfügung. Weitere Informationen finden sich bei Guay, R., und E. McDaniel: *Correlates of performance on spatial aptitude tests*. Final Report grant No. DAHC 19-77-G-0019 (Alexandria, VA: U. S. Army Research Institute for the Behavior and Social Sciences, 1978). Die richtige Antwort ist B.

[17] Diese Unterschiede werden ausführlich bei Hines diskutiert; Hines, M.: *Gonadal hormones and human cognitive development*. Aus J. Balthazart (Hrsg.): *Hormones, Brains, and Behavior*. Comparative Physiology 8, 51-63. Siehe hierzu auch: Allen, L.S., M. Hines, J.E. Shryne und R.A. Gorski: *Two sexually dimorphic cell groups in the human brain*. The Journal of Neuroscience 9, 497-506 (1989). Eine Zeitlang hatte man angenommen, daß das Corpus callosum bei Frauen größer sei als bei Männern. Diese Messungen erwiesen sich jedoch mehrfach als nicht reproduzierbar, so daß heute geschlechtsspezifische Größenunterschiede des Corpus callosum als unwahrscheinlich gelten. Eine ausgezeichnete Übersicht lieferten Witelson, S.F. und D.L. Kigar: *Neuroanatomical aspects of hemisphere specialization in humans*. Aus D. Ottoson (Hrsg.): *Duality and Unity of The Brain*. Proceedings of an International Symposium at the Wenner-Gren Center, Stockholm (29.-31. Mai 1986). Macmillan, New York (1987), Seite 466-495.

[18] McGlone, J. (Anmerkung 5, Kapitel 5)

[19] Kimura, D.: *Sex differences in cerebral organization for speech and praxic functions*.

Canadian Journal of Psychology 37, 19-35 (1983); Kimura, D., und R.A. Harshman: *Sex differences in brain organization for verbal and nonverbal functions.* Progress in Brain Research 61, 423-441 (1984). Siehe hierzu eine weitere Untersuchung, die Beweise gegen geschlechtsspezifische Unterschiede zwischen beiden Hemisphären vorbringt: Kertez, A., und T. Benke: *Sex equality in intrahemispheric language organization.* Brain and Language 37, 401-408 (1989).

[20] Weitere Informationen über derartige asymmetrische Lobenüberhänge (engl. *petalias*) finden sich bei LeMay, M.: *Morphological cerebral asymmetries of modern man, fossil man, and nonhuman primates.* Annals of the New York Academy of Sciences 280, 349-360 (1976); Galaburda, A.M., M. LeMay, T.L. Kemper und N. Geschwind,: *Right-left asymmetries in the brain.* Science 199, 852-856 (1978). LeMays Ergebnisse werden durch Bear *et al.* bestätigt. Bear, D., D. Schiff, J. Saver, M. Greenberg und R. Freeman: *Quantitative anlysis of cerebral asymmetries.* Archives of Neurology 43, 598-603 (1986). Die Befunde von Bear *et al.* über verstärkte umgekehrte Asymmetrien bei Frauen stimmen mit einer weiteren Untersuchung überein, in der von einer verstärkten Asymmetrie bei Frauen gegenüber dem normalen Muster eines längeren linksseitigen Planum temporale die Rede ist. Wada, J.A., R. Clark und A. Hamm: *Cerebral hemisphere asymmetry in humans.* Archives of Neurology 32, 239-246 (1975).

[21] Im November 1988 trugen Kimura und Hampson ihre Resultate auf dem Treffen der Society for Neurosciences in Toronto vor. Vergleiche: Hampson, E., und D. Kimura: *Reciprocal effects of hormonal fluctuations on human motor and perceptual-spatial skills.* Behavioral Neurosciences 102, 456-459 (1988).

[22] Berenbaum, S.A., und M. Hines: *Hormonal influences on sextyped toy preferences.* Der Artikel wurde 1989 der Society for Research in Child Development in Kansas City (Missouri) vorgetragen.

[23] Hines, (Anmerkung 17, Kapitel 5), Seite 51-63.

[24] Flor-Henry, P.: *Functional hemispheric asymmmetry and psychopathology.* Integrated Psychiatry 1, 46-52 (1983).

[25] Falk, D., L. Konigsberg, C. Helmkamp, J. Cheverud, M. Vannier und C. Hildebolt: *Endocranial suture closure in rhesus macaques (Macaca mulatta).* American Journal of Physical Anthropology 80, 417-428 (1989); Konigsberg, L., D. Falk, C. Hildebolt, M. Vannier, J. Cheverud und C. Helmkamp: *External brain morphology in rhesus macaques (Macaca mulatta).* Journal of Human Evolution 19, 269-284 (1990); Masters, A., D. Falk und T. Gage: *Effects of age and gender on the location and orientation of the foramen magnum in rhesus macaques (Macaca mulatta).* American Journal of Physical Anthropology 86, 75-80 (1991).

[26] Weiss, R.: *Women's skills linked to estrogen levels.* Science News 134, 341 (1988).

[27] Robinson, T.E., J.B. Becker, D.M .Camp und A. Mansour: *Variation in the pattern of behavioral and brain asymmetries due to sex differences.* Aus S.D. Glick (Hrsg.): *Cerebral Lateralization in Nonhuman Species.* Academic Press, New York (1985), 185-231; s. Seite 195.

[28] Dieser Abschnitt wird auszugsweise in einem Sonderband des Wenner-Gren International Symposium on Tools, Language and Intelligence (Cambridge University Press, New York; herausgegeben von Kathleen Gibson und Tim Ingold) veröffentlicht, das 1990 im portugiesischen Cascais stattfand.

[29] Gaulin, S.J.C., und R.W. FitzGerald: *Home-range size as a predictor of mating systems in Microtus.* Journal of Mammalogy 69, 311-319 (1988). (– ; –): *Sexual selection for spatial-learning ability.* Animal Behavior 37, 322-331 (1989).

[30] Nottebohm, F.: *Asymmetries in neural control of vocalization in the canary.* Aus S. Harnad, R. Doty, L. Goldstein, J. Jaynes und G. Krauthamer (Hrsg.): *Lateralization*

in the Nervous System. Academic Press, New York (1977), 23-44; (–): *From bird song to neurogenesis.* Scientific American, 74-79 (Februar 1989).

[31] Falk, D., C. Hildebolt, J. Cheverud, M. Vannier, C. Helmkamp und L. Königsberg: *Cortical asymmetries in frontal lobes of rhesus monkeys (Macaca mulatta).* Brain Research 512, 40-45 (1990).

[32] Wynn, T.: *The Evolution of Spatial Competence.* University of Illinois Press, Champaign-Urbana (1989).

[33] Zum Abschluß zwei Dinge zur Erinnerung: (1) Mit hoher Wahrscheinlichkeit werden Gene, die in einem Geschlecht selektiert werden, das andere Geschlecht beeinflussen. (2) Zu einem nicht unerheblichen Teil decken sich die Fähigkeiten von Männern und Frauen.

Kapitel 6

Lucys Kind: Verwechslung im Krankenhaus

[1] Johanson, D.C.: *Ethiopia yields first «family» of early man.* National Geographic 150, 293-297 (1976).

[2] Johanson, D.C., und M. Taieb: *Plio-Pleistocene hominid discoveries in Hadar, Ethiopia.* Nature 260, 293-297 (1976).

[3] Museumsexponaten gibt man normalerweise Zuordnungskürzel, die einen Hinweis auf den Fundort bzw. das Museum geben, in dem sie aufbewahrt werden. So steht beispielsweise das Kürzel KNM-ER für Kenya National Museums, East Rudolf. KNM-WT wiederum besagt, daß es sich um dasselbe Museum, jedoch um den Fundort West Turkana handelt, und OH steht für Olduvai Hominide.

[4] Weitere Informationen über Klima und Habitat an der Fundstele Hadar findet man in: Bonnefille, R., A. Vincens, und G. Buchet: *Palynology, stratigraphy and palaeoenvironment of a Pliocene hominid site (2.9-3.0 M.Y.) at Hadar, Ethiopia.* Paleogeography, Paleoclimatology, Paleoecology 60, 249-281 (1987). Weitere Informationen über Laetoli bei: Bonnefille, R., und G. Riollet: *Palynological spectra from the upper Lateolil beds.* Aus M.D. Leakey und J.M. Harris, (Hrsg.): *Laetoli, A Pliocene Site in Northern Tanzania.* Clarendon Press, Oxford (1987), 52-61.

[5] *International Code of Zoological Nomenclature*, International Trust for Zoological Nomenclature, London, 2. Auflage (1964). (Mittlerweile gibt es zwar eine 3. Auflage des *Code* aus dem Jahre 1985, doch war zur Zeit, als *Australopithecus afarensis* seinen Namen erhielt, die 2. Auflage gültig.)

[6] Johanson, D.C., T.D. White und Y. Coppens: *A new species of the genus Australopithecus (Primates: Hominidae) from the pliocene of eastern Africa.* Kirtlandia 28, 1-14 (1978); s. Seite 8.

[7] Boaz, N.T., F.C. Howell und M.L. McCrossin: *Faunal age of the Usno, Shungura B and Hadar Formations, Ethiopia.* Nature 300, 633-635 (1982).

[8] Johanson, D.C., und T.D. White: *A systematic assessment of early African hominids.* Science 203, 321-330 (1979).

[9] Beispiele finden sich in der Korrespondenz von M.H. Day, M.D. Leakey und T.R. Olson sowie bei Leakey, R.E.F., und A. Walker: *On the status of Australopithecus afarensis.* Science 207, 1102-1103 (1980).

[10] Da die Lorbeeren eigentlich immer dem Erstbeschreiber gebühren, soll hier erwähnt werden, daß Tobias in seiner klassischen Monographie über *Zinjanthropus* das Blutgefäßsystem im Kopf der robusten Australopithecinen erwähnt.

Siehe hierzu: Tobias, P.V.: *Olduvai Gorge*, Band 2, Cambrigde University Press, New York (1967). Holloway war als erstem aufgefallen, daß die in Hadar gefundenen Fossilien ebenfalls solche Sinus aufwiesen. Holloway, R.L.: *The endocast of the Omo juvenile L338y-6 hominid specimen.* American Journal of Physical Anthropology 54, 109-118 (1981).

[11] Browning, H.: *The confluence of dural venous sinuses.* American Journal of Anatomy 93, 307-329 (1953).

[12] Johanson, D.C., und J. Shreeve: *Lucy's Child.* William Morrow, New York (1989), 117. (Dtsch: *Lucys Kind – Auf der Suche nach den ersten Menschen.* Serie Piper, Neuausgabe München [1992].)

[13] Auszugsweise sollen Kimbels und Whites Argumente im Zusammenhang mit dem Blutgefäßsystem der Australopithecinen wie folgt zitiert werden (Der volle Wortlaut findet sich in Kimbel, W.H., und T.D. White: *Variation, sexual dimorphism and the taxonomy of Australopithecus.* Aus F. Grine [Hrsg.]: *Evolutionary History of the "Robust" Australopithecines.* Plenum Press, New York [1988], 175-192.):
«Die von Falk und Conroy gezogenen Schlußfolgerungen über das venöse Blutgefäßsystem im Cranium wurden in anderen Publikationen (Kimbel, 1984; Kimbel *et al.*, 1985) kritisch gesichtet und daher an dieser Stelle nicht angesprochen. (186)»
Im obigen Zitat der Publikation aus dem Jahre 1985 (Kimbel, W.H., T.D. White und D.C. Johanson: *Craniodental morphology of the hominids from Hadar and Laetoli: Evidence of «Paranthropus» and Homo in the mid-Pliocene for eastern Africa?* Aus E. Delson (Hrsg.): *Ancestors: The Hard Evidence.* Alan R. Liss, New York (1985), 120-137), welches das craniale venöse Blutgefäßsystem kritisch untersucht, lesen wir: «Detaillierte Diskussionen über den Verlauf des venösen Abflusses und dessen Bedeutung zur Rekonstruktion der Hominidenphylogenie finden sich bei anderen Autoren (Falk und Conroy, 1983; Kimbel, 1984). Deshalb sollen sie an dieser Stelle nicht wiederholt werden. (36)»
Abschließend wendet sich Kimbel dem zitierten Artikel aus dem Jahre 1984 zu und zählt die Ansichten aus Johansons Lager auf; dabei zitiert oder diskutiert er, anders als in seinen zuvor erwähnten Behauptungen, mit keinem Wort die von Conroy und mir erbrachten Beweise für ein craniales venöses Blutgefäßsystem. Kimbel, W.H.: *Variation in the pattern of cranial venous sinuses and hominid phylogeny.* American Journal of Physical Anthropology 63, 243-263 (1984).

[14] a.a.O., Seite 243.

[15] Johanson, D.C., und J. Shreeve (Anmerkung 12, Kapitel 6), Seite 122.

[16] In Wirklichkeit wurde dieses Fossil 1985 gefunden, seine Entdeckung jedoch erst 1986 publiziert (siehe nächste Anmerkung).

[17] Walker, A., R.E. Leakey, J.M. Harris und F.H. Brown: *2.5-Myr Australopithecus boisei from west of Lake Turkana, Kenya.* Nature 322, 517-522 (1986).

[18] Siehe hierzu: Falk, D.: *Hominid evolution (letter).* Science 234, 11 (1986).

[19] Tuttle hat über dieses Thema eine ausgezeichnete Übersicht verfaßt. Tuttle, R.H.: *What's new in African paleoanthropology?* Annual Review of Anthropology 17, 391-426 (1988); s. Seite 397.

[20] Skelton, R.R., H.M. McHenry und G.M. Drawhorn: *Phylogenetic analysis of early hominids.* Current Anthropology 27, 21-43 (1986).

[21] Howell, F.C., Vorwort aus F. Grine (Hrsg): *Evolutionary History of the "Robust" Australopithecines.* Aldine de Gruyter, New York (1988), XII.

[22] Leakey, L.S.B., P.V. Tobias und J.R. Napier: *A new species of the genus homo from Olduvai Gorge.* Nature 202, 7-10 (1964).

[23] Brown, F., J. Harris, R. Leakey und A. Walker: *Early Homo erectus skeleton from west Lake Turkana, Kenya.* Nature 316, 788-792 (1985).

[24] Johanson, D.C., F.T. Masao, G.G. Eck, T.D. White, R.C. Walter, W.H. Kimbel, B. Asfaw, P. Manega, P. Ndessokia und G. Suwa: *New partial skeleton of Homo habilis from Olduvai Gorge. Tanzania.* Nature 327, 205-209 (1987).
[25] a.a.O., Seite 209.

Kapitel 7

Die «Kühlertheorie» zur Evolution des Gehirns

[1] Nach Möglichkeit wurden alle (sofern vorhanden) Venenaustrittsstellen im hinteren Schädelbereich untersucht, d.h die Foramina der Venae emissariae condylares (im Hinterhauptbein), Venae emissariae mastoideae (im Warzenfortsatz, einem Deckknochen der Ohrkapsel), Venae emissariae occipitales (ebenfalls im Hinterhauptbein) und Venae emissariae parietales (im Scheitelbein). Ferner untersuchte ich, ob die Canales hypoglossales (einem Nerven-Blutkanal, der durch das Hinterhauptbein austritt) einfach oder verzweigt verliefen, und selbstverständlich überprüfte ich, ob ein vergrößertes Sinussystem vorhanden war. Die Eckdaten und vorläufige Analyse finden sich in: Falk, D.: *Evolution of cranial blood drainage in hominids: Enlarged occipital/marginal sinuses and emissary foramina.* American Journal of Physical Anthropology 70, 311-324 (1986).

[2] Eine frühere, inspirierende Untersuchung G.I. Boyds ergab, daß derartige Venenaustrittstellen (Foramina) weitaus seltener bei Menschenaffen als beim Menschen vorkommen. Diese Studie veranlaßte mich, bei fossilen Hominidenschädeln nach derartigen Foramina zu suchen. Manchmal können auch alte, längst vergessene Artikel eine wahre Fundgrube sein. Siehe hierzu: Boyd, G.I.: *The emissary foramina of the cranium in man and the anthropoids.* Journal of Anatomy 65, 108-121 (1930).

[3] Baker, M.A.: *A brain-cooling system in mammals.* Scientific American 240, 130-139 (1979); s. Seite 136.

[4] Cabanac, M., und H. Brinnel: *Blood flow in the emissary veins of the human head during hyperthermia.* European Journal of Applied Physiology 54, 172-176 (1985).

[5] Vergleiche hierzu: Falk, D.: *Brain evolution in Homo: The «radiator» theory.* Behavioral and Brain Sciences 13, 333-381 (1990).

[6] Zihlman, A.L.,und B.A. Cohn: *Responses of homonid skin to the savanna.* Suid-Afrikaanse Tydskrif vir Wetenskap 82, 89-90 (1986); –, – : *The adaptive response of human skin to the savanna.* Human Evolution 3, 397-409 (1988).

[7] Die äußeren Umstände, unter denen *Homo sapiens* aus *Homo erectus* hervorging, vereinigen viele Paläoanthropologen (wenn auch nicht alle) in einem Lager gegen die Molekulargenetiker (siehe Kapitel 3). Aufgrund von molekularen Untersuchungen an Mitochondrien-DNS (die in anderen Zellbestandteilen außerhalb des Zellkerns sitzt und deshalb nur von der mütterlichen Linie [im Plasma der Eizelle] weitergegeben werden) wurde die These aufgestellt, alle heute lebenden Menschen stammten von einer einzigen Frau ab, die vor nicht einmal 200.000 Jahren in Afrika lebte (diese Theorie ist auch unter dem Schlagwort «Eva der Mitochondrien» bekannt). Sehr wahrscheinlich zog die Sapiens-Gruppe, zu der Eva gehörte, aus Afrika fort, wanderte in die übrigen Erdteile ein und verdrängte alle dort ansässigen Hominidengruppen. (Diese Theorie wurde vor etwa zehn Jahren durch den Paläontologen Christopher Stringer unter dem Namen «Afro-Europäische Sapiens-Hypothese» in die Welt gesetzt.) Sollte sich

diese mitochondriale Theorie bewahrheiten, so müßten demnach viele der bekannten Fossilien von Hominiden stammen, die quasi ohne Nachkommenschaft ausgestorben sind – eine Ansicht, die von vielen Kritikern als reine Gegenspekulation ausgelegt wird. Viele Paläoanthropologen lehnen diese Theorie daher ab, und zwar aus zwei Gründen: Zum einen beruhe sie auf falschen Vorstellungen über die Mutationsrate mitochondrialer DNS, zum anderen werde dabei die denkbare Rolle dieser DNS als Werkzeug der natürlichen Selektion nicht berücksichtigt. Ferner vermuten sie, die molekulare Uhr (für Mitochondrien-DNS) würde bei richtiger Kalibrierung sehr wahrscheinlich belegen, daß in Wirklichkeit vor gut einer Millionen Jahren *Homo erectus* – und nicht etwa der wesentlich jüngere *Homo sapiens* – aus Afrika emigrierte. Die Gegner der «Eva-Hypothese» gehen davon aus, daß *Homo sapiens* gleichzeitig in verschiedenen Erdteilen entstanden ist. Diesen Vorgang bezeichnet C. Loring Brace als die «Regionale Kontinuitäts-Hypothese». Siehe hierzu: Brace, C.L.: *Tales of the phylogenetic woods: The evolution and significance of evolutionary trees.* American Journal of Physical Anthropology 56, 411-429 (1981). Nach Braces Überzeugung zeichnete sich ein Entwicklungtrend, der von den Frühmenschen zum Jetztmenschen führte, dadurch aus, daß Gebiß und Knochenbau weniger robust wurden. Das gleichzeitige Aufkommen des *Homo sapiens* in mehreren Regionen hing nach seiner Meinung von einem verringerten Selektionsdruck für große, kräftige Körpermerkmale (Knochen, Zähne) ab, was wiederum parallel zur raschen Verbesserung der Nahrungssuche (bessere Jagd- und Kochtechniken) ablief. Der interessierte Leser sei auf folgendes Werk verwiesen: Brace, C.L.: *The Stages of Human Evolution.* Prentice Hall, 4. Auflage, Englewood Cliffs, NJ (1991).

[8] Stringer, C.B., und R. Grün: *Time for the last Neandertals.* Nature 351, 701-702 (1991).

[9] Pfeiffer, J.E.: *The Creative Explosion.* Harper und Row, New York (1982). Eine andere Sichtweise findet sich bei: Stringer, C.B.: *The emergence of modern humans.* Scientific American, 98-104 (Dezember 1990).

Kapitel 8

Braindance oder das Hirn der schönen Künste

[1] Zilles, K., E. Armstrong, A. Schleicher und H.-J. Kretschmann: *The human pattern of gyrification in the cerebral cortex.* Anatomy and Embryology 179, 173-179 (1988)

[2] Scheibel, A.B., L.A. Paul, I. Fried, A.B. Forsythe, U. Tomiyasu, A. Wechsler, A. Kao und J. Slotnik: *Dendritic organization of the anterior speech area.* Experimental Neurology 87, 109-117 (1985).

[3] Passingham, R.E.: *The brain and intelligence.* Brain Behavior and Evolution 11, 1-15 (1975).

[4] Einer meiner Freunde, William Calvin, hat eine etwas anders verlautende Theorie über die Evolution der neurologischen Grundlagen des Sequenzverständnis aufgestellt. Nach seiner Ansicht konnte dies entstehen, weil die Selektion das Wurfvermögen gefördert hat. Calvin, W.: *The Throwing Madonna: Essays on the Brain.* McGraw-Hill, New York (1983).

[5] Maser, J.D., und G.G. Gallup: *Theism as a by-product of natural selection.* Journal of Religion 70, 515-532 (1990).

[6] Köhler, W.: *The Mentality of Apes*. Routledge & Kegan Paul, London (1925); Liveright, New York (1976); Seite 145 der amerikanischen Ausgabe.
[7] Maser und Gallup (Anmerkung 5, Kapitel 8), Seite 14.
[8] a.a.O., Seite 19.
[9] Allerdings sind, wie aus Bahns Artikel hervorgeht, nicht alle Wissenschaftler dieser Ansicht. Tatsächlich erwies sich die Diskussion um Hominidenfossilien, die mit Kannibalismus in Zusammenhang gebracht wurden, als sehr kontroverses Thema, das viele Befürworter und Gegner besitzt. Siehe hierzu: Bahn, P.G.: *Eating people is wrong*. Nature 348, 395 (1990).
[10] Harris, D.R.: *Aboriginal subsistence in a tropical rain forest environment: food procurement, cannibalism, and population regulation in northeastern Australia*. Aus M. Harris und E.B. Ross (Hrsg.): *Food and Evolution*. Temple University Press, Philadelphia (1987), 357-385; s. Seite 372.
[11] Falk, D.: *Implications of the evolution of writing for the origin of language: Can a paleoneurologist find happiness in the Neolithic?* Proceedings of NATO Advanced Study Institute, aus B. Chiarelli, P. Liebermann und J. Wind (Hrsg.): *The origins of Human Language*. Kluwer Academic Press, Niederlande (1991).
[12] Schmandt-Besserat, D.: *The earliest precursor of writing*. Scientific American 238, 51-59 (1978). (–): *Oneness, twoness, threeness; How ancient accountants invented numbers*. The Sciences 20, 44-48 (1987).
[13] Siehe hierzu auch Alexander Marshacks Beitrag über paläolithische Kunst. Marshack, A.: *Hierarchical Evolution of the Human Capacity: The Paleolithic Evidence*. 54. James Arthur Lecture on the Evolution of the Human Brain, American Museum of Natural History, New York (1985).
[14] Lewin, R.: *In the Age of Mankind*. Smithsonian Books, Washington, D.C. (1988), 142-143.
[15] Die Brisanz dieses Themas wird in einem Artikel unterstrichen, den Ehrlich und Wilson 1991 veröffentlichten. Beinahe 40 Prozent aller Nahrungsquellen für Landtiere und Zersetzungsorganismen werden vom Menschen aufgebraucht oder vernichtet. Hierdurch sterben immer mehr terrestrische Arten aus. Da sich die menschliche Bevölkerung sehr wahrscheinlich in den nächsten 50 Jahren auf über zehn Miliarden verdoppeln wird, muß die Weltwirtschaft auf das Fünf- bis Zehnfache ansteigen, um alle Menschen ernähren zu können. Die Autoren folgern daher: «Um langfristig unsere lebende Umwelt und uns selbst zu retten, bleibt aufgrund der erdrückenden Beweislage unvermeidlich nur eine Strategie übrig: Wir müssen das Ausmaß des menschlichen Wirkungskreises einschränken. Zur Erreichung dieses Ziels wird eine weltweite Zusammenarbeit notwendig sein, für die es in der Geschichte keinen Präzedenzfall gibt. Falls sich die Menschheit nicht entschieden in diese Richtung bewegt, werden uns alle derzeitigen Maßnahmen und Bemühungen für den regionalen Naturschutz schließlich ins Nichts führen und die Zukunft künftiger Generationen gefährden.» Siehe hierzu: Ehrlich, P.R., und E.O. Wilson: –.Science 253, 758-762 (1991).
[16] Armstrong, E.: *The limbic system and culture*. Human Nature 2, 117-136 (1991); Armstrong, E., M.R. Clarke und E. M. Hill: *Relative size of the anterior thalamic nuclei differentiates anthropoids by social system*. Brain, Behavior and Evolution 30, 263-271 (1987).

Kapitel 9

Brainwar oder Choreographie des Krieges

[1] Dieses Lied zum Mitklatschen wurde von Lauren Gage (6 Jahre) vorgetragen.

[2] Das Thema wird ausgezeichnet bei Meredith Small dargestellt; besonders informativ ist die Einleitung, die Jane Lancaster verfaßt hat. Small, M. (Hrsg.): *Female Primates: Studies by Women Primatologists.* Alan R. Liss, New York (1984).

[3] Dieser Gedanke stammt von Sarah Baffer Hrdy, deren Arbeiten häufig leider nicht bei Untersuchungen über Frauen zitiert werden.
Blaffer Hrdy, S.: *The Woman That Never Evolved.* Harvard University Press, Cambrigde (1981).

[4] Die in diesem Abschnitt geschilderten Fakten stammen überwiegend aus Jane Goodalls Buch über Schimpansen; siehe Goodall, J.: *The Chimpanzees of Gombe, Patterns of Behavior.* Belknap Press, Cambrigde (1986).

[5] a.a.O., Seite 272.

[6] Waal de, F.: *Peacemaking Among Primates.* Harvard University Press, Cambrigde (1989).

[7] a.a.O., Seite 65-66.

[8] a.a.O., Seite 238-239.

[9] Vermutlich kann ich diesen Satz nicht zuende bringen, ohne schon die ersten Einwände der Verfechter der Milieutheorie vernehmen zu müssen. Anscheinend sind die Vertreter der zweiten Schimpansenart, die Zwergschimpansen oder Bonobos, von Natur aus sehr friedlich; doch glaubte man das bis vor zehn Jahren auch von ihren Vettern, den großen Schimpansen – wie auch de Waal im zitierten Buch (Anmerkung 6, Kapitel 9) auf Seite 221 erwähnt. Bisher hat man die Bonobos kaum untersucht; und darüber hinaus fehlen vielen Zwergschimpansen Finger, Zehen oder gar eine Hand, was de Waal als Spuren aggressiver Verhaltensweisen wertet.

[10] Knauft, B.M.: *Reconsidering violence in simple human societies.* Current Anthropology 28, 457-500 (1987).

[11] a.a.O., 466.

[12] 1986 verabschiedeten die Mitglieder der American Anthropological Association (AAA) auf ihrer Geschäftstagung einstimmig einen Resolutionsvorschlag, in dem als Nachtrag das «Sevilla-Memorandum zum Thema Gewalt und Aggressionen» aufgenommen wurde. Dieses Memorandum wurde von einem Komittee aufgestellt, das sich aus Wissenschaftlern verschiedener Nationen und Fachrichtungen zusammensetzte; diese Sitzung, als deren Sponsor der spanische Nationalausschuß der UNESCO auftrat, fand am 16. Mai 1986 statt. Auszugsweise heißt es im Resolutionsvorschlag der AAA:
Die Vorschläge lauten:
1) Die Behauptung, der Mensch habe die Veranlagung, Kriege zu führen, von seinen Tiervorfahren geerbt, ist wissenschaftlich nicht korrekt.
2) Ferner ist auch die Behauptung, Krieg oder andere Gewaltakte seien genetisch im Menschen vorprogrammiert, wissenschaftlich nicht korrekt.
3) Die Behauptung, im Laufe der menschlichen Evolution sei die Selektion für aggressives Verhalten stärker gewesen als für andere Verhaltensformen, ist wissenschaftlich ebenfalls nicht korrekt.
4) Wissenschaftlich nicht korrekt ist auch die Behauptung, der Mensch besitze ein «gewaltsames Gehirn».
5) Ferner ist auch die Behauptung, Krieg werde durch «den Instinkt» oder eine

andere einzelne Motivation ausgelöst, wissenschaftlich nicht haltbar. Das «Memorandum zum Thema Gewalt und Aggressionen» stellt fest, daß die Menschheit nicht zum Krieg verdammt ist, sondern im Gegenteil befähigt ist, genausogut in den Frieden zu investieren.
Aufgrund des weit verbreiteten Pessimismus bezüglich der Möglichkeiten, zwischenmenschliche Aggressionshandlungen abzubauen bzw. gewaltfreie Alternativen für kriegerische Handlungen zu entwickeln, begrüßt das Memorandum die Verbreitung dieser Gedanken und Diskussionsanregungen gleich welcher Herkunft. Jedermann, nicht nur die Anthropologen, sind aufgefordert zu überdenken, in wieweit sie in ihrer jeweiligen Rolle als Lehrer, Forscher, Berater und Staatsbürger, das «Sevilla-Memorandum» anwenden bzw. seine Anwendung erweitern können.
In der anschließenden Abstimmung per Briefwahl stimmten alle Mitglieder des AAA der Resolution zu. Ich stimmte ihr allerdings nicht zu, da sie in ihrer Intention sicherlich sehr nobel, in einigen Punkten jedoch nicht korrekt ist: So ist die erste Behauptung vermutlich falsch, und weiterhin wurden die Thesen 2 bis 4 noch nicht ausreichend getestet, als daß man entscheiden könnte, ob eine Aussage wissenschaftlich korrekt ist oder nicht. (Der 5. Vorschlag scheint jedoch zuzutreffen.)

Die Resolution des AAA spiegelt die momentane Auffassung unter den Sozioanthropologen wider, insbesondere deren große Furcht, der Mensch sei biologisch auf ein aggressives Verhalten vorprogrammiert. Selbstverständlich vermuten viele naturwissenschaftliche Anthropologen (ich selbst inbegriffen) das Gegenteil. Sollten wir Recht behalten, so könnte keine Resolution irgendetwas daran verändern; Veränderungen können nur eintreten, wenn wir verstehen, den Tatsachen ins Auge sehen, sie akzeptieren können und damit umgehen lernen. Ironischerweise führte dieser seit längerem bestehende, beispielhafte Streit zwischen den einzelnen Disziplinen der Anthropologie zu einem aggressiv und emotional geführten akademischen Gedankenaustausch. Obgleich die Thematik «Natur oder Milieu» für viele Anthropologen und andere Sozialwissenschaftler ein rotes Tuch darstellt, basiert sie eigentlich nur auf einer falsch verstandenen Dichotomie. Denn im Prinzip ist der Mensch auf die Dualität von Natur und Milieu angewiesen: Das eine kann nicht ohne das andere existieren. Jede anders lautende Argumentaion ist deshalb nur als kindisch zu bezeichnen.

[13] Daly, M., und M. Wilson: *Homicide.* Aldine de Gruyter, New York (1988).

[14] a.a.O., Seite 24.

[15] a.a.O., Seite 128.

[16] Obwohl sich dieser Abschnitt wie eine düstere Science-Fiction-Story liest, entspricht sie der Realität. Inhaltlich stammt das meiste aus Stevan Emersons Titelgeschichte, die am 7. August 1989 unter der Überschrift «America's Doomsday Project (Amerika am Jüngsten Tag)» in der Zeitschrift *US News and World Report* erschienen ist.

[17] Die geschilderte Informationen stammen aus einem Artikel, den Robert C. Toth von der *Los Angeles Times* verfaßte und der am 23. Juli 1989 in der *Sunday Times Union* in Albany (New York) veröffentlicht wurde.

[18] Die Informationen sind aus einem Artikel für die *Los Angeles Times*, der am 11. Februar 1990 in der *Sunday Times Union* in Albany (New York) abgedruckt wurde.

[19] Zumindest gibt es in Colonel Harry G. Summers junior einen Militärexperten, der behauptet, «das Zeitalter des Atomkrieges sei vorüber.» (So behauptet Summers jedenfalls in dem Artikel «How to be the World's Policeman», der im *New York Times Magazine* vom 19. Mai 1991 erschienen ist.) Nach seiner Auffassung

sind Atomwaffen keine kriegerischen Waffen, sondern dienen nur als Abschreckung, damit der Gegner die eigenen Waffen nicht verwendet. Da die Supermächte, um abschreckend zu wirken, nicht «abertausende von Nuklearsprengköpfen» horten müssen, folgert Summers, daß die Anzahl der Atomwaffen stark abgebaut und folglich auch die von ihnen ausgehende Bedrohung geringer werde. Ferner glaubt Summers, daß die USA im Bereich der konventionellen Waffen aufrüsten sollten. Trotz seines Optimismus, daß von Atomwaffen nun keine Bedrohung mehr ausgeht, gesteht Summers ein, daß folgende neun Länder im Besitz der Atombombe sind: die USA, die (damals noch bestehende) Sowjetunion, China, Großbritannien, Frankreich, Indien, Israel, Pakistan und Südafrika.

[20] Das amerikanische Repräsentantenhaus handelte nicht sehr überlegt, als es im Budget der NASA für das Jahre 1991 sämtliche Geldmittel strich, mit denen die Erforschung extraterrestrischer Formen der Intelligenz (SETI) finanziert werden sollte. Glücklicherweise wurden die Gelder doch noch bewilligt. Wie aus einem Bericht Richard Kerrs in der Zeitschrift *Nature* hervorgeht, kann die heutige Technologie «zu einem spottbilligen Preis» ein Gerät entwickeln, das 20 Millionen verschiedene Radiokanäle überwachen kann. Sicherlich würde das Wissen um tatsächliche außerirdische Lebensformen den Lauf der terrestrischen Einigungsprozesse nicht beeinträchtigen. Siehe hierzu: Kerr, R.: Nature 249, 249-250 (1990)

[21] Goodall, J. (Anmerkung 4, Kapitel 9), Seite 534.

Index

I

J

K

L

M